全華科技圖書

全華科技圖書

提供技術新知・促進工業升級
為台灣競爭力再創新猷

資訊蓬勃發展的今日，全華本著「全是精華」的出版理念，
以專業化精神，提供優良科技圖書，滿足您求知的權利；
更期以精益求精的完美品質，為科技領域更奉獻一份心力。

TECHNOLOGY

資料結構－使用 C/C++語言

楊正宏　編著

全華圖書股份有限公司　印行

國家圖書館出版品預行編目資料

資料結構：使用 C/C++語言 / 楊正宏　編著 .
－－二版 . －－臺北縣土城市：全華圖書，2007
〔民 96〕　面：　　公分
　　含索引

　　ISBN　978-957-21-5738-1 (平裝附光碟片)

1. C(電腦程式語言)　2. C++(電腦程式語言)
3. 資料結構

312.932C　　　　　　　　　　　　96005042

資料結構－使用 C/C++語言

作　　　者　楊正宏

執行編輯　徐秀巧

封面設計　董晶玲

發 行 人　陳本源

出 版 者　全華圖書股份有限公司

地　　　址　236 台北縣土城市忠義路 21 號

電　　　話　(02) 2262-5666　(總機)

傳　　　眞　(02) 2262-8333

郵政帳號　0100836-1 號

印 刷 者　宏懋打字印刷股份有限公司

圖書編號　05268017

二版一刷　2007 年 3 月

定　　　價　新台幣 520 元

Ｉ Ｓ Ｂ Ｎ　978-957-21-5738-1　(平裝附光碟片)

全華圖書
www.chwa.com.tw
book@ms1.chwa.com.tw

全華科技網 OpenTech
www.opentech.com.tw

序

電腦進步日新月異，才剛學的軟體，沒多久就又有新的版本上市，真的不知道今天學的技術，明天會不會就被淘汰了，不過，資訊的進步，靠得就是人們不斷的研究與發展，才能創造出更好、更新的東西，這一直都是我們資訊人所共同努力的目標。

在電腦領域中，若想要成為頂尖人物，總免不了要精熟程式撰寫的技能，而整個學習程式的過程中，「資料結構」是必學的課程之一，也是一門必備的技術，尤其是對於專業的程式設計師來說。通常，寫程式是為了解決龐大的資料運算問題，但是許多人在分析問題時，由於缺乏了資料結構的觀念，會使解決問題變得十分複雜且沒有效率，甚至會事倍功半。因此，寫這本書的主要目的就是為了要讓想要一探資料結構的讀者們，透過淺顯易懂的介紹，很容易就能抓住學習的重點，輕輕鬆鬆就可以進入這個充滿趣味及挑戰的電腦程式世界。

本書對理論有詳細的介紹，並配合許多耳熟能詳的例子，當你了解書上的理論外，便可以練習看看各章節後面所附的應用例題及程式碼，其中包含了：魔術方陣問題、河內塔問題、八皇后問題、迷宮問題、騎士問題、最大公因數問題、史波克先生問題、買票問題、Josephus 問題...等。所謂「師父引進門，修行在個人」，想要學好程式不能祇是看看而已，希望讀者在研讀本書之餘，不要忘了寫個程式跑跑看，如此一來不僅能加深印象，相信會讓讀者讀起來更有趣，更愉快地步入資料結構這個奧妙的殿堂。

本書融合了作者這十幾年教學經驗及對於現代資料結構的體會，撰寫內容讓讀者更容易閱讀，只要是讀者學過 C 語言，相信都能輕鬆上手，十分適合高中、職和大專以上的學生以及對電腦有濃厚興趣的電腦新鮮人，將本書作為學習資料結構的神兵利器。

目錄

第 4 章　堆疊

第 5 章　佇列

第 6 章　遞迴

第 7 章　樹狀結構

第 8 章　圖形

第 9 章　排序

第 10 章　搜尋

第 11 章　動態記憶體管理

附錄 A　ASCII CODE

附錄 B　名詞索引

附錄 C　常用 C 語言指令集

附錄 D　習題解答

1

資料結構概論

1-1 資料與資訊

人類藉由各種活動，換取所需的物質與知識，將這些活動的內容，予以詳細的記載便是資料(Data)。在計算機領域裡，資料被定義爲"用具體符號表示，而能被計算機處理的資訊(Information)。資料亦可解釋爲用來說明人類活動的事實觀念或事物的一群文字、數字或符號"。例如學生的學科成績，飛機的班次，較複雜的如訂單裡有客戶姓名、地址、物品名稱、數量、金額等。資料的類型可分成數值資料及文數字資料兩大類。數值資料：整數、定點數、浮點數。文數字資料：邏輯資料和內碼或交換碼。

資料型態(Data Type)

程式語言中變數所表示的資料種類如 Pascal 的 Integer、Real 和 Pointer，SNOBOL 中資料型式是 character、string，LISP 的(List)，及 C 語言中的 int(整數)、float(浮點數)、char(字元)、*(指標)。

資料的階層

資料的階層由低而高依序是位元、位元組、字組、資料項、資料欄、資料錄、檔案、資料庫。

1. 位元(Bit)：Bit 爲 Binary Digit 的簡稱，是構成資料的最小單元，只能儲存 0 或 1 的二進位數字，也是電腦的最基本單位。

2. 位元組(Byte)：計算機容量的單位，通常 8 個位元構成一個位元組。一個位元組可存一個字元。可以有 2^8 種組合，即可表示 256 個不同的字元。

3. 字組(Word)：由 2^k 個位元組所構成，而 k 字組則視計算機之等級而定。

4. 資料項(Item)：單一項資料通常由一或多個位元組所構成，如學生基本資料中的學號、姓名等。

5. 資料欄(Field)：由一或多個資料項組合，是一個具有意義的資料單位，如學生基本資料中的成績欄、學號欄等。

6. 資料錄(Record)：由一群相關的資料欄組合，如學生的所有相關資料則構一資料錄，有時可簡稱為記錄。

7. 檔案(File)：一群資料型態相同或相關的資料錄組合而成。

8. 資料庫(Database)：由相關而且避免重複的資料組成之集合。

資訊係指對某一特定的目的而言，具有意義的事實與知識，是由原始資料經過有系統的處理成為決策或參考的依據。資訊曾被分別解釋如下：

● 資訊是經過記錄、分類、組織、關聯與解釋的資料，且就某一論點而言，具有意義。

● 在人類溝通中，資訊是人類轉換資料後的產物。

● 資訊是人類在作策略時，能導致個人改變其期望或評估的刺激。

綜合以上所述，資料只是事實的記錄，沒有特定的目的；而資訊是針對某一問題來蒐集資料及進行處理，作為決策或參考之依據。所以兩者之區分，是由決策問題來界定資訊，而資訊處理的目的，是減低不確定的因素，以便方案的選擇。

1-2　資料處理(Data Processing)

　　資料處理是將資料經由人力或機器，將蒐集到的資料加以有系統的處理，提鍊出有利用價值的資訊。

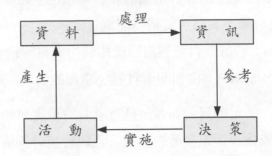

　　資料與資訊兩者具有密切關係。目前，人們常用電腦來進行資料處理，以便獲得資訊，再藉由資訊作為未來活動的依據，而根據決策時所訂的準則，進行所有的活動，從活動中又產生新的資料，如此不斷的循環。一般來說，資料對人類並無直接的用處，因此，必須經過處理才能產生對人類較有用的資訊。常用的處理方式有下列幾種作業方式：

1. 編輯(Edit)：將存於某種媒體上的資料經過電腦轉錄至另一媒體時，對輸入資料逐一檢查，其目的在於改變資料的儲存型式和效率，以便後面作業之處理，此種程式一般稱為編輯程式。

   例如：

   (1) 使用者可利用編輯程式將一條條指令編輯成程式。

   (2) 將員工的人事資料登錄在卡片上，再利用編輯程式將卡片上的人事資料編輯在磁帶媒體。

2. 排序(Sort)：將資料根據某一鍵值，以某種順序排列後輸出，其目的在於方便其他方面的資料處理。

例如：

(1) 將學生的成績檔依照成績高低列印出成績單。

(2) 將業務員的銷售檔依照其銷售金額的高低排列，以利於主管階層的參考。

3. 合併(Merge)：將兩種以上之相同性質的檔案資料合併在一起。

例如：

(1) 客戶的資料檔分別為北區和南區二個檔案，將其合併成為全省的客戶資料檔。

(2) 上半年度的銷售資料和下半年度的銷售資料合併成全年的銷售資料。

4. 分配(Distribute)：將一個檔案的資料照某一基準分置在兩個以上的儲存體，其目的在於方便各個分置的檔案能獨自處理。

例如：

(1) 銷售檔可分配為已收貨款檔和未收款檔。

(2) 支票檔可分配為已到期支票檔和未到期支票檔，以利於資金的週轉運用。

5. 建檔(Generate)：建檔是根據某些條件規格，配合某些已存在之檔案，再產生一個新的且有利用價值的檔案。

例如：

(1) 依據畢業生名單，從在校生檔案產生一個畢業生檔案。

(2) 根據政府頒佈的績優廠商條件，從全國廠商名錄檔產生一個績優廠商檔案，以便於適當節日表揚。

6. 更新(Update)：更新是根據資料的變動來更新主檔，以保持主檔的正確與完整性。

   例如：

   (1) 庫存主檔由於常有貨物的進出，因此每隔一段時間，必須對原庫存主檔做進一步的更新處理，以利於庫存的管理。

   (2) 全國汽車牌照資料檔，由於汽車常有異主或車主更換住址或翻新車體顏色，因此資料檔就須常做更新以保有最正確的資料。

7. 計算(Compute)：將讀取的檔案資料，依規定之方法計算處理。

   例如：

   (1) 讀取學生的答案卡，評閱並計算得分後列印出。

   (2) 讀取外務員的業績檔並依其金額大小，依照公司訂定的佣金計算法及薪資扣繳稅則，計算其應得佣金額。

8. 序列(List)：是一種資料節的集合，也就是一系列的資料節儲存在記憶體，以某種關係來連繫這些相關連的資料節。

   例如：

   (1) 字串是一種字元序列。

   (2) 檔案是一種儲存在外界媒體（譬如：磁碟、磁帶）的序列。

9. 搜尋(Search)：輸入一個鍵值到資料列中比對，找出具有相同鍵值之資料。其目的是有助於資料列在更新操作上的方便，因為資料的加入及刪除，在操作之前都須先做資料的搜尋。

   例如：

   (1) 公司搜尋舊客戶的資料以便做客戶記錄。

   (2) 學生搜尋調查某項資料人數。

10. 詢問(Inquiry)：根據資料項的鍵值或條件，到主檔中找出符合該條件或鍵值相同的資料，依照使用者指定的媒體輸出。

    例如：

(1)　航空公司查詢某旅客是否搭乘某班次的飛機。

(2)　學生查詢成績。

11. 其它處理如：分類(Classifying)，總結(Summarizing)，傳輸(Transmission)等。

適於電子資料處理作業的特性如下：

1. 須快速處理的作業。

2. 反覆處理的作業。

3. 資料量大的作業。

4. 需精確度高的作業。

5. 需保密性及安全性的作業。

1-3 計算機作業方式

1. 整批處理系統(Batch Processing System)

定期收集資料整批按時處理的作業方式，如：日報、週報及月報作業。

2. 即時處理系統(On-Line Real Time System)

利用連線通訊系統，將資料由終端機輸入，並由中央處理機將輸出結果傳送到所需要的地方。

3. 離線整批處理(Remote Batch Processing System)

終端機設備並不與主電腦連接，亦即資料先儲存在輔助記憶體中，而不直接傳輸到主電腦處理。

以使用電腦作業系統(CPU 和 Memory)之時間或機器之配置型態分類：

1. 分時作業系統(Time Sharing System)

許多用戶分別利用終端機，幾乎同時出入到一個連線分時作業系統，CPU 以循環的方式輪流處理程式，即每個程式皆能分配一個處理時間，當時間結束，CPU 便轉移給下一個程式使用。

2. 多元程式作業系統(MultiPrograming System)

為節省 CPU 時間，允許多個程式同時存於記憶體中，當執行中的程式在處理 I/O 工作時，便將 CPU 時間給下一個程式使用。

3. 多元處理作業系統(MultiProcessing System)

由二個以上的 CPU 結合而成的處理系統，作業方式可分為同時作業、單獨作業或並行作業。

4. 分散式資料處理(Distributed Data Processing System)

利用網路將多部電腦及週邊設備連線起來，而每部電腦均可儲存自需的檔案，發展自己的系統，自行處理，透過網路各電腦間可達成資料分散及資源共享的目的。

1-4 程式的產生

在程式的產生過程，它分成五個階段：

1. 需求(Requirements)：充分了解被供給的資訊（輸入），以及將要產生的結果（輸出），將所有情況的輸入及輸出做個嚴密的描述。

2. 設計(Design)：根據需求所得的資料集（如迷宮，多項式，或者是姓名的串列等），著手寫一個演算法以解決問題；演算法不必拘泥於形式，可以是自己所熟悉的虛擬語言、圖形或文字來表示即可。

3. 分析(Analysis)：針對問題提出其他解決方案；最後，在所有的演算法中挑選最佳者。

4. 再潤飾與編碼(Refinement and Coding)：潤飾、修改所選擇的演算法，配合使用的程式語言特性，編寫出程式的初稿。

5. 驗證(Verification)：驗證的工作包含程式證明(Program Proving)，測試(Testing)及除錯(Debugging)三部份。

1-5　程式的分析

　　程式是由一群指令組合而成，而如何將指令作適當的組合使其解決問題，是撰寫程式最起碼的目的。就結構而言，一個程式是由資料結構(Data Structures)、程式結構(Program Structures)和控制結構(Control Structures)結合而成的。在設計一個程式時，最先被考慮的是資料結構，接著是程式結構，最後，才是控制結構。結構化程式實際就是依據程式的設計技巧和控制，摘要成階層式的方式。所以，結構化程式設計方法包含下列三個技巧：

1. 由上而下程式設計法(Top-Down Design)：
   - 將問題依邏輯性質細分成數個單元，再將單元細分成獨立之模組，亦即最小單位。
   - 結構化程式設計，是採由上而下之程式設計法。

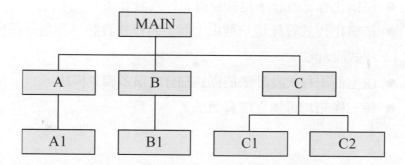

　　層次式的樹狀圖形，可幫助程式設計師在撰寫程式之前，對整個程式結構有所瞭解，以及掌握模組與模組間的關聯。

2. 模組化程式設計(Modular Decomposition Design)：

- 將程式分解成若干模組，每個模組具有獨立功能，可以獨立撰寫、測試。
- 模組與模組之間是利用參數之傳遞來聯繫。
- 可以共用某些模組。

模組化設計

- 模組化是結構化系統設計核心，它主要的目的是將一個複雜系統劃分爲具有某種特定功能模組，使整個軟體設計、測試、文件撰寫或維護作業趨於簡單化。
- 在界定模組時必須考慮模組本身的特性，例如輸入、輸出、功能、程式邏輯即內部資料等，同時給予每一模組固定編號與名稱，作爲整個系統整合的依據。

3. 控制結構設計(Control Structure Design)：

- 結構化程式設計是採用科學化、標準化及紀律化的規定方式，所設計、撰寫、測試產生之程式。
- 結構化程式設計，是採模擬化程式設計法。
- 結構化程式設計是一種由上而下的程式設計，亦是一種模組化的程式設計法。
- 由上而下程式設計法把程式細分成很多獨立模組。
- 每一模組均可獨立撰寫測試。

結構化程式設計(Structure Programming)的基本結構(Basic Structures)包括：

1. 循序性結構(Sequence Construct)

   循序性結構中的任一處理方塊(Process Box)皆可視為單一指令或僅有一入口及一出口之指令序列（如副程式）。

2. 選擇性結構(Selection Construct)

   選擇性結構係使用有條件的控制指令執行，又稱為 IF-THEN-ELSE 結構，以下圖 1-5.1 為例，假如 IF 條件成立則執行甲指令群，否則執行乙之指令群，最後由一共同的出口離開。其他的選擇性結構指令如 SWITCH，CASE 等皆是 IF－THEN-ELSE 之應用。

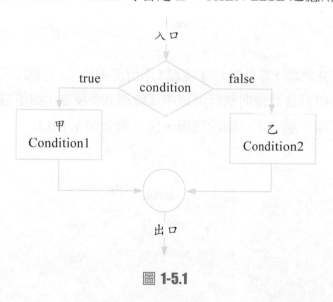

圖 **1-5.1**

3. 重複性結構(Iteration Construct)

重複性結構亦稱遞迴結構係用於程式之迴路設計，亦即用於當指令被重複使用，又稱為 DO-WHILE 結構。理論上，用這種結構有兩種格式 WHILE 和 UNTIL。WHILE 執行的情形是先測試再進入迴路，然而 UNTIL 執行的情形是執行迴路後，再進行測試。其他重複性結構指令如 FOR 是 WHILE 指令的應用。

(1) 先處理，再判斷是否要重覆（即後測迴圈）：先執行迴路中的片斷程式，再判斷是否要繼續執行，如符合條件，則重覆執行；反之，如不符合條件，則由出口離開，以進入下一階段處理，使用指令如 UNTIL。

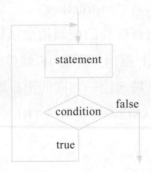

(2) 先判斷，符合條件才處理（即前測迴圈）：先判斷是否符合條件，如符合條件則執行迴路中片斷程式；反之，如不符合，則立即離開，進入下一階段處理，使用指令如 WHILE。

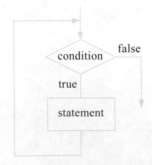

結構化程式設計的重要觀念是這三種結構有相同的特性，亦即是只有一個入口與一個出口。結構化程式設計的關鍵，就是結合上而下設計的方法，儘量避免使用 GOTO 指令，但如無法避免時不要讓 GOTO 指令跳離太遠而用其他較具結構性之控制指令來取代，總之結構化程式的目的是增加程式之易讀及易改、增進程式之執行效率、減少測試的問題及時間、增加程式設計師之生產力。

一般常用來評估程式的方法如下：

1. 是否符合所需？
2. 是否能根據原始規格工作？
3. 是否有描述使用方法和工作原理的文件說明？
4. 副程式是否以符合邏輯的方式建立？
5. 程式是否易於閱讀？

一個好的程式須滿足下列特徵：

1. 正確性(Validity)：正確可分為內部正確(Internal Validity)和外部正確 (External Validity)兩種，內部正確是指程式要能通過各項測試 (Testing)。外部正確是指程式能達成規格書(Specification)所指定的各項功能。如個別程式測試(Program Testing)與系統測試(System Testing)等。

2. 易讀的(Readability)：對程式中變數的名稱須有意義的命名，且文件的說明亦需詳細。

3. 易修改的(Modifiability)：在程式的生命週期內，程式是會隨著使用者或工作需求而不斷被改變，因此，要能滿足不斷改變之需求，如輸出入改變，新增訂的處理方式等。

4. 效率的(Efficiency)：效率的考慮可分成兩個部份：人類和機械。一個 Programmer-efficient 的程式，則人類花的時間最少。但是一個 Machines-efficient 的程式，則 CPU 處理事情所花的時間和儲存空間最少；如何取捨因人而異，原則上以 Programmer-efficient 為優先。一個易讀及易修改的程式，將會使得程式易於維護及延長程式的壽命。而評估程式執行的效率須考慮：執行程式的電腦、使用的機器語言指令集、執行指令所費之時間、花費於編譯程式的時間。

由於機器的種類繁多，每部電腦所使用執行指令的時間亦不同，因此不易評估程式的執行時間。所以，一般均以頻率計算(Frequency count)，就是計算敘述執行的總次數，來評估程式的執行時間。以下列三個程式片段為例：

·	for i←1 to n do	for i←1 to n do
·	·	for j←1 to n do
·	·	·
x←x＋1	x←x＋1	·
·	·	x←x＋1
·	end	·
·		end
		end
(a)	(b)	(c)

指令 x←x＋1 在程式(a)、(b)、(c)中，被執行的頻率計數分別是 1、n、n^2 次（假設 n ≥ 1）。

如何分析程式

對程式的整體性能做分析，通常考慮兩個因素：執行時所花費的時間(time)與執行時所需要的記憶體空間(space)。一般而言，時間是較重要的因素，通常我們無法準確地核算出執行一個 algorithm 所需要的時間；一般而言，一個程式所需要的執行時間，受下列因素的影響：

1. 程式所輸入的資料量多寡。
2. 程式所使用的演算法所需的時間複雜度(time complexity)。
3. 編譯器所產生的機器碼(machine code)是否最佳化。
4. 指令在電腦中的執行速度。

一般分析演算法時，僅考慮 1、2 項，因 3、4 項則牽涉到所使用的電腦。

好的程式不僅僅要能被執行到結果正確就好，尚須滿足下列條件：

1. 執行結果正確。
2. 執行效率高。
3. 可讀性高(程式說明詳細，變數名稱恰當)。
4. 易於修改。
5. 易於擴大。

1-6　演算法(Algorithm)

　　當程式設計人員對問題的描述清楚後，想要利用電腦來解決問題時，就得撰寫程式，但如果直接開始寫程式可能有些複雜，所以，一般皆是先由演算法(Algorithm)著手，再配合適當的資料結構，就能很容易的寫出程式。所謂演算法係指在一有限的時間範圍內，解決某一問題的一連串邏輯步驟。所以，當問題被確定後，將問題分成幾個單元，每單元先寫成虛擬碼(Pseudo Code)，再將代表每一單元的虛擬碼逐一轉換成程式。對於每一單元可視為副程式，而副程式間的呼叫可由主程式或其副程式來完成。對於所有的演算法須滿足下列的幾個條件：

1. 輸入(Input)：可以有一個以上的輸入資料，也可以不需由外界提供輸入資料。
2. 輸出(Output)：至少需產生一個結果，此結果與輸入的資料構成某個特定上的關係。
3. 明確性(Definiteness)：每個指令皆需十分明確，有確切的含義可循，並且在任何情況下，對於相同的輸入只能得到相同的輸出。

4. 有限性(Finiteness)：若依演繹邏輯的指令執行，則一定可在有限的步驟內完成，不會形成無窮迴路。

5. 有效性(Effectiveness)：對於指令的執行，可用筆紙來模擬，確定指令是有效可行。

演算法的書寫

一般使用虛擬碼(Pseudo Code)來書寫演算法，所謂的虛擬碼是以程式語言的架構配合英文句子的使用說明程式演算過程。它具有一定的結構，是一種用來籌劃演算法的語言。虛擬碼的種類很多，原則上以結構化，儘量接近高階語言，常用的如 SPARKS 語言，其整體規格包括演算法名稱（含參數）、註解、指令步驟、輸出入指令。指令結構如下：

1. 指定敘述(Assignment statement)：

   Variable ← Expression

2. Operators：

   Boolean: true, false

   Logical: and, or, not

   Relational: $<, \leq, =, \neq, >, \geq$

   Arithmatic: $+, -, *, /, \%$

3. case statement：

   case

   : <condition 1> : S1

   : <condition 2> : S2

         :

   : <condition n> : Sn

   : else　　　　　　　: Sn+1

   end

4. repeat-until statement：

repeat

   S

until <condition>

5. loop-statement：

for <variable>

   <start> to <finish> by <increment> do

   S

end

6. go to statemen：

go to <label>

7. 一個完整的 SPARKS 程序程式包含下列型式：

Procedure <NAME> (parameter list)

     S

End

8. exit statement：

exit：跳出迴圈。

Return：返回呼叫程序。

return (expr)：返回呼叫程序，並傳回 expr 的數值。

9. call statement：

call <NAME> (parameter list)

10. if-statement：

if <condition> then S1 else S2 or if <condition> then S

11. stop statement：

stop：停止執行程序程式。

12. while-statement：

    while <condition> do

    S

    end

13. I/O statement：

    Read (argument list)

    Print (argument list)

14. comment statement（說明）：

    如：// a is input，b is output //

例 1-6.1 計算 1+2+3+...+(n-1)+n 之和，n 大於 0。

解：
```
Procedure Sum(n)
  Sum←0
  for i←1 to n do
    sum←sum+i
  end
end
```

例 1-6.2 讀入三個數值 a，b，c，並找出其中最大數。

解：
```
Procedure FindMax(a,b,c)
  if a>b then
    if a>c then max←a
    else max←c
  else
    if b>c then max←b
    else max←c
  end
end
```

例 1-6.3 寫出氣泡排序法之演算法。

解：
```
Procedure BubSort(R,n)
  flag ← 1
  for i←1 to n-1 do
    if flag=0 then return
    flag←0
    for j←1 to n-1 do
      if R(j+1)< R(j) then
        [temp←R(j); R(j)←R(j+1);R(j+1)←temp; flag←1]
    end
  end
end
```

例 1-6.4 寫出二元搜尋法的演算法。

解：
```
Procedure BinSrch(A, n, key)
  lower←1; upper←n; index ← 0
  while lower ≤ upper do
    mid←(lower + upper)/2
    case
      key > A(mid): lower←mid + 1
      key < A(mid): upper←mid − 1
      else: index←mid; return
    end
  end
end
```

　　撰寫一個程式的過程是將問題先想清楚，設計必要的資料結構再寫成虛擬語言，接著以一種特定的前置處理器(preprocessor)或用手書寫轉換成一種高階語言，再經由語言的編譯器轉換成機器語言。演算法的結構儘量以結構化方式書寫，並注意下列細節：

1. 盡可能用副程式呼叫方式。

2. 每一個程序需標明輸入與輸出變數。

3. 變數命名要有意義。

4. 除了迴路外一概是循序處理。

5. 適當地區分出每一段落，最好加上註解以便說明。

6. 爲了方便解讀，遵守縮排規定。

一個好的演算法應考慮以下目標：

1. 正確性：演算法應當滿足具體問題的需求。

2. 可讀性：演算法主要是爲了人的閱讀與交流，其次才是機器執行。

3. 健全性：當輸入數據非法時，演算法也能適當地做出反應或進行處理，而不會產生奇怪的輸出結果。

4. 效率與低記憶體需求：效率指的是演算法執行時間。

演算法效率的評估

演算法執行時間需依據撰寫該演算法編制的程式在計算機執行時所需的時間來測量。而測量一個程式的執行時間通常有兩種方法：

1. 一種是事後統計的方法：不同演算法的程式可藉由一組或若干組相同的統計資料以分辨優劣。但這種方法有兩個缺點：一是必須先執行依據演算法撰寫的程式；二是所需時間的統計量決定於計算機的硬體、軟體等環境因素，有時容易掩蓋演算法本身的優劣。

2. 一種是事前分析估算的方法：一個用高階程式語言編寫的程式在計算機上所消耗的時間取決於下列因素：

   (1) 所依據的演算法選用何種策略。

   (2) 問題的規模。

   (3) 書寫程序的語言。

   (4) 編譯程序所產生的機器碼數量。

   (5) 機器執行指令的速度。

Procedure 與 Algorithm 的差異

Procedure 是一群程式指令所形成的執行單元，必須有明確的處理方式、事件發生的次序、執行路徑、處理段落及使用的資料結構等。Procedure 不一定滿足有限性的要求，如計算機作業系統(Operating System)，除了機器不能工作或關閉，否則它永不停止，且一直在一個等待迴路(Wait Loop)中，等候工作進來。

1-7 複雜度[Complexity]

我們如果要判斷一個程式寫的好不好，最客觀的判斷方法是程式執行的效率，若要判斷程式結構的好壞，關鍵是在於該程式是否能以最短的時間及最小的空間來執行出結果。而複雜度就是用來表示執行一個程式所需的記憶體空間和所花費的時間。執行一個程式所需要的記憶體空間稱為**空間複雜度**，所花費的時間稱為**時間複雜度**。

1. 空間複雜度(Space Complexity)：是執行完成一個程式所需要的記憶體大小。執行程式需要使用的空間是下列組成的總和：

   ● 與輸入和輸出特性無關的固定部份：通常包含指令空間、簡單變數和固定大小的組成變數、及常數所用的空間等。

   ● 可變部份：包括組成變數所用的空間、參考變數、和遞迴堆疊空間等。

2. 時間複雜度(Time Complexity)：是指一個程式從開始到執行完成總共所需要花費的執行時間。如何去計算一個程式從開始執行，到執行完成所用的時間呢？在程式中，影響執行敘述(statement)所需的時間有兩項因素：執行的次數與執行每一行敘述所需的時間，執行時間就是以上兩者相乘。因執行程式和所使用之編譯器及電腦本身有關係，但與程式的狀況特性並無牽連。因此計算使用時間，一般只要考慮敘述執行的次數。

複雜度的表示法

1. Big-Oh（O）

假如某一個演算法的執行時間 f(n)是 O(g(n))，我們可唸成"big-oh of g(n)"或是"order is n"，其意思是存在有兩個常數 C 和 n_0，對所有的 $n \geq n_0$ 時，則滿足於

$$0 \leq |f(n)| \leq C|g(n)|$$

我們可定義 f(n)=O(g(n))，也就是 g(n)為 f(n)複雜度的理論上限。

> **Big-Oh（O）定義：**
> 若且唯若 f(n)=O(g(n))則存在有常數 c>0 與 n_0>0，使得所有 $n \geq n_0$ 時，$|f(n)| \leq C|g(n)|$。

例 1-7.1 試證 $2n^2+3n$ 的時間複雜度 big-oh 為 $O(n^2)$

解： 因 f(n)= $2n^2+3n$　　　g(n)= n^2

根據定理 $0 \leq |f(n)| \leq C|g(n)|$得知

對所有的 n > 0，得 $0 \leq |f(n)| \leq 2n^2+3 \leq 5n^2$

(存在兩個常數 C=5，n_0=1)

所以，我們可說 f(n)的時間複雜度為 $O(n^2)$，而 g(n)則可視為 f(n)時間複雜度的理論上限(upper bound)。

2. Big-Omega（Ω）

假如一個演算法的執行時間 f(n)是 Ω(g(n))，我們可唸成"big-omega of g(n)"，其意思是：存在有兩個常數 C 和 n_0，對所有的 $n \geq n_0$，則滿足於

$$|f(n)| \geq C|g(n)| \geq 0$$

所以我們可定義 f(n)=Ω(g(n))，也就是 g(n)為 f(n)複雜度的理論下限。

Big-Omega（Ω）定義：

若且唯若 $f(n)=\Omega(g(n))$ 則存在有常數 c>0 與 n_0>0，使得所有 $n≥n_0$ 時，$|f(n)| \geq C|g(n)|$。

例 1-7.2 試證 $2n^2+3n$ 的時間複雜度 big-omega 為 $\Omega(n^2)$

解： 因 $f(n)= 2n^2+3n$　　　　$g(n)= n^2$

根據定理 $|f(n)| \geq C|g(n)| \geq 0$ 得知

對所有的 $n > 0$，得 $|f(n)|=2n^2+3n \geq n^2 \geq 0$

（存在兩個常數 C=1 且 n_0=0）

所以，我們可說 f(n)的時間複雜度為 $\Omega(n^2)$，而 g(n)則可視為 f(n)時間複雜度的理論下限(lower bound)。

輸入的資料量稱為問題的大小(Problem's size)，當我們分析一個演算法的時間複雜度時，我們必須考慮它成長的比率(Rate of growth)，通常是一種函數的關係，常見的時間複雜度有下列幾種情形：

$O(1)$：常數時間(constant time)。

$O(\log_2 n)$：次線性時間(sub-linear time)。

$O(n)$：線性時間(linear time)。

$O(n\log_2 n)$：$n\log_2 n$ 時間。

$O(n^2)$：平方時間(quadratic time)。

$O(n^3)$：立方時間(cubic time)。

$O(2^n)$：指數時間(exponential time)。

上述的時間複雜度的優劣次序如下（在 $n \geq 16$ 時）：

$O(1)$：常數時間＜$O(\log_2 n)$：次線性時間＜$O(n)$：線性時間＜$O(n\log_2 n)$：$n\log_2 n$ 時間＜$O(n^2)$：平方時間＜$O(n^3)$立方時間＜$O(2^n)$指數時間

rate of growth 的關係如下圖 1-7.1：

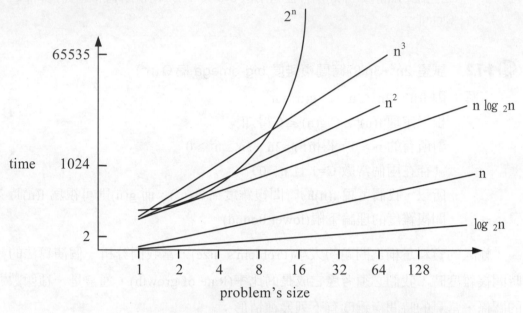

圖 **1-7.1**

log₂n	n	nlog₂n	n²	n³	2ⁿ
0	1	0	1	1	2
1	2	2	4	8	4
2	4	8	16	64	16
3	8	24	64	512	256
4	16	64	256	4096	65536
5	32	160	1024	32768	4294967296

計算函數的數值

例 1-7.3 計算下列程式的 Big-Oh

```
1: for   i=1 to n
2:   for  j=1 to n
3:     for  k=1 to n
4:       sum ← sum + s(R,n)
5:     end
6:   end
7: end
```

解：

列數	執行次數	
1	$n+1$	//因最後還要再判斷一次所以須加 1
2	$n(n+1)=n^2$	
3	$n^2(n+1)=n^3+n^2$	
4	n^3	
5	n^3	
6	n^2	
7	n	

上述片段程式的總執行時間為 $3n^3+3n^2+3n+1$，則執行此程式所要花費的最高時間為 $O(n^3)$。

1-8 NP-COMPLETE

NP(Nondeterministic Polynomial-time)意思是不能決定之多項式性的時間，指的是屬於不能明確運算出結果的問題，也就是不能用多項式性的時間(polynomial time)演算法來求解。對於各種問題我們根據解決問題的困難程度可分成下列四大類：

1. undecidable problems：這類問題不能寫出演算法來解答，

2. intractable problems：這類問題解答是非常困難的，已知絕對沒有 polynomial time 的演算法，只有指數時間(exponential time)的演算法才有可能求解，如 ltalting problem。

3. NP problems：這類問題已有 exponential time 演算法來求解，但是尚不能證明出完全沒有 polynomial time 的演算法，如 cligue problem, hamiltonian cycle problem, vertex-cover problem, subset-sum problem, traveling-salesman problem。

4. P problems：這類問題是包括所有具有 Polynomial time 的演算法，如 shortest-path, longest-path-length。

在我們所知的 NP 問題有許多，但在所有 NP 中包含著一類尚不能證明出沒有多項式性時間的問題，即是所謂的 NP-Complete，其特性是任何 NP 中的問題都能以多項式性時間降至此類。欲證明新問題是 NP-Complete，必須先證明它是 NP 問題，然後是有個適當的 NP 問題可轉換成它。也就是說假如任何 NP 問題有多項式性時間的解法，則任何 NP-Complete 也必須有多項式性時間的解法。屬於 NP-Complete 最經典的題目不外乎是"旅行推銷員"的問題，在此舉一個例子來說明，其問題的內容如下。

一個推銷員從火車站出發預計要在這六個地點推銷商品而每個地點的距離如下圖 1-8.1，他希望用最短的距離，就可拜訪完全部的地點且每一條道路至少都得走過一次，最後再回到火車站，請問他要如何走才能花最短的時間呢？

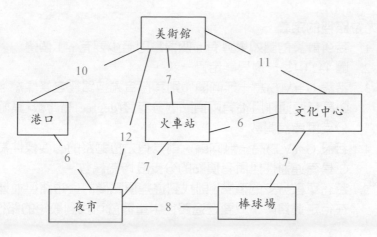

圖 1-8.1 各推銷點連結路徑關係圖

如果推銷員沒有章法的隨意亂走，就可能走出類似下列的路徑：

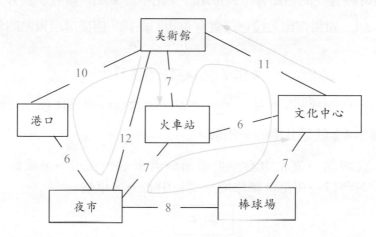

火車站→美術館→文化中心→棒球場→夜市→火車站

→文化中心→美術館→夜市→港口→美術館→火車站

像這樣的走法，多走了許多不必要的路徑，會使的此推銷員浪費許多的時間，很不合乎效益，因此就必須引用一些定理，來使我們能找到較短的路徑，如尤拉迴路定理。

尤拉路徑的定義：

1. 若所計算的圖如果具有 n 個頂點則至少要有 n-1 個邊。
2. 圖 1-2 中每一邊只能走過一次。
3. 若設 G=(V,E) 為一無向圖，則其符合尤拉路徑之條件為：
   G 具有連通性且恰有兩頂點的分支度(degree)為奇數，其餘各頂點的分支度皆為偶數。
4. 若設 G=(V,E) 為一無向圖，則具有尤拉迴路的必要條件為：
   G 具有連通性且所有頂點的分支度均為偶數。
5. 若有單數分支的頂點，則找到這些頂點間的最短路徑並連接起來且在行走迴路時，只要在這路徑中重覆就可找到較短的路徑。

以下我們就利用尤拉迴路來解出較佳的情況，其範例如下：

先找出奇數分支的頂點有：火車站，文化中心 2 點，皆有 3 個分支，這代表了對於圖 1-8.1，如果畫出尤拉迴路會有重覆的路線，連接這兩頂點的最短距離為

$$\text{文化中心} \overset{6}{\rightleftharpoons} \text{火車站}$$

也就是畫出尤拉迴路時，在此重覆路徑中造成迴路就可以找到一個較短的封閉路徑，下圖 1-8.2 就是其中的一組解。

火車站→文化中心→美術館→火車站→夜市→美術館
→港口→夜市→棒球場→文化中心→火車站

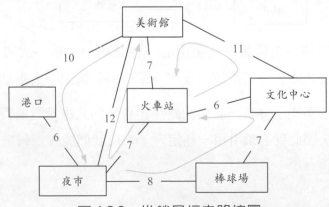

圖 **1-8.2** 推銷員行走路線圖

　　這樣是不是就節省了許多時間，但是上圖 1-8.2 這個解並不是一定最短路徑，因為答案的可能性很多，必須要應用窮舉法，每種可能的方法都去嘗試，來找出一個最佳的解，但是如果要找出最短封閉路徑，其所花費的時間基本上是不符合效益的，所以我們只能應用演算法來找出較佳的情況，像旅行推銷員這類的問題就是屬於 NP-complete 問題。

1-9 參數的傳遞

　　程式撰寫過程中，常會遇到呼叫或被呼叫的情況，在呼叫程式與被呼叫程式之間必須靠參數來傳遞。目前常用的參數傳遞有下列數種方式：

1. 傳址呼叫(Call by address(reference))
   (1) 主程式的參數稱為實際參數，而副程式的參數則稱形式參數。
   (2) 主程式呼叫副程式時，只把實際參數的位址傳給副程式，使主、副程式的相對參數佔用相同的記憶體位置，因此被呼叫程式在執行過程，若副程式參數值改變，則相對應的主程式參數值也會改變，一般則稱為副效應。
   (3) 這種方式因佔用相同記憶體，故繫結最快。
2. 傳值呼叫(Call by value)
   (1) 主程式的參數稱為實際參數，而副程式的參數則稱形式參數。
   (2) 主程式呼叫副程式時，只把實際參數的值傳給副程式，故主、副程式的參數，並不占用相同的記憶體位置，因此被呼叫程式在執行過程中，不會去改變呼叫程式中相對變數的值，不會產生副效應。
   (3) 程式執行完畢時，結果並不傳回主程式，故主程式參數值不會受副程式改變的影響。
   (4) 這種方式因需額外記憶體，故繫結最慢。

3. 傳名呼叫(Call by name)

(1) 主程式的參數稱爲實際參數，而副程式的參數則稱形式參數。

(2) 主程式呼叫副程式時，除了把實際參數的名稱傳給副程式外，並取代整個副程式相對參數的名稱。

(3) 這種方式除了相對應參數的名稱占用相同記憶體位址外，尚須改變所有副程式相對應參數的名稱，故在聯結速度上較傳址呼叫(Call-by-address)稍慢，但較傳值呼叫(Call-by-value)爲快。

(4) 這種方法因爲容易產生很多不預期的結果，且破壞力強，故目前很少使用了。

Call by value、address、name 之比較

	Call-by-value	Call-by-address	Call-by-name
優點	主程式參數值不會受副程式改變而改變。	主副程式參數佔用相同記憶體位址，不需額外記憶體空間。	主程式參數名稱取代副程式相對應參數的名稱。
缺點	需額外記憶體來儲存副程式參數。	可能因副程式參數值改變而影響主程式的副效應。	破壞力強容易產生很多非預期的結果。

例 1-9.1 下列為一個以 C 語言為例之參數傳值方式與傳址方式，試求出其輸出結果。

參數傳遞之 C 語言：

```
1    /************************/
2    /*      名稱:參數傳遞      */
3    /*      檔名:ex1.cpp      */
4    /************************/
5    #include <stdio.h>
6    /************************/
7    void main()
8    {
9      int i=1，j=0;
10     j=callvalue(i);
```

```
11    printf("call by value：i==%d, j==%d\n",i,j);
12    j=callref(&i);
13    printf("call by reference：i==%d,j==%d\n",i, j);
14  }
15  /************************/
16  int callvalue(int x)        //參數以傳值方式
17  {
18    return ++x;
19  }
20  /************************/
21  int callref(int *x)         //參數以傳址方式
22  {
23    return ++(*x);
24  }
```

輸出結果

```
call by value：i==1, j==2
call by reference：i==2, j==2
```

1-10 資料結構(Data Structure)

　　資料結構可解釋為用來探討電腦內部各種資料儲存方式，並對於資料如何被有效的維護、處理和應用，提供評估的方法，用來探討如何將原始的資料加以分析整理，建立資料間的相互關係，以最有利的型態存放在記憶體裡以便電腦處理，並提供一種策略使電腦能充分的從記憶體內存取這些資料。亦可解釋為：

1. 資料項與資料項的先後、相互之關係。

2. 使資料所需的儲存空間容量最小。

3. 使資料的存取時間花費最少。

4. 以最有利於使用者的環境，提供最好的介面。另加些技巧，演算法則和策略。

簡而言之，資料結構化的目的是如何將蒐集到的資料，做有系統的安排儲存，以利資料的處理及資訊的迅速獲得。用於組織資料的方法很多，如：Array，Linked List，Stack，Queue，Tree，如以資料儲存在記憶體中的儲存方式：Static Data Structure（如 Array）和 Dynamic Data Stracture（如 Linked List）兩種。而針對要處理的問題，如何發揮最有利於作業系統處理的資料結構需考慮下列因素：

1. 資料數量的多寡
2. 資料的使用次數和方法
3. 資料的性質呈動態性質或呈靜態性質
4. 資料結構化後需要多少的儲存容量
5. 存取結構化後的資料所需花費的時間
6. 是否容易程式化

資料結構探討問題

1. 如何以最節省記憶空間的方式來表示儲存在記憶體中的資料？
2. 各種不同的資料結構表示法和其相關的演算法。
3. 如何有效的改進演算法的效率，使程式的執行速度更快？
4. 以最有利於使用者界面之方式呈現資料存取的方法和資料儲存之結構。
5. 資料處理之各種技巧，如排序、搜尋等演算法之介紹和比較。
6. 程式模組之單純化，可以有效提升系統發展之生產力。

1-11 魔術方陣(Magic Array)

在最後介紹一個有趣的小遊戲（魔術方陣），來增加讀者對於資料結構的興趣。相信大家對於魔術方陣都不陌生，定義是在一填滿數字的方陣中，不管從哪一方向計算，總數都是一樣的。但是要如何畫出這個方陣呢？相當簡單，就如下的規則：

1. 將第一列的中間填入 1。
2. 以 1 的級數增加並填入左上角。
3. 若超出陣列上方，則填入最下面一列之對應位置；若超出陣列左方，則填入最右一列之對應位置。
4. 假如欲填入的方格已填滿，則在原地下面一格填入數值。
5. 重複第二步驟以下的動作。

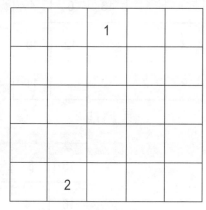

圖 1-11.1　　　　　　　　　圖 1-11.2

		1		
			4	
3				
	2			

圖 1-11.3

			1	
			5	
			6	4
3				
	2			

圖 1-11.4

15	8	1		
	14	7	5	
		13	6	4
3			12	10
9	2			11

圖 1-11.5

15	8	1		
16	14	7	5	
		13	6	4
3			12	10
9	2			11

圖 1-11.6

15	8	1	24	17
16	14	7	5	23
22	20	13	6	4
3	21	19	12	10
9	2	25	18	11

圖 1-11.7

習　　題

1.　何謂演算法？詳述一個演算法必備的五大要件。

2.　資料與資訊分別代表什麼意義？有何不同？

3.　試述結構化程式設計的基本結構為何？

4.　試述影響程式中指令執行時間的因素。

5.　出下列片段程式的執行時間：
```
k=100000
while k≠5 do
k= k DIV 10
end
```

6.　寫出可算出任意兩數 m，n 之最大公因數的遞迴與非遞迴演算法。

7.　請寫出二元搜尋的演算法。假設在一個有 n 個元素的陣列 A 中尋找 x，輸出是陣列指標。同時請分析它的時間複雜度。

8.　(a)　分析一個演算法的時間複雜度習慣上使用 big-oh "O" 來表示，試說明其分析方法及意義。

　　(b)　假使一個演算法需要下列的執行次數，請問它的"O"表示法？

　　　　(I) $\sum_{1 \le i \le n} i$　　　(II) $\sum_{1 \le i \le n} 1$　　　(III) $\sum_{1 \le i \le n} i^2$

9. 求下列片段程式中，函數 $S(i, j, k)$ 之執行次數

```
for k = 1 to n
    for i = 0 to k-1
        for j = 0 to k-1
            if i <> j then S(i, j, k)
end
end
end
```

10. 解釋下列名詞

   (a) Top-down Design

   (b) Bottom-up Design

11. 寫出產生費氏數列(fibonacci numbers)的演算法，並分析它的時間複雜度。

12. 請利用魔術方陣的作法來完成一個電腦不會輸的井字遊戲。

13. 目前已知有兩演算法，其計算時間各為 $O(2^n)$ 和 $O(1.9^n)$，試問何者較佳？

14. 一個整數若等於除了本身之外的因數之總合，則稱為 perfect number。例如 6 除了自己之外的因數有 1、2、3，而 1+2+3=6，則 6 為一個 perfect number。請寫出一個演算法來求出 1000 以下所有的 perfect number。

15. 考慮下列兩個程式片段：

```
A: for i:=1 to n do
      for j:=1 to n do
         a[i,j]:=0;
      a[i.j]:=1;
B: for i:=1 to n do
      for j:=1 to n do
         if i=j then a[i,j]:=1 else a[i,j]:=0;
```

   (a) 若"將數值置入陣列的時間"與"檢驗 i 與 j 相等與否的時間"相等，則哪一個演算法較快？

(b) 若 "將數值置入陣列的時間" 遠大於 "檢驗 i 與 j 相等與否的時間"，則哪一個演算法較快？

16. 有一個 n 位元的數列 b_1, b_2, ..., b_n，其中 0 和 1 出現的機會相等。我們從 b_1 開始檢測這個數列，如果下一位數是 0，則往右移一個位元，否則往右移兩個位元。試求檢測過之位元數的期望值。

17. 考慮下列程式片段：

```
n:=1;
clearstack(stack);
repeat
  if n<=9 then
    begin
      push(stack,n);
      n:=2*n;
    end
  else
    begin
      n:=pop(stack);
      writeln(n);
      n:=2*n+1;
    end
until emptystack(stack) and n>9
writeln;
```

(a) repeat-until 將會重複執行幾次？

(b) 最後輸出為何？

2

陣列結構

2-1 陣列的定義

電腦系統的記憶體是連續性的記憶空間，為了方便的儲取處理大量的相關性資料，我們便定義出一塊"一連串之儲存空間"，並賦予它一個名稱指向此區塊的起點，透過名稱及偏移的方式，可以很容易的儲取到該區塊內的記憶體中之資料，此即為陣列。程式語言當中，陣列是一種相當普遍的資料結構；陣列被定義為連續的、有限的（數目有限的）、有序的（數目有順序性）同種元素組成的集合；我們經常使用陣列來存放一連串資料型態相同的資料。因此，陣列具有兩個特性是：

1. 陣列中之元素間的位址是連續的。
2. 陣列中所有之元素的資料型態是相同的。

陣列常見的運算有以下幾種：

1. 找出陣列的長度 n。
2. 從左到右（或從右到左）讀取陣列各元素值。
3. 取出第 i 項加以檢查或修改，$1 \leq i \leq n$。
4. 在第 i 項存入一新值，$1 \leq i \leq n$。
5. 在第 i 項位置插入一新值，而使得原來第 i, i+1, ..., n 項變成第 i+1, i+2, ..., n+1 項，$1 \leq i \leq n$。
6. 刪除第 i 項使得第 i, i+1, ..., n 項變成第 i-1, i, ..., n-1 項，$(1 \leq i \leq n)$。

陣列的宣告必須要告訴電腦三件事情：

1. 所要宣告之陣列名稱。
2. 陣列中所要儲存之資料型態。
3. 陣列所要求之元素個數。

以 C 語言宣告多維陣列的方式為：

資料型態　陣列名稱[第一維陣列長度][第二維陣列長度]...[第 N 維陣列長度]

例 2-1.1　以 C 語言宣告一陣列如下：

```
int array[10];
```

則表示：

(1) 陣列名稱為 array。

(2) 陣列之資料型態為 int（整數）。

(3) 陣列之元素個數為 10。

2-2 陣列表示法

一維陣列(One Dimension Array)

若陣列 A 宣告為 $A[\ell_1:u_1]$，則表示 A 的第一個元素為 $A(\ell_1)$，最後一個元素為 $A(u_1)$，共有 $u_1-\ell_1+1$ 個元素。假設每一個陣列元素佔用 d 個空間，則陣列元素 $A(\ell_1)$，$A(\ell_1+1)$，$A(\ell_1+2)$，$A(\ell_1+3)$，...，$A(u_1)$ 的位址分別為 α，$\alpha+1*d$，$\alpha+2*d$，$\alpha+3*d$，...，$\alpha+(u_1-\ell_1+1)*d$。其結構下圖 2-2.1 所示：

位址	α	$\alpha+1*d$	$\alpha+2*d$	$\alpha+3*d$	...	$\alpha+(u_1-\ell_1+1)*d$
名稱	$A(\ell_1)$	$A(\ell_1+1)$	$A(\ell_1+2)$	$A(\ell_1+3)$	...	$A(u_1)$
內容	a_{ℓ_1}	a_{ℓ_1+1}	a_{ℓ_1+2}	a_{ℓ_1+3}	...	a_{u_1}

共有 $u_1-\ell_1+1$ 個元素

圖 2-2.1　一維陣列儲存方式

位址的計算公式如下：

$$Loc(A(i)) = \alpha + (i - \ell_1) * d$$

其中 α 是起始位址，d 是每個元素所佔用的空間大小。

二維陣列(Two Dimension Array)

若陣列是 $A[1:u_1, 1:u_2]$，表示此陣列有 u_1 列及 u_2 行，每一列是由 u_2 個元素組成。

	行					
	1	2	3	4	...	u_2
1	a_{11}	a_{12}	a_{13}	a_{14}	...	a_{1u_2}
2	a_{21}	a_{22}	a_{23}	a_{24}	...	a_{2u_2}
列 3	a_{31}	a_{32}	a_{33}	a_{34}	...	a_{3u_2}
4	a_{41}	a_{42}	a_{43}	a_{44}	...	a_{4u_2}
...	...	...	...	...	...	...
u_1	a_{u_11}	a_{u_12}	a_{u_13}	a_{u_14}	...	$a_{u_1u_2}$

二維以上的陣列存於記憶體方式，皆需將其轉換成一維，以線性的方式來存放資料，線性關係表示法有下列兩種方式：

1. 以列為主（Row-major 或 Row-wise）

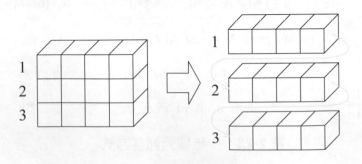

資料的儲存方式是按照列的順序，先將第一列元素排好，接著第二列
的元素，直至所有列的元素排完，如 C、PASCAL 程式語言的陣列存
放方式。若陣列是 $A[\ell_1:u_1,\ \ell_2:u_2]$，$\alpha$ 是陣列的起始位置，每個元素
佔 d 個空間，則 $A(i, j)$ 的位址為

$$Loc(A(i, j)) = \alpha + (i-\ell_1)(u_2-\ell_2+1)d + (j-\ell_2)d$$

2. 以行為主（Column-major 或 Column-wise）

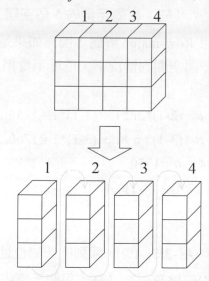

資料的儲存方式是按照行的順序，先將第一行元素排好，接著第二行
元素，直至所有行的元素排完，如 FORTRAN 程式語言的陣列存放方
式。若陣列是 $A[\ell_1:u_1,\ \ell_2:u_2]$，$\alpha$ 是陣列的起始位置，每個元素佔 d
個空間，則 $A(i, j)$ 的位址為

$$Loc(A(i, j)) = \alpha + (j-\ell_2)(u_1-\ell_1+1)d + (i-\ell_1)d$$

例 2-2.1 假設有一陣列 A，含有 3*5 個元素的陣列，陣列的起始位址 A(1,1) 是 100，以列為主排列，求 A(2,3)位址？（註：每個元素佔 2 個 空間）

解： Loc(A(2,3))=100+(2-1)*5*2+(3-1)*2
$$=114$$

例 2-2.2 假設有一陣列 A，A(2,3)的位址是 1756，A(3,3)的位址是 1760，求 A(4,4)的位址？（註：每個元素佔 1 個空間）

解： 由題意知利用 Row-major 解題，因為如果是 Column-major 的話， 以每個元素一個空間的情況下，位址不會相差 4 個元素，所以此題 計算方式如下：
Loc(A(2,3))= α +(2-1)* n *1 + (3-1)*1 =1756……①
Loc(A(3,3))= α +(3-1)* n *1 + (3-1)*1 =1760……②
由①-②得 n=4， α =1750
Loc(A(4,4))= 1750 + (4-1)* 4 *1 + (4-1)*1
$$=1765$$

例 2-2.3 假設有一陣列 A(-3:5,-4:2)，陣列的起始位址 A(-3,-4)=100，以列為 主，則 A(1,1)位址為何？（註：每個元素佔 1 個空間）

解： 令 A(a,b)求 a,b
a=5-(-3)+1=9 列
b=2-(-4)+1=7 行
Loc(A(1,1))= α + (i- ℓ_1)(u_2 - ℓ_2 +1)d+ (j- ℓ_2)d
$$=100+[1-(-4)+1][2-(-4)+1]*1+[1-(-4)]*1$$
$$=100+28+5=133$$

三維陣列(Three Dimension Array)

若有一陣列是 $A(\ell_1:u_1,\ \ell_2:u_2,\ \ell_3:u_3)$，表示此陣列有三個 plane，每一個 plane 有一個二維陣列，如圖 2-2.1 所示：

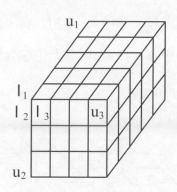

圖 2-2.1　三維陣列

1. 以列爲主(Row-major)

   儲存方式順序如下：

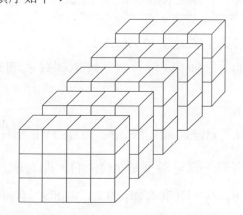

   若假設陣列的第一個元素是 $A(1,1,1)$，即 $\ell_1=\ell_2=\ell_3=1$，則視此陣列有 u_1 個 $u_2 \times u_3$ 的二維陣列，每一個二維陣列有 u_2 個元素，每個 u_2 皆有 u_3*d 個空間。

$$Loc(A(i,j,k)) = \alpha + (i-1)*u_2* u_3*d + (j-1)* u_3*d + (k-1)*d$$

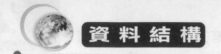
若假設陣列的第一個元素不是 A(1,1,1)，即 ℓ_1 或 ℓ_2 或 ℓ_3 不為 1 時，則視此陣列有$(u_1-\ell_1+1)$個$(\ell_2:u_2)*(\ell_3:u_3)$的二維陣列，每一個二維陣列有$(u_2-\ell_2+1)$個元素，每個$(\ell_2:u_2)$皆有 $(u_3-\ell_3+1)*d$ 個空間。

$$令\ a = u_1-\ell_1+1, \qquad b = u_2-\ell_2+1, \qquad c = u_3-\ell_3+1$$

$$Loc(A(i,j,k)) = \alpha + (i-\ell_1)*b*c*d + (j-\ell_2)*c*d + (k-\ell_3)*d$$

2. 以行為主(Column-major)

儲存方式順序如下：

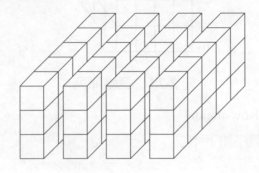

若假設陣列的第一個元素是 A(1,1,1)，即 $\ell_1=\ell_2=\ell_3=1$，則視此陣列有 u_3 個 u_1*u_2 的二維陣列，每一個二維陣列有 u_2 個元素，每 u_2 皆有 u_1*d 個空間。

$$Loc(A(i,j,k)) = \alpha + (k-1)*u_1*u_2*d + (j-1)*u_1*d + (i-1)*d$$

若假設陣列的第一個元素不是 A(1,1,1)，即 ℓ_1 或 ℓ_2 或 ℓ_3 不為 1 時，則視此陣列有$(u_3-\ell_3+1)$個$(\ell_1:u_1)*(\ell_2:u_2)$的二維陣列，每一個二維陣列有$(u_2-\ell_2+1)$個元素，每個$(\ell_2:u_2)$皆有 $(u_1-\ell_1)*d$ 個空間。

$$令\ a = u_1-\ell_1+1, \qquad b = u_2-\ell_2+1, \qquad c = u_3-\ell_3+1$$

$$Loc(A(i,j,k)) = \alpha + (k-\ell_3)*a*b*d + (j-\ell_2)*a*d + (i-\ell_1)*d$$

例 2-2.4 假設有一三維陣列 A(1:3,1:4,1:5)，起始位址 A(1,1,1)=100，試分別指出以列為主排列及以行為主排列求出 A(1,2,3)所在位址？

（註：每個元素佔一個空間）

解：1. 以列為主：

$$Loc(A(1,2,3))= 100+ (1-1)*4*5*1+ (2-1)*5+ (3-1)*1$$
$$= 107$$

2. 以行為主：

$$Loc(A(1,2,3))= 100+ (3-1)*3*4*1+ (2-1)*3*1+ (1-1)$$
$$= 100+ 24+3$$
$$= 127$$

例 2-2.5 假設有一三維陣列 A(-3:2,-2:3,0:4)，以列為主排列，陣列的起始位址是 318，試求 A(1,2,3)所在位址？（註：每個元素佔 1 個空間）

解： a=2-(-3)+1=6　　　b=3-(-2)+1=6　　　c=4-0+1=5

Loc(A(1,2,3))=318+(1-(-3))*6*5*1+(2-(-2))*5*1+(3-0)*1

　　　　　　=461

多維陣列(Multi Dimension Array)

假設陣列宣告為 $A[\ell_1:u_1,\ \ell_2:u_2,\ \ell_3:u_3,\ \dots,\ \ell_n:u_n]$

1. 以列為主(Row-major)

$$\text{Loc}(A(i_1,i_2,i_3,\dots,i_n)) = \alpha + d*[(i_1-\ell_1)(u_2-\ell_2+1)\dots\dots(u_n-\ell_n+1)$$

$$+(i_2-\ell_2)(u_3-\ell_3+1)\dots\dots(u_n-\ell_n+1)$$

$$+(i_3-\ell_3)(u_4-\ell_4+1)\dots(u_n-\ell_n+1)$$

$$\vdots$$

$$+(i_n-\ell_n)]$$

$$= \alpha + d\sum_{j=1}^{n}(i_j-\ell_j)a_j, \text{ with}\begin{cases} a_j = \prod_{k=j+1}^{n}(u_k-\ell_k+1), 1 \le j < n \\ a_n = 1 \end{cases}$$

2. 以行為主(Column-major)

$$\text{Loc}(A(i_1,i_2,i_3,\dots,i_n)) = \alpha + d*[(i_1-\ell_1)$$

$$+(i_2-\ell_2)(u_1-\ell_1+1)$$

$$+(i_3-\ell_3)(u_1-\ell_1+1)(u_2-\ell_2+1)$$

$$\vdots$$

$$+(i_n-\ell_n)(u_1-\ell_1+1)(u_2-\ell_2+1)\dots(u_{n-1}-\ell_{n-1}+1)]$$

$$= \alpha + d\sum_{j=1}^{n}(i_j-\ell_j)a_j, \text{ with}\begin{cases} a_j = \prod_{k=1}^{j-1}(u_k-\ell_k+1), 2 \le j < n \\ a_1 = 1 \end{cases}$$

2-3 稀疏矩陣(Sparse Matrix)

若矩陣中大多數的元素是零元素,則稱此矩陣為稀疏矩陣,如下圖:

$$A = \begin{bmatrix} 10 & 0 & 0 & 0 & 0 & 0 \\ 0 & -20 & 0 & 0 & 40 & 0 \\ 0 & 0 & 30 & 0 & 0 & 0 \\ 0 & 0 & 0 & 0 & 0 & 0 \\ 0 & 0 & 0 & 50 & 0 & 0 \\ 0 & 0 & -60 & 0 & 0 & 70 \end{bmatrix}$$

其中 a_{ij} 不為零之元素有 7 個,零元素有 29 個,因為稀疏矩陣很浪費記憶體空間,所以需用不同的方式來儲存,就是只要儲存矩陣中的非零值元素就好了,因此對於一個稀疏矩陣中之非零元素 a_{ij} 而言,我們必須同時儲存其所在的列數(i)、行數(j)及其值(a_{ij}),因此我們採用 3-tuple 結構,每一非零的元素結構是(i, j, value),若共有 t 個非零的元素,則可使用二維陣列 A(0:t, 1:3)來儲存 3-tuple 結構,如此可避免空間的浪費。

i = 列數,j = 行數,value = 矩陣所存的值

其中

A(0,1)是稀疏矩陣的列數

A(0,2)是稀疏矩陣的行數

A(0,3)是稀疏矩陣中非零項的個數

$$A(i, j)$$

i \ j	1	2	3
0	6	6	7
1	1	1	10
2	2	2	-20
3	2	5	40
4	3	3	30
5	5	4	50
6	6	3	-60
7	6	6	70

結構宣告演算法：

```
1    #define MAX_TERMS 101    /*  表示非零元素的最多個數  */
2    typedef struct
3    {
4    int col;                        //行
5    int row;                        //列
6    int value;                      //值
7    }term;
8    term a[MAX_TERMS];
```

稀疏矩陣的轉置

對於一個 m*n 的矩陣 A，它的轉置矩陣 B 是一個 n*m 的矩陣，且 A(i,j) = B(j,i)，$1 \leqq i \leqq m$，$1 \leqq j \leqq n$。而對於一個稀疏矩陣而言，它的轉置矩陣還是一個稀疏矩陣。我們只要做兩個步驟就可以將代表稀疏矩陣的結構體 term 之陣列 a 完成轉置的工作：

(1) 將原陣列的每一個 row 與 col 互換。

(2) 將(1)所得的結果，以 row 為鍵值作升冪之排序(索引值為 0 者除外)。

　　假設結構體陣列 a 代表原稀疏矩陣，而 a 的轉置矩陣要儲存在結構體陣列 b 中，且轉置後 b 之 row 已成升冪排序狀態，即完成上述所述敘的步驟(2)。但由於排序會造成時間上的浪費，故我們在撰寫程式時，可以利用原陣列之行索引（a[ ].col）來決定被轉置後之元素放在轉置矩陣 b 中的正確位置，如此便可避免上述之資料移動的工作。

稀疏矩陣的轉置 C 語言：

```
1    /************************/
2    /*    名稱:稀疏矩陣的轉置    */
3    /*    檔名:ex2-3.cpp        */
4    /************************/
5    #include <stdio.h>
6    #define N 10
7    #define MAX_TERMS 101    /*  表示非零元素的最多個數  */
8    /************************/
9    typedef struct
10   {
11    int col;                    //行
12    int row;                    //列
13    int value;                  //值
14   }term;
15   /************************/
16   void transpose(term a[], term b[])
17   {
18    int n,i,j,currentb;
19    n = a[0].value;
20    b[0].row = a[0].col;              //行數列數交換
21    b[0].col = a[0].row;
22    b[0].value = n
23    if(n>0)
24    {
25     currentb = 1;
26     for(i=0;i<a[0].col;i++)          //依行的順序尋找
27      for(j=1;j<=n;j++)
28       if(a[j].col==i)
```

```
29        {
30          b[currnetb].row = a[j].col;
31          b[currentb].col = a[j].row;
32          b[currentb].value = a[j].value;
33          currentb++;
34        }
35    }
36  }
37  /*************************/
38  void main()
39  {
40    term a[10],b[10],i;
41    a[0].col=4; a[0].row=4; a[0].value=4;
42  //矩陣大小:4*4,共有4個值
43    a[1].col=1; a[1].row=1; a[1].value=14;   //(1,1)值大小14
44    a[2].col=1; a[2].row=2; a[2].value=4;    //(1,2)值大小2
45    a[3].col=2; a[3].row=4; a[3].value=15;   //(2,4)值大小15
46    a[4].col=3; a[4].row=2; a[4].value=16;   //(3,2)值大小16
47    transpose(a,b);
48    for(i=1;i<a[0].value;i++)
49     printf("(%d,%d)=%d",b[i].col,b[i].row,b[i].value);
50  }
```

輸出結果

```
(1,1)=14
(2,1)=2
(4,2)=15
```

2-4　陣列的應用

2-4-1　多項式的資料結構(Polynomial Data Structure)

若有一多項式 $P(x) = a_n x^n + a_{n-1} x^{n-1} + ... + a_1 x + a_0$，可利用下列兩種方式來儲存多項式：

1. 線性串列：用一個長度爲 n+1 的陣列來儲存係數，和一個變數來儲存此多項式之最大指數，而陣列內的值則依指數由小至大遞增依序儲存係數。此法用於幾乎每一指數之係數皆不爲零時。

$$P = (a_0, a_1, ... , a_n), MAX = n$$

優點是對多項式的加法、乘法的運算較爲方便，但如果多項式是稀疏的（如：$x^{50} + 1$），其缺點會浪費許多空間來存那些缺項之係數 0。

陣列儲存宣告演算法：

```
1    #define MAX_DEGREE 101        //多項式之最大指數
2    typedef struct
3    {
4     int degree;                  //指數
5     float coef[MAX_DEGREE];      //係數
6    }polynomial;
```

2. 鏈結串列：只記錄多項式中非零項的係數，若有 m 項則使用一個 2m+1 長度的陣列來儲存，陣列中的第一個元素是此多項式非零項的個數，而後分別存入每一個非零項的指數與係數。此法適用於零項係數較多時。

$$P = (m, n, a_n, n-1, a_{n-1}, ... a_1, 1, a_0)$$

優點爲可節省記憶體空間，缺點爲演算法較爲複雜。

陣列儲存宣告演算法：

```
1    #define MAX_TERMS 100
2    typedef struct
3    {
4     float coef;                    //係數
5     int expon;                     //指數
6    }polynomial;
7    polynomial terms[MAX_TERMS];
8    int avail=0;
```

例 2-4.1 將多項式 $P = (8x^5 + 6x^4 + 3x^2 + 12)$，分別利用線性串列及鏈結串列的方式儲存。

解：● 線性串列：P= (12, 0, 3, 0, 6, 8), MAX=5
　　● 鏈結串列：P= (4, 5, 8, 4, 6, 2, 3, 0, 12)

例 2-4.2 將多項式 $P = (8x^{100} + 6x^4 + 3x^2 + 12)$，分別利用線性串列及鏈結串列的方式儲存。

解：● 線性串列：P= (12, 0, 3, 0, 6, $\underbrace{0, \ldots, 0}_{95 \text{ 個零}}$, 8), MAX=100

　　● 鏈結串列：P= (4, 100, 8, 4, 6, 2, 3, 0, 12)

由此例可知，當多項式的非零項個數很少，但指數卻很大時，使用鏈結串列是較佳的儲存方式。

　　假若是一個兩變數的多項式，利用線性串列來儲存需利用二維陣列，若 m, n 分別是兩變數最大的指數，則需要一個(m+1)*(n+1)的二維陣列。

　　假設 $P(x, y) = 8x^5 + 6x^4y^3 + 4x^2y + 3xy^2 + 7$，經觀察知 x 的最大指數為 5，y 的最大指數為 3，則需要一個 [1:(5+1), 1:(3+1)] 的二維陣列，表示方法如下：

A(m, n)	y^0	y^1	y^2	y^3
x^0	7	0	0	0
x^1	0	0	3	0
x^2	0	4	0	0
x^3	0	0	0	0
x^4	0	0	0	6
x^5	8	0	0	0

2-4-2 多項式相加(Polynomial Addition)

考慮兩個多項式 $A(x) = 2x^{1000} + 1$ 和 $B(x) = x^4 + 10x^3 + 3x^2 + 1$。下圖表示了這兩個多項式如何儲存在陣列 terms 中。對於 A 和 B 的第一項之索引分別以 starta 和 startb 表示,而 A 和 B 的最後一項之索引分別以 finisha 和 finishb 表示。在陣列中下一個可用的空閒位置之索引以 avail 表示。因此,在此例中 starta=0, startb=2, finisha=1, finishb=5, avail=6。

	Starta	finisha	Startb			finishb	avail
coef	2	1	1	10	3	1	
expon	1000	0	4	3	2	0	
	0	1	2	3	4	5	6

兩個多項式相加,其方法為逐一比較項次,指數相同者,則係數相加,指數不相同者,項次照抄。若要將 A(x)+B(x)的結果存到 terms 中的 avail 之後。

多項式相加 C 語言:

```
1    /************************/
2    /*  名稱:多項式相加          */
3    /*  檔名:ex2-4-2.cpp       */
4    /************************/
5    #include <stdio.h>
6    #define MAX_TERMS 100          //最大項數
7    /************************/
```

```
8    typedef struct
9    {
10    float coef;                    //係數
11    int expon;                     //指數
12   }polynomial;
13   polynomial terms[MAX_TERMS];
14   int avail=0;
15   /************************/
16   int COMPARE(int a,int b) {
17    if (a==b)
18     return 0;
19    else if(a>b)
20     return 1;
21    else
22     return -1;
23   }
24   /************************/
25   void attach(float coefficient, int exponent)//儲存至 avail
     內
26   {
27    if(avail >= MAX_TERMS)
28    {
29     printf("Too many terms in the polynomial\n");
30     exit(0);
31    }
32    terms[avail].coef=coefficient;
33    terms[avail++].expon=exponent;
34   }
35   /************************/
36   void padd(int starta, int startb, int finisha, int finishb,
37   int *startc, int *finishc)
38   {
39    float coefficient;
40    *startc = avail;
41    while(starta <= finisha && startb <= finishb)
42     switch(COMPARE(terms[starta].expon,terms[startb].expon))
43     {              //比較誰的指數大
44      case −1: // A(x)之冪次比B(x)之冪次小
45       attach(terms[startb].coef,terms[startb].expon);
```

```
46      startb++;
47      break;
48   case 0:      // A(x)之冪次等於B(x)之冪次
49    coefficient = terms[starta].coef + terms[startb].coef;
50    if(coefficient<>0)
51     attach(coefficient,terms[starta].expon);
52     starta++;
53     startb++;
54     break;
55    case 1: // A(x)之冪次比B(x)之冪次大
56     attach(terms[starta].coef,terms[starta].expon);
57     starta++;
58 // 分別將A(x)及B(x)內剩下之項全部複製到C(x)內
59    for(;starta <= finisha; starta++)
60     attach(terms[starta].coef,terms[starta].expon);
61    for(;startb <= finishb; startb++)
62     attach(terms[startb].coef,terms[startb].expon);
63     *finishc = avail-1;
64    }
65  }
66  /*************************/
67  void main() {
68   int a,b,i;
69   term[0].coef=2; terms[0].expon=1000;
70   term[1].coef=1; terms[1].expon=0;
71   term[2].coef=1; terms[2].expon=4;
72   term[3].coef=10; terms[3].expon=3;
73   term[4].coef=3; terms[4].expon=2;
74   term[5].coef=1; terms[5].expon=0;
75   padd(0,2,1,5,a,b);
76   for(i=a;i<=b;i++)
77    printf("%.0fX^%d%c",
78    terms[i].coef,terms[i].expon,i==b?'':'+');
79  }
```

輸出結果

```
2X^1000+1X^4+10X^3+3X^2+2X^0
```

2-4-3　上三角形矩陣儲存方式

1. 右上三角形矩陣(Right Upper Triangular Matrix)

　　若有一矩陣 A 主對角線左下的元素均為零時如下圖 2-4-3.1，亦即 $a_{ij} = 0$, i > j。

$$A = \begin{bmatrix} a_{11} & a_{12} & a_{13} & a_{14} \\ 0 & a_{22} & a_{23} & a_{24} \\ 0 & 0 & a_{33} & a_{34} \\ 0 & 0 & 0 & a_{44} \end{bmatrix}$$

圖 2-4-3.1　右上三角形

　　由圖 2-4-3.1 可知一個 n*n 的右上三角形矩陣共有 $\dfrac{n(n+1)}{2}$ 個非零元素，為了節省儲存空間我們可將其轉換成一維陣列 D 來儲存，其陣列大小之長度為$(1:\dfrac{n(n+1)}{2})$。

(1) 以列為主：

　　將一個 n*n 的右上三角形矩陣中之元素 a_{ij} 對映至一維陣列中之 D(k)，其對映關係如下：

右上三角形 矩陣中元素	a_{11}	a_{12}	a_{13}	a_{14}	a_{15}	…	a_{ij}	…	a_{nn}
對映至一維 陣列 D(k)	D(1)	D(2)	D(3)	D(4)	D(5)	…	D(k)	…	$D\left(\dfrac{n(n+1)}{2}\right)$

$$a_{ij} = D(k)，k = n(i-1) + j - \frac{i(i-1)}{2}$$

Row-major 公式的推導方式如下：

a_{ij} 之位置 k

＝總個數－零的個數

(總個數 ＝ 每列有 n 個元素*(有 i-1 列完整列) ＋ 元素所在行數是第 j 行)

       ①   ②

(零的個數 ＝ (有 i-1 個含零列)*(起始列有 1 個零+終點列有 i-1 個零) / 2)

          ③ (等差級數原理)

$$= ① + ② - ③$$

$$= n(i-1) + j - \frac{(i-1)[1+(i-1)]}{2}$$

$$= n(i-1) + j - \frac{i(i-1)}{2}$$

以求 a_{33} 為例，詳細計算過程如下：

已知：n = 4　i = 3　j = 3

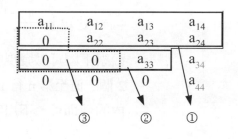

總個數＝ n(i-1)+j

   = 4(3-1)+3

   = 11

零的個數＝ $\dfrac{(i-1)[1+(i-1)]}{2}$

   ＝ $\dfrac{(3-1)[1+(3-1)]}{2}$

   ＝ 3

則 a_{33} 對映到一維陣列之位置為 D(8)

(k=11-3=8)

例 2-4.3 設有一矩陣 A 為 4*4 的右上三角形矩陣，以列為主，對映至一維陣列 D，求元素 a_{23} 所對映 D(k) 之 k 值為何？

解：$a_{23} = D(k)$

$$k = n(i-1) + j - \frac{i(i-1)}{2}$$

$$= 4(2-1) + 3 - 2(2-1)/2$$

$$= 4 - 1 + 3$$

$$= 6$$

(2) 以行為主：

將一個 n*n 的右上三角形矩陣中之元素 a_{ij} 對映至一維陣列中之 D(k)，其對映關係如下：

右上三角形 矩陣中元素	a_{11}	a_{12}	a_{22}	a_{13}	a_{23}	...	a_{ij}	...	a_{nn}
對映至一維 陣列 D(k)	D(1)	D(2)	D(3)	D(4)	D(5)	...	D(k)	...	$D\left(\dfrac{n(n+1)}{2}\right)$

$a_{ij} = D(k)$，$k = \dfrac{j(j-1)}{2} + i$

觀察下圖可以發現，每行非零元素之數目，第一行 1 個，第二行 2 個，直至第 n 行 n 個，因此利用等差級數的原理只計算三角形內的值即可，不用考慮零的個數，以求 a_{ij} 為例：

$$\begin{array}{llll} a_{11} & a_{12} & a_{13} & a_{14} \\ & a_{22} & a_{23} & a_{24} \\ & & a_{33} & a_{34} \\ & & & a_{44} \end{array}$$

$$\frac{(j-1)[1+(j-1)]}{2} + i = \frac{j(j-1)}{2} + i$$

Column-major 公式的推導方式：

a_{ij} 之位置 k

=非零元素個數之和(a_{11}, a_{12},…, a_{ij})

= (有 j-1 個非零行)*(起始行有 1 個元素+終點行有 j-1 個元素)

① (等差級數原理)

+元素所在列數是第 i 列

②

$$= ① + ②$$

$$= \frac{(j-1)[1+(j-1)]}{2} + i$$

$$= \frac{j(j-1)}{2} + i$$

以求 a_{34} 為例，詳細計算過程如下：

已知：n = 4　　i = 3　　j = 4

a_{34} = D(k)

$$k = \frac{j(j-1)}{2} + i$$

$$= \frac{4(4-1)}{2} + 3$$

$$= 6 + 3$$

$$= 9$$

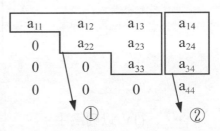

則 a_{34} 對映到一維陣列之位置為 D(9)

例 2-4.4 設有一個 4*4 的右上三角形矩陣，以行為主，對映至一維陣列 D，求元素 a_{23} 所對映 D(k) 之 k 值為何？

解：$a_{23}=D(k)$

$$k = \frac{j(j-1)}{2} + i$$

$$= \frac{3(3-1)}{2} + 2$$

$$= 3+2$$

$$= 5$$

2. 左上三角形矩陣(Left Upper Triangular Matrix)

若有一矩陣 A 主對角線右下的元素均為零時如下圖 2-4-3.2，即 $a_{ij}= 0$，$i > n-j+1$。

$$A = \begin{bmatrix} a_{11} & a_{12} & a_{13} & a_{14} \\ a_{21} & a_{22} & a_{23} & 0 \\ a_{31} & a_{32} & 0 & 0 \\ a_{41} & 0 & 0 & 0 \end{bmatrix}$$

圖 2-4-3.2　左上三角形

(1) 以列為主：

將一個 n*n 的左上三角形矩陣中之元素 a_{ij} 對映至一維陣列中之 D(k)，其對映關係如下：

右上三角形 矩陣中元素	a_{11}	a_{12}	a_{13}	a_{14}	a_{21}	...	a_{ij}	...	a_{nn}
對映至一維 陣列 D(k)	D(1)	D(2)	D(3)	D(4)	D(5)	...	D(k)	...	$D\left(\dfrac{n(n+1)}{2}\right)$

$$a_{ij}=D(k),\ k= n(i-1) + j - \frac{(i-2)(i-1)}{2}$$

Row-major 公式的推導方式：

a_{ij} 之位置 k

＝總個數－零的個數

(總個數 ＝ 每列有 n 個元素*(有 i-1 列完整列) ＋ 元素所在行數是第 j 行)

①　　　　　　　　　　　　　②

(零的個數 ＝ (有 i-2 個含零列)*(起始列有 1 個零+終點列有 i-2 個零) / 2)

③ (等差級數原理)

$$= ① + ② - ③$$

$$= n(i-1) + j - \frac{(i-2)[1+(i-2)]}{2}$$

$$= n(i-1) + j - \frac{(i-2)(i-1)}{2}$$

我們以 a_{32} 為例，詳細計算過程如下：

已知：n = 4　i = 3　j = 2

總個數＝n(i-1)+j

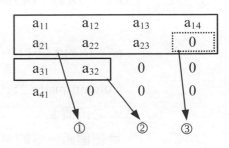

$$= 4(3-1)+2$$

$$= 10$$

零的個數＝$\dfrac{(i-2)(i-1)}{2}$

$$= \frac{(3-2)(3-1)}{2}$$

$$= 1$$

則 a_{32} 對映到一維陣列之位置 D(9)

(k=10-1=9)

例 2-4.5 設有一矩陣 A 為 4*4 的左上三角形矩陣，以列為主，對映至一維陣列 D，求其元素 a_{23} 所對映 D(k) 之 k 值為何？

解：$a_{23}=D(k)$

$$k = n(i-1) + j - \frac{(i-1)(i-2)}{2}$$

$$= 4(2-1) + 3 - \frac{(2-1)(2-2)}{2}$$

$$= 4 + 3 - 0$$

$$= 7$$

(2) 以行為主：

將一個 n*n 的左上三角形矩陣中之元素 a_{ij} 對映至一維陣列中之 D(k)，其對映關係如下：

右上三角形矩陣中元素	a_{11}	a_{21}	a_{31}	a_{41}	a_{12}	...	a_{ij}	...	a_{nn}
對映至一維陣列 D(k)	D(1)	D(2)	D(3)	D(4)	D(5)	...	D(k)	...	$D\left(\dfrac{n(n+1)}{2}\right)$

$$a_{ij} = D(k) , \quad k = n(j-1) + i - \frac{(j-2)(j-1)}{2}$$

Column-major 公式的推導方式：同理，亦是用等差級數的原理
a_{ij} 之位置 k
＝總個數－零的個數

(總個數 ＝ 每列有 n 個元素*(有 j-1 列完整列) ＋ 元素所在行數是第 i 行)

①　　　　　　　　　　　　②

(零的個數 ＝ (有 j-2 個含零列)*(起始列有 1 個零+終點列有 j-2 個零) / 2)

③ (等差級數原理)

$$= ① + ② - ③$$

$$= n(j-1) + i - \frac{(j-2)[1+(i-2)]}{2}$$

$$= n(j-1) + i - \frac{(j-2)(j-1)}{2}$$

我們以 a_{14} 為例，詳細計算過程如下：

已知：n = 4　i = 1　j = 4

總個數 = n(j-1)+i

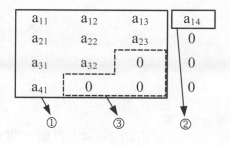

$$= 4(4-1)+1$$

$$= 13$$

零的個數 $= \frac{(j-2)(j-1)}{2}$

$$= \frac{(4-2)(4-1)}{2}$$

$$= 3$$

則 a_{14} 對映到一維陣列之位置 D(10)

(k=13-3=10)

例 2-4.6 設有一 4*4 的左上三角形矩陣，以行為主，對映至一維陣列 D，求其元素 a_{23} 所對映 D(k) 之 k 值為何？

解： $a_{23} = D(k)$

$$k = n(j-1) + i - \frac{(j-2)(j-1)}{2}$$

$$= 4(3-1) + 2 - \frac{(3-2)(3-1)}{2}$$

$$= 8 + 2 - 1$$

$$= 9$$

2-4-4 下三角形矩陣儲存方式

1. 左下三角形矩陣(Left Lower Triangular Matrix)

若有一矩陣 A 的對角線右上的元素均為零時如下圖 2-4-4.1，亦即 $a_{ij}=0$，$j > i$。

$$A = \begin{bmatrix} a_{11} & 0 & 0 & 0 \\ a_{21} & a_{22} & 0 & 0 \\ a_{31} & a_{32} & a_{33} & 0 \\ a_{41} & a_{42} & a_{43} & a_{44} \end{bmatrix}$$

圖 2-4-4.1 左下三角形

由圖 2-4-4.1 可知一個 n*n 的左下三角形矩陣共有 $\dfrac{n(n+1)}{2}$ 個元素，故可將其轉換成一維陣列 D，其陣列大小為($1 : \dfrac{n(n+1)}{2}$)。

(1) 以列為主：

將一個 n*n 的左下三角形矩陣中之元素 a_{ij} 對映至一維陣列中之 D(k)，其對映關係如下：

右上三角形矩陣中元素	a_{11}	a_{21}	a_{22}	a_{31}	a_{32}	...	a_{ij}	...	a_{nn}
對映至一維陣列 D(k)	D(1)	D(2)	D(3)	D(4)	D(5)	...	D(k)	...	$D\left(\dfrac{n(n+1)}{2}\right)$

$$a_{ij} = D(k)，k = \frac{i(i-1)}{2} + j$$

觀察下圖可以發現，每列非零元素之數目，第一列 1 個，第二列 2 個，直至第 n 列 n 個，亦可利用等差級數的原理計算三角形內的值即可，不用考慮 0 的個數。

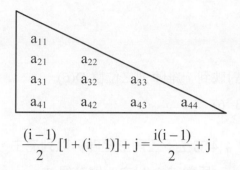

$$\frac{(i-1)}{2}[1+(i-1)]+j=\frac{i(i-1)}{2}+j$$

Row-major 公式的推導方式如下：

a_{ij} 之位置 k

= 非零元素個數之和$(a_{11}, a_{21}, .., a_{ij})$

= (有 i-1 個非零行)*(起始行有 1 個元素+終點行有 i-1 個元素)

① (等差級數原理)

+元素所在列數是第 j 列

②

= ① + ②

$$=\frac{(i-1)[(1+(i-1)]}{2}+j$$

$$=\frac{i(i-1)}{2}+j$$

我們以 a_{33} 為例，詳細計算過程如下：

已知：n = 4　i = 3　j = 2

$$① =\frac{i(i-1)}{2}$$

$$=\frac{3(3-1)}{2}$$

$$=3$$

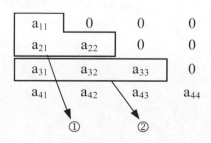

② = j

= 3

則 a_{14} 對映到一維陣列之位置 D(6)

(k=3+3=6)

例 2-4.7 設有一個 4*4 的左下三角形矩陣，以列為主，對映至一維陣列 D，求其元素 a_{32} 所對映 D(k) 之 k 值為何？

解：$a_{32} = D(k)$

$$k = \frac{i(i-1)}{2} + j$$

$$= \frac{3(3-1)}{2} + 2$$

$$= 5$$

(2) 以行為主：

將一個 n*n 的左下三角形矩陣中之元素 a_{ij} 對映至一維陣列中之 D(k)，其對映關係如下：

右上三角形矩陣中元素	a_{11}	a_{21}	a_{31}	a_{41}	a_{22}	...	a_{ij}	...	a_{nn}
對映至一維陣列 D(k)	D(1)	D(2)	D(3)	D(4)	D(5)	...	D(k)	...	$D\left(\frac{n(n+1)}{2}\right)$

$$a_{ij} = D(k)，k = n(j-1) - \frac{j(j-1)}{2} + i$$

求 Column-major 公式的推導方式如下：

a_{ij} 之位置 k

　＝總個數－零的個數

(總個數 ＝ 每列有 n 個元素*(有 j-1 列完整列) ＋ 元素所在行數是第 i 行)

　　　　　　　　　①　　　　　　　　　　　②

(零的個數 ＝(有 j-1 個含零列)*(起始列有 1 個零＋終點列有 j-1 個零) / 2)

　　　　　　　　　③ (等差級數原理)

$$= ① + ② - ③$$

$$= n(j-1) + i - \frac{(j-1)[1+(j-1)]}{2}$$

$$= n(j-1) + i - \frac{j(j-1)}{2}$$

若以 a_{33} 為例，詳細計算過程如下：

已知：n ＝ 4　i ＝ 3　j ＝ 3

總個數＝ ① ＋ ②

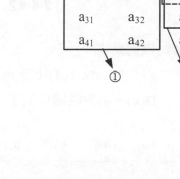

　　　　＝ n(j-1) ＋ i

　　　　＝ 4(3-1)+3

　　　　＝ 11

零的個數＝ ③

$$= \frac{j(j-1)}{2}$$

$$= \frac{3(3-1)}{2}$$

$$= 3$$

則 a_{33} 對映至 1 維陣列之位置為 D(8) (k=11-3=8)

例 2-4.8 一 4*4 的左下三角形矩陣，以行為主，對映至一維陣列 D，求其元素 a_{32} 所對映 D(k)之 k 值為何？

解： $a_{32}=D(k)$

$k = n(j-1)+i-\dfrac{j(j-1)}{2}$

$= 4(2-1) + 3 - \dfrac{2(2-1)}{2}$

$= 4 + 3 - 1$

$= 6$

2. 右下三角形矩陣(Right Lower Triangular Matrix)

若有一矩陣 A 的對角線左上的元素均為零時如下圖 2-4-4.2，亦即 $a_{ij} = 0$，$i < n-j+1$。

$$A = \begin{bmatrix} 0 & 0 & 0 & a_{14} \\ 0 & 0 & a_{23} & a_{24} \\ 0 & a_{32} & a_{33} & a_{34} \\ a_{41} & a_{42} & a_{43} & a_{44} \end{bmatrix}$$

圖 2-4-4.2 右下三角形

(1) 以列為主：

將一個 n*n 的右下三角形矩陣中之元素 a_{ij} 對映至一維陣列中之 D(k)，其對映關係如下：

右下三角形矩陣中元素	a_{14}	a_{23}	a_{24}	a_{32}	a_{33}	...	a_{ij}	...	a_{nn}
對映至一維陣列 D(k)	D(1)	D(2)	D(3)	D(4)	D(5)	...	D(k)	...	$D\left(\dfrac{n(n+1)}{2}\right)$

$a_{ij} =D(k)$，$k=\dfrac{i(i+1)}{2}+j-n$

Row-major 公式的推導方式如下：

a_{ij} 之位置 k

＝總個數－零的個數

(總個數＝(有 i-1 個非零列)*(起始列有 1 個元素+終點列有 i-1 個元素) ── ①
　　+ 元素所在行是第 j 行) ─────── ②

(等差級數原理)

(零的個數＝(有 n-j 個零) ─────── ③

$$= ① + ② - ③$$

$$= \frac{(i-1)}{2}[1+(i-1)] + j - (n-i)$$

$$= \frac{i(i-1)}{2} + j - n + i$$

$$= \frac{i(i-1)+2i}{2} + j - n$$

$$= \frac{i(i+1)}{2} + j - n$$

若以 a_{33} 為例，我們先算出全部的非零元素 6 個，再扣掉 1 個零的元素即為 6-1=5。

已知：n = 4　i = 3　j = 3

總個數－ ① + ②

$$= \frac{i(i-1)}{2} + j$$

$$= \frac{3(3-1)}{2} + 3$$

$$= 6$$

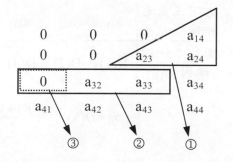

零的個數= ③

$$= n - i$$

$$= 4 - 3$$

$$= 1$$

則 a_{33} 對映至 1 維陣列之位置為 D(5)（k=6-1=5）

例 2-4.9 設有一個 4*4 的右下三角形矩陣，以列為主，對映至一維陣列 D，求其元素 a_{32} 所對映 D(k) 之 k 值為何？

解：$a_{32}=D(k)$

$$k= \frac{i(i+1)}{2} + j - n$$

$$= \frac{3(3+1)}{2} + 2 - 4$$

$$= 6 + 2 - 4$$

$$= 4$$

(2) 以行為主：

將一個 n*n 的右下三角形矩陣中之元素 a_{ij} 對映至一維陣列中之 D(k)，其對映關係如下：

右下三角形矩陣中元素	a_{41}	a_{32}	a_{42}	a_{23}	a_{33}	...	a_{ij}	...	a_{nn}
對映至一維陣列 D(k)	D(1)	D(2)	D(3)	D(4)	D(5)	...	D(k)	...	$D\left(\frac{n(n+1)}{2}\right)$

$$a_{ij}=D(k)，k= \frac{j(j+1)}{2} + i - n$$

求 Column-major 公式的推導方式如下:(由前面的原理可推證出)

a_{ij} 之位置 k

＝總個數－零的個數

(總個數＝(有 j-1 個非零列)*(起始列有 1 個元素+終點列有 j-1 個元素) ── ①

＋ 元素所在行是第 j 行) ──────── ②

(等差級數原理)

(零的個數＝(有 n-j 個零) ──────── ③

$$= ① + ② - ③$$

$$= \frac{(j-1)}{2}[1+(j-1)]+i-(n-j)$$

$$= \frac{j(j-1)}{2}+i-n+j$$

$$= \frac{j(j-1)+2j}{2}+i-n$$

$$= \frac{j(j+1)}{2}+i-n$$

若以 a_{33} 為例,詳細計算過程如下：

已知：n = 4　i = 3　j = 3

總個數＝ ① + ②

$$= \frac{j(j-1)}{2}+i$$

$$= \frac{3(3-1)}{2}+3$$

$$= 6$$

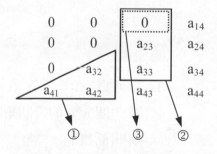

零的個數＝ ③

$$= n - j$$

$$= 4 - 3$$

$$= 1$$

則 a_{33} 對映至 1 維陣列之位置為 D(5) (k=6-1=5)

例 2-4.10 設有一個 4*4 的右下三角形矩陣，以行為主，對映至一維陣列 D，求其元素 a_{32} 所對映 D(k) 之 k 值為何？

解：$a_{32} = D(k)$

$$k = \frac{j(j+1)}{2} + i - n$$

$$= \frac{2(2+1)}{2} + 3 - 4$$

$$= 3 + 3 - 4$$

$$= 2$$

2-4-5　帶狀矩陣(Band Matrix)

若有一矩陣 A 除了第 1 列與第 n 列有兩元素外，其餘每一列都有三個非零元素，如下圖 2-4-5.1 所示，亦即 $a_{ij} = 0$, if $|i-j| > 1$。

$$\begin{matrix} a_{11} & a_{12} & 0 & 0 & 0 \\ a_{21} & a_{22} & a_{23} & 0 & 0 \\ 0 & a_{32} & a_{33} & a_{34} & 0 \\ 0 & 0 & a_{43} & a_{44} & a_{45} \\ 0 & 0 & 0 & a_{54} & a_{55} \end{matrix}$$

圖 2-4-5.1　帶狀矩陣

1. 以列為主：

   將一個 n*n 的帶狀矩陣中之元素 a_{ij} 對映至一維陣列中之 D(k)，其對映關係如下：

帶狀矩陣中元素	a_{11}	a_{12}	a_{21}	a_{22}	a_{23}	...	a_{ij}	...	a_{nn}
對映至一維陣列 D(k)	D(1)	D(2)	D(3)	D(4)	D(5)	...	D(k)	...	D(3n-2)

$a_{ij} = D(k)$，

$$k = \begin{cases} n(i-1) + j - [\dfrac{(i-1)(2n-2-i)}{2} + \dfrac{(i-2)(i-1)}{2}], & 當 \begin{cases} i \leq n\text{-}2 \\ i > 2 \end{cases} & —\text{ⓐ} \\[3mm] n(i-1) + j - [\dfrac{(n-2)(n-1)}{2} + \dfrac{(i-2)(i-1)}{2}], & 當 \begin{cases} i > n\text{-}2 \\ i > 2 \end{cases} & —\text{ⓑ} \\[3mm] n(i-1) + j - \dfrac{(i-1)(2n-2-i)}{2}, & 當 \begin{cases} i \leq n\text{-}2 \\ i \leq 2 \end{cases} & —\text{ⓒ} \\[3mm] n(i-1) + j - \dfrac{(n-2)(n-1)}{2}, & 當 \begin{cases} i > n\text{-}2 \\ i \leq 2 \end{cases} & —\text{ⓓ} \end{cases}$$

Row-major 公式的推導方式如下：

a_{ij} 之位置 k

＝總個數－零的個數

(總個數 ＝ 每行有 n 個元素*(有 i-1 行完整列) ＋ 元素所在列數是第 i 行)

①　　　　　　　　　　　　　　　　②

(零的個數 ＝ [(右上零) ＋ (左下零)]

利用梯形公式：$\dfrac{高(上底+下底)}{2}$

右上零＝$\begin{cases} ((有\ i\text{-}1\ 個含零列)*(起始列有\ n\text{-}2\ 個零+終點列有\ n\text{-}i\ 個零)\ /\ 2), & 當\ i \leq n\text{-}2 \\ ((有\ n\text{-}2\ 個含零列)*(起始列有\ n\text{-}2\ 個零+終點列有\ 1\ 個零)\ /\ 2), & 當\ i > n\text{-}2 \end{cases}$

左下零＝$\begin{cases} ((有\ i\text{-}2\ 個含零列)*(起始列有\ 1\ 個零+終點列有\ i\text{-}2\ 個零)\ /\ 2), & 當\ i > 2 \\ 0, & 當\ i \leq 2 \end{cases}$

＝ ① ＋ ② - [(右上零)+(左下零)]

$$= \begin{cases} \end{cases}$$

(1) $i > 2$

   (i) $i \le n-2$

$$n(i-1) + j - [\frac{(i-1)(2n-2-i)}{2} + \frac{(i-2)(i-1)}{2}] \dots\dots\dots\dots ⓐ$$

   (ii) $i > n-2$

$$n(i-1) + j - [\frac{(n-2)(n-1)}{2} + \frac{(i-2)(i-1)}{2}] \dots\dots\dots\dots ⓑ$$

(2) $i \le 2$

   (i) $i \le n-2$

$$n(i-1) + j - \frac{(i-1)(2n-2-i)}{2} \dots\dots\dots\dots\dots\dots\dots ⓒ$$

   (ii) $i > n-2$

$$n(i-1) + j - \frac{(n-2)(n-1)}{2} \dots\dots\dots\dots\dots\dots\dots\dots\dots\dots ⓓ$$

若以 a_{33} 為例，其詳細計算過程如下。

已知：$n = 5$ $i = 3$ $j = 3$

由於 $i > 2$ 且 $i \le n-2 \rightarrow$ 公式ⓐ

$$k = n(i-1) + j - [\frac{(i-1)(2n-2-i)}{2} + \frac{(i-2)(i-1)}{2}]$$

$$= 5(3-1) + 3 - [\frac{(3-1)(2*5-2-3)}{2} + \frac{(3-2)(3-1)}{2}]$$

$$= 13 - 6$$

$$= 7$$

則 a_{33} 對映至 1 維陣列
之位置為

D(7) (k=13-6=7)

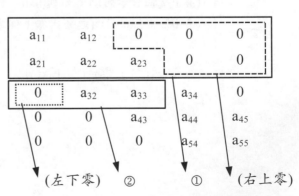

例 2-4.11 設有一個 5*5 的帶狀矩陣，以列為主，對映至一維陣列 D，求其元素 a_{32} 所對映 D(k) 之 k 值為何？

解：已知：$n = 5$　$i = 3$　$j = 2$

由於 $i > 2$ 且 $i \leq n-2$ → 公式ⓐ

$a_{32} = D(k)$

$$k = n(i-1) + j - [\frac{(i-1)(2n-2-i)}{2} + \frac{(i-2)(i-1)}{2}]$$

$$= 5(3-1) + 2 - [\frac{(3-1)(2*5-2-3)}{2} + \frac{(3-2)(3-1)}{2}]$$

$$= 12 - 6$$

$$= 6$$

2. 以行為主：

將一個 n*n 的帶狀矩陣中之元素 a_{ij} 對映至一維陣列中之 D(k)，其對映關係如下：

帶狀矩陣中元素	a_{11}	a_{12}	a_{21}	a_{22}	a_{23}	…	a_{ij}	…	a_{nn}
對映至一維陣列 D(k)	D(1)	D(2)	D(3)	D(4)	D(5)	…	D(k)	…	D(3n-2)

$a_{ij} = D(k)$，

$$k = \begin{cases} n(j-1) + i - [\frac{(j-2)(j-1)}{2} + \frac{(j-1)(2n-2-j)}{2}], & \text{當} \begin{cases} j \leq n\text{-}2 \\ j > 2 \end{cases} \quad -ⓐ \\[2mm] n(j-1) + i - [\frac{(j-2)(j-1)}{2} + \frac{(n-2)(n-1)}{2}], & \text{當} \begin{cases} j > n\text{-}2 \\ j > 2 \end{cases} \quad -ⓑ \\[2mm] n(j-1) + i - \frac{(j-1)(2n-2-j)}{2}, & \text{當} \begin{cases} j < n\text{-}2 \\ j \leq 2 \end{cases} \quad -ⓒ \\[2mm] n(j-1) + i - \frac{(n-2)(n-1)}{2}, & \text{當} \begin{cases} j \geq n\text{-}2 \\ j \leq 2 \end{cases} \quad -ⓓ \end{cases}$$

求 Column-major 公式的推導方式如下：

a_{ij} 之位置 k

＝總個數－零的個數

(總個數 ＝ $\underbrace{\text{每行有 n 個元素}*(\text{有 j-1 行完整列})}_{①} + \underbrace{\text{元素所在列數是第 i 行}}_{②}$)

(零的個數 ＝ [(右上零)＋(左下零)]

利用梯形公式：$\dfrac{\text{高(上底＋下底)}}{2}$

右上零＝$\begin{cases} ((\text{有 j-1 行含零行})*(\text{起始行有 1 個零+終點列有 j-2 個零}) / 2) & \text{當 } j > 2 \\ 0 & \text{當 } j \geq 2 \end{cases}$

左下零＝$\begin{cases} ((\text{有 n-2 行含零行})*(\text{起始行有 n-2 個零+終點行有 1 個零}) / 2) & \text{當 } i < n-2 \\ ((\text{有 j-1 行含零行})*(\text{起始行有 n-2 個零+終點行有 n-1 個零}) / 2) & \text{當 } i \leq n-2 \end{cases}$

＝ ① ＋ ② － [(右上零)＋(左下零)]

$= \begin{cases} \text{(1) } j > 2 \\ \qquad \text{(i) } j \leq n-2 \\ \qquad \qquad n(j-1)+i-[\dfrac{(j-2)(j-1)}{2}+\dfrac{(j-1)(2n-2-j)}{2}] \dots\dots\dots ⓐ \\ \qquad \text{(ii) } j > n-2 \\ \qquad \qquad n(j-1)+i-[\dfrac{(j-2)(j-1)}{2}+\dfrac{(n-2)(n-1)}{2}] \dots\dots\dots\dots ⓑ \\ \text{(2) } j \leq 2 \\ \qquad \text{(i) } j \leq n-2 \\ \qquad \qquad n(j-1)+i-\dfrac{(j-1)(2n-2-j)}{2} \dots\dots\dots\dots\dots\dots\dots ⓒ \\ \qquad \text{(ii) } j > n-2 \\ \qquad \qquad n(j-1)+i-\dfrac{(n-2)(n-1)}{2} \dots\dots\dots\dots\dots\dots\dots\dots\dots ⓓ \end{cases}$

若以 a_{33} 為例，其詳細計算過程如下。

已知：$n = 5$　$i = 3$　$j = 3$

由於 $j \le n\text{-}2$ 且 $j > 2$

→公式(A)

$$k = n(j-1) + i - [\frac{(j-2)(j-1)}{2} + \frac{(j-1)(2n-2-j)}{2}]$$

$$= 5(3-1) + 3 - [\frac{(3-2)(3-1)}{2} + \frac{(3-1)(2*5-2-3)}{2}]$$

$$= 13 - 6$$

$$= 7$$

則 a_{33} 對映至 1 維陣列之
位置為 D(7)（k=13-6=7）

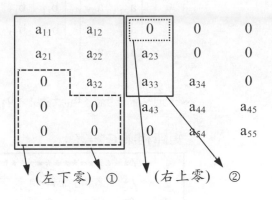

(左下零) ①　　(右上零) ②

例 2-4.12 設有一個 5*5 的帶狀矩陣，以列為主，對映至一維陣列 D，求其元素 a_{32} 所對映 D(k)之 k 值為何？

解：已知：$n = 5$　$i = 3$　$j = 2$

由於 $j \le 2$ 且 $j \le n\text{-}2$ →公式ⓒ

$$a_{32} = D(k)$$

$$k = n(j-1) + i - \frac{(j-1)(2n-2-j)}{2}$$

$$= 5(2-1) + 3 - \frac{(2-1)(2*5-2-2)}{2}$$

$$= 5 + 3 - 3$$

$$= 5$$

2-4-6　矩陣相乘

　　若有一陣列 A 為一個 m*n（m 列 n 行）的矩陣，B 為一個 n*p 的矩陣，則 A*B 所得到的結果為 C，其 C 的大小為 m*p。

例 2-4.13 設 A 矩陣為 4*2，B 矩陣為 2*3，(m*n)*(n*p)→(m*p)，則 A*B 所得到的結果為一個 4*3 的矩陣 C，如下所示：

$$\begin{bmatrix} a_{11} & a_{12} \\ a_{21} & a_{22} \\ a_{31} & a_{32} \\ a_{41} & a_{42} \end{bmatrix} \times \begin{bmatrix} b_{11} & b_{12} & b_{13} \\ b_{21} & b_{22} & b_{23} \end{bmatrix} = \begin{bmatrix} c_{11} & c_{12} & c_{13} \\ c_{21} & c_{22} & c_{23} \\ c_{31} & c_{32} & c_{33} \\ c_{41} & c_{42} & c_{43} \end{bmatrix}$$

其中 $c_{mp} = a_{m1} \times b_{1p} + a_{m2} \times b_{2p} + ... + a_{mn} \times b_{np} = \sum_{k=1}^{n} a_{mn} \times b_{np}$

矩陣相乘 C 語言：

```
1     /***********************/
2     /*   名稱:矩陣相乘          */
3     /*   檔名:ex2-4-5.cpp        */
4     /***********************/
5     #include <stdio.h>
6     /***********************/
7     void mul(int a[2][3],int b[3][3],int c[3][3],
      m,n,p)
8     { for(int i=1;i<=m;i++)              //讀出每一個值
9         for(int j=1;j<=p;j++)
10        {
11          C[i][j]=0;
12          for(int k=1;k<=n;k++)          //求值
13            C[i][j]+=A[i][k]*B[k][j];
14        }
15    }
16    /***********************/
17    void main() {
```

```
18   int a[2][3]={{1,2,3},          //一個 2*3 的矩陣
19            {4,5,6} }
20   int b[3][3]={ {1,2,3},         //一個 3*3 的矩陣
21            {4,5,6},
22   {7,8,9} }
23     int c[2][3],i;
24   mul(a,b,c,2,3,3);
25   for(int i=0;i<2;i++)
26     printf(" %d %d %d ",c[i][0],c[i][1],c[i][2]);
27   }
```

輸出結果

```
30  36  42
66  81  96
```

2-5　最佳洗牌法(Perfect Shuffle)

　　在本章最後提出一個有趣的問題「最佳洗牌法」供讀者參考。最佳洗牌法的定義是，把一疊紙牌分成兩半（A、B 堆），將兩堆牌兩兩交叉相疊如圖 2-5.1 所示，最後牌形會再回到原來的排列順序，而我們要做幾次才能找到答案?以下就舉一個例子來介紹。

　　對 8 張紙牌作最佳洗牌，將牌分成兩堆一樣數目（4 張）的牌，每張紙牌標上了 1 到 8 的號碼。經過 3 次最佳洗牌，會再出現原來的排列順序。其過程如下：

1. 原來順序為 1－2－3－4－5－6－7－8，
   分成 A 堆 1－2－3－4，B 堆 5－6－7－8。

2. 經過第 1 次洗牌後得到新順序為 1－5－2－6－3－7－4－8，尚未回到原來的排列，故進行下一次洗牌，分成 A 堆 1－5－2－6；B 堆 3－7－4－8。

3. 經過第 2 次洗牌後得到新順序為 1－3－5－7－2－4－6－8，尚未回到原來的排列，故進行下一次洗牌，分成 A 堆 1－3－5－7；B 堆 2－4－6－8。

4. 經過第 3 次洗牌後得到新順序為 1－2－3－4－5－6－7－8，已經回到原來的排列，故總共需要 3 次洗牌。圖 2-5.2 是 8 張牌的最佳洗牌法過程。

最後可推算出可以算出若有 2^n 張牌，則需要 n 次洗牌，牌形才會再回到原來的順序。

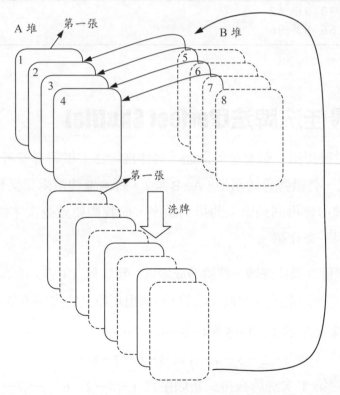

圖 **2-5.1** 最佳洗牌法

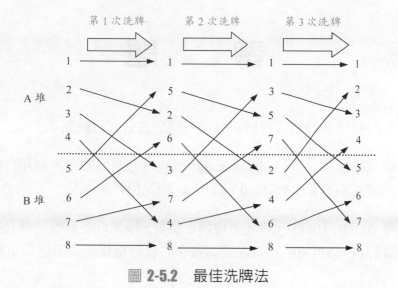

圖 **2-5.2**　最佳洗牌法

習 題

1. 動態資料結構與靜態資料結構有何不同？各有何優缺點？

2. 有一個二維陣列 A 以 column-major 方式存於記憶體中，列和行的註標範圍分別是 $3 \leq i \leq 8$，$-5 \leq j \leq 0$，求出 A_{ij} 的記憶位址。

3. 設矩陣 A(100, 100)中，諸元素均為正整數，每列最多只有三個元素不等於0，試設計一個可使所用之記憶體最小的資料結構來表示這個矩陣。

4. 假設有一陣列 A[-1:3, 2:4, 1:4, -2:1]以 row-major 方式排列，起始位址是200，且每個 A[*,*,*,*]的元素需要 5 個 words 來儲存，試求下列陣列元素的所在位址。
   (a) A[-1,2,1,-2]
   (b) A[3,4,4,1]
   (c) A[3,2,1,0]
   (d) A[0,2,2,0]
   (e) A[1,3,3,1]

5. 有一個二維陣列 A，假設 A(1,1)與 A(3,3)的位址分別在 1204_8 與 1244_8，求 A(4,4)的位址(8 進位)。

6. 若有一個大小為 5*5 的上三角形陣列，試求出陣列(3,4)以列為主和以行為主轉換後的一為陣列索引值。

7. 試寫一程式將字串中字元出現的順序反向，例如將"Hollo word "轉換輸出為"drow olloH"。

8. 假設三維陣列 A(2,3,4)中,陣列元素 A(1,1,1)在主記憶體中之位址為 3000,且一個元素佔一個 byte,則 row-major 排列時,陣列元素 A(2,1,3)之位址為何?而 column-major 排列時,其又為何?

9. (a) 寫一個演算法將 n*n 的上三角形矩陣 A 儲存於一個陣列 B(1:n(n+1)/2)中。

   (b) 寫一個演算法將 A_{ij} 自 B 中取出。

3

鏈結串列

3-1 鏈結串列的定義

鏈結串列(Linked List)和陣列是程式語言中使用記憶體常用的方法，兩者皆為「有序串列」，就像火車一般，一個車廂接著一個車廂有順序的連在一起。但陣列結構必須在程式編譯前就定好陣列元素的大小，因此常須事先預估資料量的多寡，且在刪除或增加元素後，在其之後的元素都必須跟著移動，而降低了執行的效率；鏈結串列結構正好可以完全改善陣列結構之缺點，其主要的不同點在於記憶體位置不須相鄰，所以每一項資料都有一個鏈結欄，可以存放下一個資料的位址，如此便可形成串列結構。

3-2 動態記憶體配置

動態記憶體配置是在執行階段才向作業系統要求配置所需的記憶空間。它比在陣列結構中所使用的靜態記憶體配置更能靈活的運用有限的記憶體空間。而在使用記憶體配置時所需要的兩個重要的函數是 malloc()及 free()。

函數 malloc()

函數 malloc()可以在每一次呼叫時，要求一塊記憶體空間。其宣告格式為：

$$void\ *malloc(unsigned\quad int\quad size);$$

其中 size 表示所需的記憶空間大小，單位是位元組。如果成功的配置記憶空間，函數將傳回第一個位元組的指標。這時須另外加上型別的轉換，使函數傳回的指標符合所欲配置的型態。它的用法如下：

$$fp = (資料型態*) \ malloc(sizeof(資料型態));$$

在上述配置記憶體指令內的資料型態包括整數、字元、浮點數等 C 語言基本資料型態和結構的資料型態。此外，有一點需注意的是如果記憶體空間不足，函數 malloc()將會配置失敗且傳回一個空指標，需確定記憶體配置成功，即傳回有效的指標值，接著才能使用這塊記憶體，否則將會和陣列結構的界限問題（超出陣列長度）一樣，產生未知的效果。

函數 free( )

上述 malloc()函數呼叫後，會向系統要求記憶空間並佔用此空間，若未將記憶空間釋回給系統，很快的會將所有的記憶空間用完。所以我們可使用 free()函數將使用的記憶體空間歸還給系統，如此，系統可以重覆的使用記憶空間而不至於產生記憶空間不足的情況。函數 free()的宣告格式如下：

free(void　　*fp);

3-3　鏈結串列的建立

動態資料結構的宣告

使用鏈結串列結構的目的及效果，在於「容易」對此結構做插入或刪除的動作。而我們必須決定組成鏈結串列的結構型態，基本上動態資料結構至少包含兩種不同的欄位宣告，其中一個欄位是指向同一結構型態的結構指標，另外一個則是存放資料的基本資料型態。

動態資料結構的宣告方式演算法：

```
1   struct list
2   {
3    int num;                //編號
4    char name[10];          //姓名
```

```
5      char address[100];           //地址
6      struct list *next;           //下一個鏈結
7      };
8     typedef struct list node;
9     typedef node *link;
```

經上述的結構宣告後，link 就成為了一個動態指標結構，假設其餘的資料項，視為此結構的 data 項，則它的結構圖形如下所示：

其中 data 就是一個整數和兩個字串，而 next 則是一個指標變數，指向相同結構 list 的資料型態位址。如果沒有下一個元素，則 next 箭頭符號所指的值就是 NULL，通常我們都是用 NULL 代表鏈結串列的結尾。

記憶體的配置

上述的宣告，並不會立刻配置此結構的儲存空間，而是要使用 malloc()函數來配置。例如宣告一個結構指標為：

link   ptr ;

則在程式中使用下列方式來配置實際的記憶空間。

ptr = (link)malloc(sizeof(node)) ;

其宣告中，link 是由 typedef 所定義的結構指標，而 node 就是這個結構的新型態，所以經過宣告後，系統就會配置足夠的空間來容納 node 結構，同時指標 ptr 正指向新的記憶體位置。

現在若要將資料項加入此結構中，我們可以使用下列指令來完成。

將資料項加入此結構演算法：

```
1   scanf("%d",&ptr->num);
2   scanf("%s",ptr->name);
3   scanf("%s",ptr->address);
4   ptr->next=NULL;
```

執行完成時結構圖形如圖 3-1.1 所示

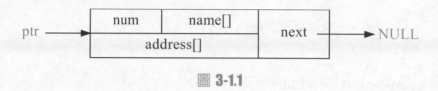

圖 3-1.1

基本鏈結串列的建立

　　以上所述的部份只建立了動態資料結構的一個節點，如果我們建立了許多的節點，以火車車廂的線性方式將之串連，則這類的資料結構，栯為鏈結串列。執行方式之演算法如下：

建立基本鏈結串列 C 語言：

```
1   /***************************/
2   /*  名稱:基本鏈結串列的建立    */
3   /*  檔名:ex3-3.cpp          */
4   /***************************/
5   #include <stdio.h>
6   #include <stdlib.h>
7   /***********************/
8   struct list
9   {
10   int num;                     //編號
11   char name[24];               //姓名
12   struct list *next;
13   };
14  typedef struct list node;
```

```
15   typedef node *link;
16   /************************/
17   void main()
18   {
19    link head;
20    link ptr;
21    int i;
22    head = (link)malloc(sizeof(node));
23    if(!head)
24    {
25     printf("記憶體配置失敗!\n");
26     exit(1);
27    }
28    head->next = NULL;
29    ptr = head;
30    printf("輸入 n 個資料");
31    for(i=0;i<n;i++)
32    {
33     printf("輸入 n 個資料編號→");
34     scanf("%d",&ptr->num);
35     printf("輸入編號%d 資料內容→",ptr->num);
36     scanf("%s",ptr->name);
37     ptr->next = (link)malloc(sizeof(node));
38     if(!ptr->next)
39     {
40      printf("記憶體配置失敗!"\n);
41      exit(1);
42     }
43     ptr->next->next = NULL;
44     ptr = ptr->next;
45    }
46    ptr->next->next = NULL;          //整理鏈節結尾
47    ptr = ptr->next;
48    }
49    link ptr2;
50    ptr2 = head;
51    while(ptr2->next != NULL)         //將鏈結內容輸出
```

```
52  {
53    printf("%d - %s\n",ptr2->num,ptr2->name);
54    ptr2 = ptr2->next;
55  }
56  }
```

輸出結果

```
輸入 n 個資料 3 (Enter)
輸入 1 個資料編號→ 10 (Enter)
輸入編號 1 資料內容→ water (Enter)
輸入 2 個資料編號→ 11 (Enter)
輸入編號 2 資料內容→ milk (Enter)
輸入 3 個資料編號→ 12 (Enter)
輸入編號 3 資料內容→ drink (Enter)

10 - water
11 - milk
12 — drink
```

上列的程式，是以編號來表示整個流程，但實際上其過程如圖 3-3.1：

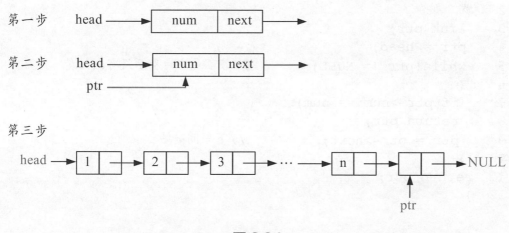

圖 **3-3.1**

　　假設我們輸入了 n 個節點的資料，而系統卻配置了 n + 1 個節點的記憶空間。這是因為上述程式並無將結構中的第一個節點做獨立的處理，使 malloc() 函數執行了 n+1 次的原因。我們須注意的是串列結構的第一節點會成為串列操作的特例，必須特別注意它和處理其餘節點的差異。

3-4　鏈結串列的走訪

　　串列的走訪和陣列的走訪非常的相似，陣列是使用索引值，而串列則是使用結構指標來處理每一個節點。最大的不同在於陣列可以隨機存取元素，可是串列結構一定要用循序走訪的方式來存取其中的每一個節點。因為開頭指標只能獲得第一個節點的內容，如欲知道第 n 個節點的內容，一定要走訪到第 n -1 個節點才能知道它的位址。我們只需在上述程式中加入一段副程式由主程式呼叫即可執行。

　　走訪鏈結串列演算法：

```
1   Link find_node(link head, int num)
2   {
3    link ptr;
4    ptr = head;
5    while(ptr != NULL)          //若不是空的表示沒有到結尾
6    {
7     if(ptr->num == num)
8     return ptr;
9     ptr = ptr->next;           //下一個鏈結
10   }
11  return ptr;
12  }
```

在上述的程式中，其演算法的主要架構爲：

```
1  Ptr = head;
2  while(ptr != NULL)
3   {
4          ⋮
5   ptr = ptr->next;
6   }
```

在迴路的開始是先將指標 ptr 指向欲走訪串列的開始節點，接著進入迴路，迴路停止的條件是測試指標 ptr 是否走到串列的尾端。因爲串列的最後一個節點會指向 NULL，所以當指標指向 NULL 時，表示已經走到了串列結構的最尾端，而在迴路中的指令列 ptr = ptr → next 就是移動指標指向下一個節點。

3-5　鏈結串列的連結

假設現有兩個或以上的串列結構，若欲將其串接起來，則是將之頭尾相連接即可。現若有兩串列結構如圖 3-5.1：

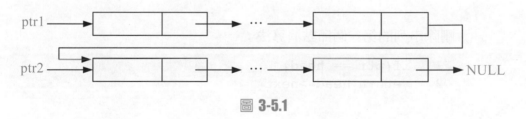

圖 **3-5.1**

鏈結串列串接演算法：

```
1  link concatenate(link ptr1,link ptr2)
2  {
3   link ptr;
4   ptr = ptr1;
5   while(ptr->next!=NULL)        //走訪直到 ptr 的結尾爲止
6    ptr = ptr->next;
```

```
7    ptr->next = ptr2;          //串接
8    return ptr1;
9  }
```

3-6 鏈結串列內節點的刪除

假設現有一串列構如圖 3-6.1 所示：

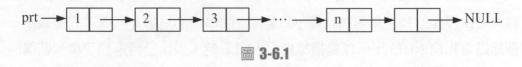

圖 **3-6.1**

而在刪除串列節點時，則會有以下三種情形：

1. 刪除串列的第一個節點：

   此時只要將串列指標指向下一個節點即可。

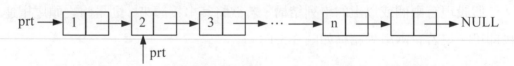

刪除串列的第一個節點演算法：

```
1    if(ptr == head)
2    return head->next
```

2. 刪除串列的最後一個節點：

   此時只要將串列倒數第二個節點指標指向 NULL 即可。

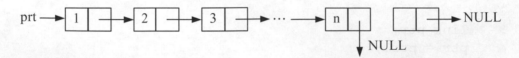

3. 刪除串列的中間節點：

此時只要將欲刪除的節點指標指向欲刪除節點的下一個節點即可。

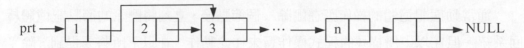

刪除串列的中間節點演算法：

```
1    previous = head;
2    while(previous->next != ptr)    //找尋要刪除的節點
3     previous = previous->next;
4    previous->next = ptr -> next;   //跳過該鏈結去接下
     一個
```

刪除鏈結串列內節點演算法：

```
1    link delete_node(link head,link ptr)
2    {
3    link previous;
4    if(ptr == head)                //如果刪除開頭節點
5     return head->next;
6    else
7     {
8     previous = head;
9     while(previous->next != ptr)   //找尋要刪除的節點
10    previous = previous->next;
11    previous->next = ptr -> next;  //跳過該鏈結去接下一個
12    }
13   return head;
14   }
```

3-7 釋回鏈結串列的記憶體空間

通常動態記憶體的操作應在刪除一個節點後，立刻將刪除的節點記憶體釋回系統。但在以上所描述的程式操作還未作此動作，在以下所將要提到，除了釋回單一節點的方法外，還另外包括了如何釋回整個鏈結串列結構的記憶體。假設結構指標 ptr 是指向刪除的節點，則使用指令 free(ptr)來做釋回的動作。至於整個串列結構的釋回，除了 free(ptr)外，亦需要使用串列走訪的技巧。

釋回鏈結串列記憶體空間演算法：

```
1   void free_list(link head)
2   {
3    link ptr ;
4    while(head != NULL)
5    {
6     ptr = head ;
7     head = head -> next ;    //下一個鏈結
8     free(ptr) ;              //釋放空間
9    }
10  }
```

3-8 鏈結串列內節點的插入

鏈結串列中，所需要的技巧除了刪除節點與釋回記憶體外，還有就是在串列上插入新的節點。假設現有一串列結構如圖 3-8.1 所示：

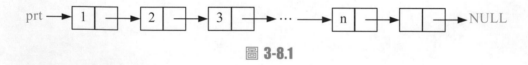

圖 **3-8.1**

而在插入串列節點時，同樣會有以下三種情形：

1. 插入在串列的第一個節點：

   只要將新建立節點的指標指向串列的第一個節點，接著使新節點成為此串列的開始即可。

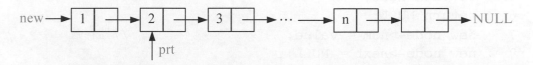

2. 插入在串列的最後一個節點：

   只要將串列最後一個節點指標指向新建立的節點，然後使新節點的指標指向 NULL 即可。

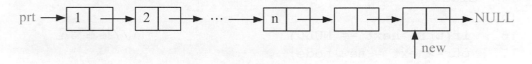

3. 插入在串列的中間節點：

   假設欲建立的節點在 2 和 3 節點之間，且 2 是 3 的前面一個節點，則插入新節點時，應將新節點指標指向 3，而 2 指標指新節點即可。

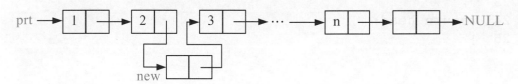

插入鏈結串列內節點演算法：

```
1    link insert_node(link head,link ptr,link value)
2    {
3     link new_node;
4     new_node = (link)malloc(sizeof(node));    //配置空間
5     if(!new_node)
6     return NULL;
7     new_node->num = value;                    //儲存值
8     new_node->next = NULL;
9     if(ptr == NULL)                           //插在開頭
10    {
11     new_node->next = head;
12     return new_node;
13    }
14    else
15    {
16     if(ptr->next == NULL)                    //插在結尾
17     ptr->next = new_node;
18     else                                     //插在中間
19     {
20     new_node->next = ptr->next;
21     ptr->next = new_node;
22     }
23    }
24   return head;
25   }
```

3-9　鏈結串列結構的反轉

由上述的鏈結串列結構可知，它是一具有方向性的資料結構，串列內的每個節點都可清楚的知道下一個節點的位置，反之，對於前一個節點的位置就毫無頭緒，所以若將串列反轉便可解決上述串列結構的缺失。若有一串列如圖 3-9.1 所示：

圖 **3-9.1**

則反轉後如圖 3-9.2 所示：

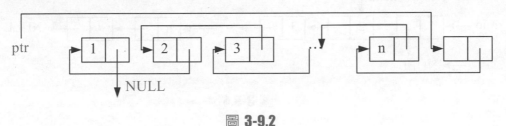

圖 **3-9.2**

鏈結串列結構反轉演算法：

```
1    link invert_list(link head)
2    {
3     link mid,last;
4     mid = NULL;
5     while(head!=NULL)
6     {
7      last = mid;            //將中間節點傳到結尾
8      mid = head;            //把開頭節點傳到中間
9      head = head->next;     //到下一個鏈結
10     mid->next = last;      //準備下一個節點
11     }
12    return mid;
13    }
```

在這個函數 invert_list 中使用三個指標 head, mid, last 來追蹤串列的走訪，我們就來看看其中的變化：

1. 在執行 while 迴路之前串列的圖形如圖 3-9.3：

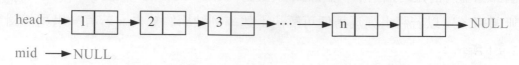

圖 3-9.3

2. 執行一次迴路之後所得到的結構圖形如圖 3-9.4：

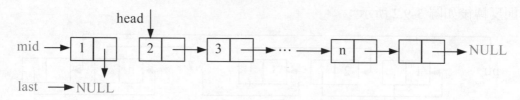

圖 3-9.4

3. 再執行一次迴路之後所得到的結構圖形如圖 3-9.5：

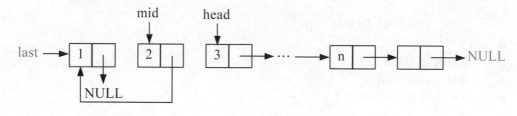

圖 3-9.5

4. 再執行一次迴路之後所得到的結構圖形如圖 3-9.6：

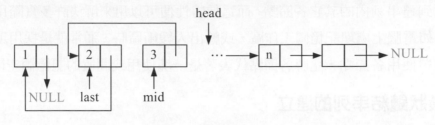

圖 3-9.6

　　這一部份的討論，我們可以將之應用在資料的列印上，一般我們所見到的應用就如資料的反序列印或者我們需要尋找的資料在串列的後方，在搜尋資料就會比較容易。以上所談到的都是一些有關基本鏈結串列的建立及使用的方式，當然有關鏈結串列的使用方式還不僅於此，還有一些更進一步的技巧應用在資料結構方面，而這些較複雜的鏈結串列結構，是爲了改進基本的串列缺失所衍生出來更成熟的結構技巧，這些技巧也將在以下的章節中一一介紹。

3-10 環狀鏈結串列結構(Circular Linked List)

　　前述所討論的串列結構又稱爲線性串列結構，因爲具有方向性，所以一旦串列的開始指標被破壞，整個串列就會遺失。如果將串列的最後一個節點的指標指向串列結構開始第一個節點，經過這種處理的串列結構就成爲單一方向性的一個環狀結構，如圖所示：

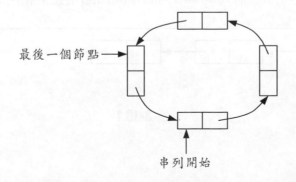

這種鏈結串列就稱為環狀鏈結串列。很明顯的,在串列中的任一個節點,都可以到達串列內的其它各節點。而這種特性便可以用來解決許多實際用的問題,例如電腦上處理記憶體工作區,或輸出入緩衝區時,通常就是採用環狀串列來重覆使用各節點,這時各節點代表著是一塊使用或閒置的記憶體空間。

環狀鏈結串列的建立

建立環狀串列結構只需把建立基本串列的方法稍微修改即可。其唯一的分別僅在建立完基本鏈結串列後,要將最後一個節點指向第一個節點即可。

環狀串列結構的宣告演算法:

```
1    struct clist
2    {
3     int data;                   //值
4     struct clist *next;         //下一個鏈結
5    };
6    typedef struct clist cnode;
7    typedef cnode *clink;
```

環狀串列內節點的插入

環狀串列和基本串列的節點插入稍有不同,觀察下面圖 3-10.1 的環狀串列,可以發現串列內每一節點的指標都指向下一個節點。所以將節點插入環狀串列的情況就和將節點插入基本串列的中間節點是完全相同的。

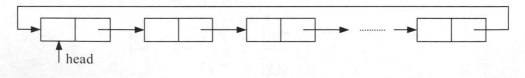

head

圖 3-10.1

所以插入節點時，只有兩種情況發生：

情況 1：

直接將節點插在第一個節點之前且成為串列的開始，如此操作的步驟可分為下列三步驟：

1. 將新節點的指標指向串列的第一個節點。
2. 找到最後一個節點且將其指標指向新節點。
3. 將串列的開始指向新節點，此時新節點就成為串列的開始。

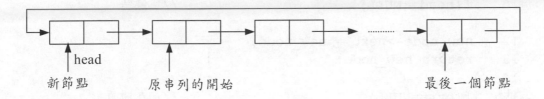

情況 2：

將新節點插在任意節點之後，假設現在要將節點插在節點 ptr 之後，上述操作的步驟可分為下列二步驟：

1. 將新節點的指標指向節點 ptr 的下一個節點。
2. 將節點 ptr 的指標指向新節點。

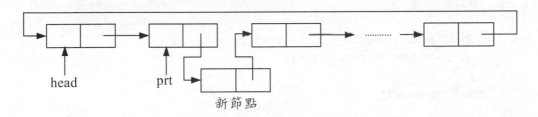

插入環狀串列內節點演算法：

```
1   clink insert_node(clink head,clink ptr,int value)
2   {
3    clink new_node;
4    clink previous;
5    new_node = (clink)malloc(sizeof(cnode));   //配置空間
6    if(!new_node)
7     return NULL;
8    new_node->data = value;              //儲存值
9    new_node->next = NULL;
10   if(head==NULL)                       //空鏈結
11   {
12    new_node->next = new_node;
13    return new_node;
14   }
15   if(ptr==NULL)                        //加在開頭
16   {
17    new_node->next = head;
18    previous = head;
19    while(previous->next!=head)
20    previous = previous->next;
21    previous->next = new_node;
22    head = new_node;
23   }
24   else                                 //加在開頭以外的地方
25   {
26    new_node->next = ptr->next;
27    ptr->next = new_node;
28   }
29  return head;
30  }
31
```

環狀串列內節點的刪除

環狀串列內節點刪除操作也有二種情況。假設現有一串列和上一節所使用的相同，則刪除操作有下列兩種情況。

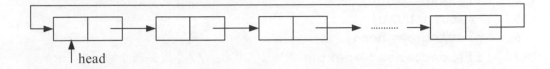

head

情況 1：

將環狀串列第一個節點刪除，此操作的步驟可分為下列二個步驟：

1. 將串列的開始移至下一個節點。
2. 將最後一個節點指標指向第二個節點。

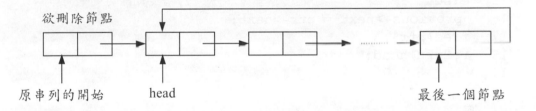

欲刪除節點

原串列的開始　　　　head　　　　　　　　　最後一個節點

情況 2：

將環狀串列中的任意節點刪除，假設現在要將節點 ptr 刪除，上述操作的步驟可分為下列二步驟：

1. 找到節點 ptr 的前一個節點。
2. 將前一個節點的指標指向節點 ptr 的下一個節點。

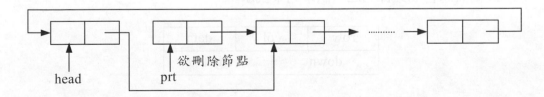

head　　　　prt　　欲刪除節點

刪除環狀串列內節點演算法：

```
1   clink delete_node(clink head,clink ptr)
2   {
3    clink previous;
4    if(head==NULL)                    //若是空鏈結
5     return NULL;
6    previous = head;
7    if(head!=head->next)              //尋找要刪除的節點
8     while(previous->next!=ptr)
9      previous = previous->next;
10   if(ptr==head)                     //若要刪除的是開頭
11    {
12    head = head->next;
13    previous->next = ptr->next;
14    }
15   else                             //若要刪除的是中間節點
16    previous->next = ptr->next;
17   free(ptr);
18   return head;
19  }
```

3-11 使用環狀鏈結串列結構表示稀疏矩陣

使用鏈結串列的目的其中之一是為了減少矩陣所浪費的記憶空間，而矩陣本身可以使用稀疏矩陣表示法來節省矩陣尋找資料的時間(請參閱第二章)，同樣的，我們也可使用鏈結串列作稀疏矩陣的表示法。在這裡，我們使用兩組指標所鏈結成的含開頭節點之環狀串列來表示：

row	col	data
down		right

在這個節點中 row 和 col 欄位分別存放稀疏矩陣的列與行，而 data 欄位則存放這個元素的內容。至於指標 down 和 right 則是用來分別建立同一行和同一列的環狀串列。

完整的結構宣告演算法：

```
1   struct clist
2   {
3    int row;                    //列
4    int col;                    //行
5    int data;                   //值
6    struct clist *right;        //右邊節點
7    struct clist *down;         //下面的節點
8   };
9   typedef struct clist cnode;
10  typedef struct clist clink;
```

使用指標 right 所建立的同一列之含開頭節點的環狀串列，如圖 3-11.1 所示：

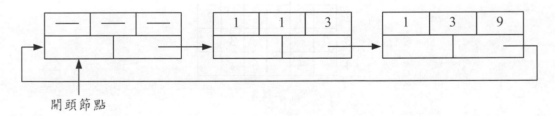

開頭節點

圖 3-11.1

由上圖 3-11.1 可看出欄位 row 的值都相同，同理，由指標 down 所建立的同一行之含開頭節點的環狀串列，如圖 3-11.2 所示：

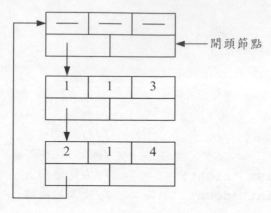

圖 3-11.2

現假設有一稀疏矩陣的大小是 5*6，其內容如圖 3-11.3 所示：

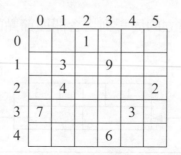

圖 3-11.3

使用環狀串列來建立上面的稀疏矩陣，首先需建立一個開始節點的結構陣列來處理同一行或列含開頭節點環狀的串列，其圖形如下所示：

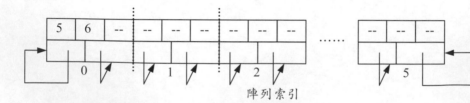

上圖所建立的開頭節點陣列內索引零的內容是存放稀疏矩陣的列與行，至
於指標 right 和 down 的初始值是指向自己。完整稀疏矩陣的表示法圖形如圖
3-11.4 所示。

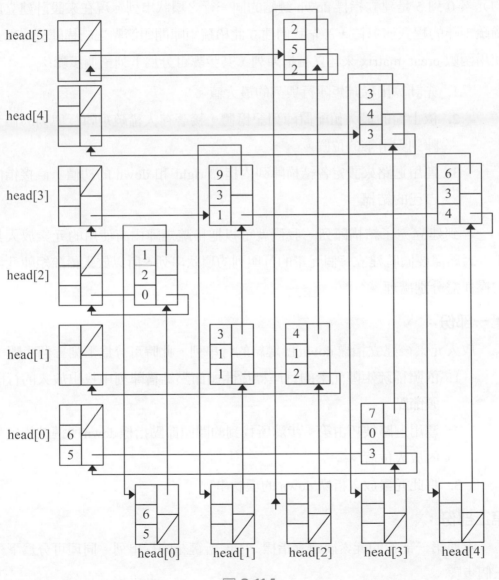

圖 3-11.4

　　圖 3-11.4 中列與行的開頭節點陣列 head 是同一個結構陣列。將圖繪成如此是爲了模擬二維的稀疏矩陣，其中稀疏矩陣大小有五列所以用結構陣列 head 的元素 0 到 4 來建立由指標 right 鏈結的同一列環狀串列。同理，結構陣列 head 的元素 0 到 5 是建立指標 down 鏈結的同一行之環狀串列。現在來設計建立此稀疏矩陣的程式演算法，首先我們建立此稀疏矩陣開頭節點之結構陣列。程式使用函數 creat_matrix 來建立結構陣列，其步驟可分爲下列三個步驟：

1. 先計算出稀疏矩陣行與列的最大值。
2. 依上面的最大值配置陣列記憶體，接著存入稀疏矩陣行與列的值到陣列索引零的位置。
3. 運用迴路來設定各結構陣列內指標 right 和 down 的初值，直接指向自己的結構。

　　等到建立完了結構陣列，我們就可以把稀疏矩陣內有使用的元素放入其中。因爲需要同時建立每個元素的行與列的環狀串列，所以放入稀疏矩陣元素的操作需分別處理。

第一部份：

　　放入元素後建立指標 down 所鏈結的行串列。此時可分爲下列三個步驟：

1. 依照稀疏矩陣元素的行座標從開頭節點結構陣列中找出放入的行開頭節點。
2. 運用迴路技巧由第一步驟所找到的開頭節點指標 down 所鏈結的串列內放入位置。
3. 將此元素放入指標 down 的環狀串列。

第二部份：

　　處理第一部份的元素後建立指標 right 所鏈結的行串列。同理可分爲下列三個步驟：

1. 依照稀疏矩陣元素的列座標從開頭節點結構陣列中找出放入的列開頭節點。

2. 運用迴路技巧由第一步驟所找到的開頭節點指標 right 所鏈結的串列內放入位置。

3. 將此元素放入指標 right 的環狀串列。

　　使用鏈結串列表示稀疏矩陣，需建立開頭節點陣列作爲索引用，在這部份我們需要先特別計算二維陣列的大小，再來才插入其元素值到串列中，而開頭節點的部份我們使用函數 creat_matrix 來建立，在插入部份我們另外用函數 insert_matrix 來作內容插入的操作。

　　建立稀疏矩陣 C 語言：

```
1    /************************/
2    /*  名稱:稀疏矩陣的建立      */
3    /*  檔名:ex3-11.cpp        */
4    /************************/
5    #include <stdlib.h>
6    #include <stdio.h>
7    /************************/
8    struct clist
9    {
10    int row;                    //列
11    int col;                    //行
12    int data;                   //值
13    struct clist *right;        //左邊鏈結
14    struct clist *down;         //下面鏈結
15   };
16   typedef struct clist cnode;
17   typedef struct clist* clink;
18   /************************/
19   clink create_matrix(int row, int col)
20   {
21    clink head;
```

```
22   int len;
23   int i;
24   if(row > col)                              //比較行列較大者
25    len = row;
26   else
27    len = col;
28   head = (clink)malloc(sizeof(cnode)* len);  //配置空間
29   if(!head)
30    return NULL;
31   head[0].row = row;                         //儲存行列值
32   head[0].col = col;
33   for(i=0;i<len;i++)                         //作成鏈結
34   {
35    head[i].right = &head[i];
36    head[i].down = &head[i];
37   }
38   return head;
39   }
40   /************************/
41   clink insert_matrix(clink head,int row,int col,int value)
42   {
43    clink new_node;
44    clink pos;
45    new_node = (clink)malloc(sizeof(cnode));   //配置空間
46    if(!new_node)
47     return NULL;
48    new_node->row = row;                       //儲存值
49    new_node->col = col;
50    new_node->data = value;
51    pos = &head[col];
52    while(pos->down!=&head[col]&&row>pos->down->row)
53     pos = pos->down;
54    new_node->down = pos->down;
55    pos->down = new_node;
56    pos = &head[row];                          //插入列中
57    while(pos->right!=&head[row]&&col>pos->right->col)
58     pos = pos->right;
```

```
59   new node->right = pos->right;
60   pos->right = new_node;              //插入行中
61   return head;
62  }
63  /************************/
64  void main() {
65   clink h;
66   h=create_matrix(4,4);
67   h=insert_matrix(h,2,1,10);   //在(2,1)加入 10
68   h=insert_matrix(h,3,2,12);   //在(3,2)加入 12
69   h=insert_matrix(h,4,3,14);   //在(4,3)加入 14
70   printf("完成!!");
71  }
```

輸出結果

```
完成!!
(2,1)=10
(3,2)=12
(4,3)=14
```

3-12 雙向鏈結串列結構(Doubly Linked List)

　　雙向鏈結串列是另外一種資料結構中常用的串列結構。因為基本鏈結串列是具有方向性的資料結構，在搜尋串列時，只能沿一個方向來搜尋。若要反過來往串列的開頭搜尋就需要花一點功夫，而解決的方法可以運用串列的反轉來達到我們想要的功能。如此一來可以往返搜尋此串列。其實我們只需將兩個基本鏈結串列結構結合起來，就可以建立出一種無方向性的串列結構，這正是雙向鏈結串列結構，如下圖 3-12.1 所示：

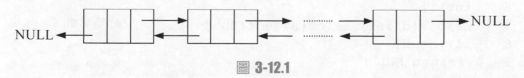

圖 3-12.1

雙向鏈結串列的建立

在這種串列結構中，每一個節點至少包含有三個欄位，其中一個存放基本元素資料。另外兩個則存放指標，其中一個指向前面的節點，另一個則指向後面的節點。如圖 3-12.2 所示：

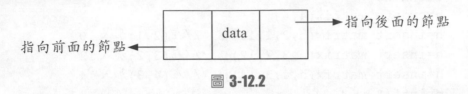

圖 **3-12.2**

也就是說上述這種雙向鏈結串列的節點要比基本的鏈結串列結構多個指標欄位。

雙向鏈結串列宣告演算法：

```
1    struct dlist
2    {
3     int data;                        //值
4     struct dlist *front;             //下一個
5     struct dlist *back;              //上一個
6    };
7    typedef struct dlist dnode;
8    typedef dnode *dlink;
```

建立雙向鏈結串列演算法：

```
1    dlink create_dlist(int *array,int len)
2    {
3     dlink head;
4     dlink before;
5     dlink new_node;
6     int i;
7     head =(dlink)malloc(sizeof(dnode));      //配置空間
8     if(!head)
9      return NULL;
```

```
10   head->data = array[0];        //儲存開頭節點初值
11   head->front = NULL;
12   head->back = NULL;
13   before = head;
14   for(i=1;i<len;i++)            //將陣列的值依序放入鏈結
15    {
16    new_node = (dlink)malloc(sizeof(dnode));
17    if(!new_node)
18     return NULL;
19    new_node->data = array[i];
20    new_node->front = NULL;
21    new_node->back = before;
22    before->front = new_node;
23    before = new_node;
24    }
25    return head;
26  }
```

　　以上所略述的程式是以一個陣列結構的內容來建立雙向串列。函數 creat_dlist 在建立第一個節點後使用迴路來建立其它的節點。而方法是將每個節點都插在雙向串列的最後，如圖 3-12.3 示：

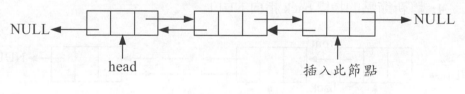

圖 **3-12.3**

雙向鏈結串列內節點的插入

雙向串列內節點的插入和基本鏈結串列相同，一樣具有三種不同的情況。

假設現有一雙向串列結構如圖 3-12.4

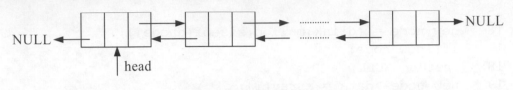

圖 **3-12.4**

若我們想將節點插入雙向串列有下列三種情況：

情況 1：

將節點插在串列中第一個節點之前。此時，可使用下列三個步驟來完成：

1. 將新節點的指標 front 指向雙向串列的開始，就是串列中的第一個節點。
2. 將串列中第一個節點的指標 back 指向新節點。
3. 將原串列的開始指標 head 指向新節點，則新節點成為串列的開始。
4. 將新節點的指標 back 指向 NULL。

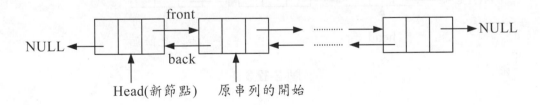

情況 2：

將節點插在串列的最後。此時，可使用下列二個步驟來完成：

1. 將最後一個節點的指標 front 指向新節點。
2. 將新節點的指標 back 指向串列的最後一個節點。

3. 將新節點的指標 front 指向 NULL。

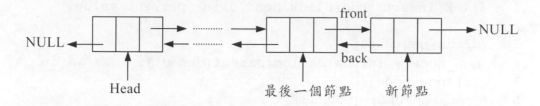

情況 3：

將節點插入串列的中間節點之間。假設欲將節點插在指標 ptr 所指節點之後，可使用下列四個步驟來完成：

1. 將原節點指標 ptr 所指節點的下一個節點之指標 back 指向新節點。
2. 新節點的指標 front 指向原節點指標 ptr 所指節點的下一個節點。
3. 新節點的指標 back 指向原節點指標 ptr 所指的節點。
4. 將原節點指標 ptr 所指節點的指標 front 指向新節點。

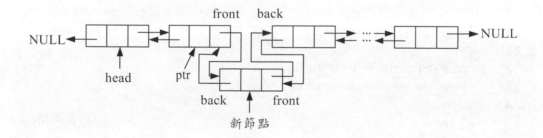

插入雙向鏈結串列內節點演算法：

```
1    dlink insert_node(dlink head,dlink ptr,int value)
2    {
3     dlink new_node;
4     new_node = (dlink)malloc(sizeof(dnode));      //配置空間
5     if(!new_node)
6      return NULL;
7     new_node->data = value;                        //儲存值
8     new_node->front = NULL;
9     new_node->back = NULL;
10    if(head==NULL)
11     return new_node;
12    if(ptr==NULL)                                   //插在開頭
13    {
14     new_node->front = head;
15     head->back = new_node;
16     head = new_node;
17    }
18    else
19    {
20      if(ptr->front==NULL)                          //插在結尾
21      {
22       ptr->front = new_node;
23       new_node->back = ptr;
24      }
25      else                                          //插在中間
26      {
27     ptr->front->back = new_node;
28     new_node->front = ptr->front;
29     new_node->back = ptr;
30     ptr->front = new_node;
31      }
32    }
33    return head;
34   }
```

雙向鏈結串列內節點的刪除

和插入操作同樣的，在刪除的操作上也會有下列的三種情況。

情況 1：

刪除串列的第一個節點。此時，可使用下列二個步驟來完成：

    1. 將指向串列開始節點的指標 head 指向第二個節點。

    2. 此時原串列的第二個節點成為新串列的開始，將原串列的開始指標 back 設為 NULL。

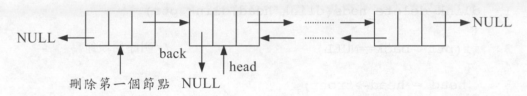

情況 2：

刪除串列的最後節點。此時，只使用一個步驟即可完成：

    1. 將原串列的倒數第二個節點的指標 front 設為 NULL。

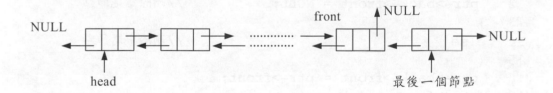

情況 3：

刪除串列的中間節點。假設欲刪除串列內指標 ptr 所指的節點，可使用下列二個步驟來完成：

    1. 將串列內指標 ptr 所指節點的前一個節點之指標 front 指向指標 ptr 所指節點的下一個節點。

2. 將串列內指標 ptr 所指節點的後一個節點之指標 back 指向指標 ptr 所
指節點的前一個節點。

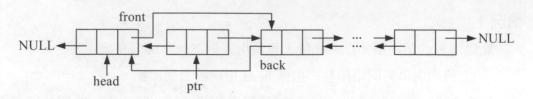

刪除雙向鏈結串列內節點演算法：

```
1    dlink delete_node(dlink head,dlink ptr)
2    {
3    if(ptr->back==NULL)                    //刪除開頭節點
4     {
5      head = head->front;
6      head->back = NULL;
7     }
8     else
9     {
10    if(ptr->front==NULL)
11    {
12     ptr->back->front = NULL;             //刪除結尾節點
13    }
14     else                                 //刪除中間節點
15     {
16     ptr->back->front = ptr->front;
17     ptr->front->back = ptr->back;
18     }
19    }
20    free(ptr);                            //釋放空間
21    return head;
22    }
```

3-13 環狀雙向鏈結串列結構 (Circular Doubly Linked List)

從之前所提到的雙向鏈結串列之外，我們可結合環狀串列，建立成為環狀雙向串列，這樣一來，我們可以更方便的搜尋我們所需要的資料。

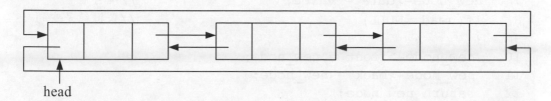

head

這時，最後一個節點的指標指向第一個節點，而第一個節點的指標則指向最後一個節點。同理，環狀雙向串列結構具備了環狀串列的優點，在處理插入和刪除的操作上只有二種情況會發生：

情況 1：插入或刪除第一個節點。

情況 2：插入或刪除中間的節點。

環狀雙向串列結構的基本操作演算法如下：

● 刪除演算法：

```
1   cdlink delete_node(cdlink head,cdlink ptr)
2   {
3    if(head==NULL) return NULL;            //若是空鏈結
4     if(ptr==head) head = head->front;     //若刪除的是開頭
5      ptr->back->front = ptr->front;
6   ptr->front->back = ptr->back;
7    free(ptr);
8    return head;
9   }
```

● 插入演算法：

```
1   cdlink insert_node(cdlink head,cdlink ptr,int value)
2   {
3    cdlink new_node;
4    new_node = (cdlink)malloc(sizeof(cdnode));   //配置空間
5    if(!new_node)
6     return NULL;
7    new_node->data = value;                      //儲存值
8    if(head==NULL)                               //若鏈結是空的
9    {
10    new_node->front = new_node;
11    new_node->back = new_node;
12    return new_node;
13   }
14   if(ptr==NULL)                                //插在開頭
15   {
16    head->back->front = new_node;
17    new_node->front = head;
18    new_node->back = head->back;
19    head->back = new_node;
20    head = new_node;
21   }
22   else                                         //插在中間
23   {
24    ptr->front->back = new_node;
25    new_node->front = ptr->front;
26    new_node->back = ptr;
27    ptr->front = new_node;
28   }
29   return head;
30  }
```

● 建立環狀鏈結串列 C 語言：

```
1    /************************/
2    /*  名稱:環狀鏈結串列      */
3    /*  檔名:ex3-13.cpp       */
4    /************************/
5    #include <stdio.h>
6    #include <stdlib.h>
7    /************************/
8    struct dlist
9    {
10    int data;
11    struct dlist *front;
12    struct dlist *back;
13   };
14   typedef struct dlist cdnode;
15   typedef cdnode *cdlink;
16   /************************/
17   cdlink delete_node(cdlink head,cdlink ptr)
18   {
19    if(head==NULL) return NULL;          //若是空鏈結
20     if(ptr==head) head = head->front;   //若刪除的是開頭
21      ptr->back->front = ptr->front;
22    ptr->front->back = ptr->back;
23    free(ptr);
24    return head;
25   }
26   /************************/
27   cdlink insert_node(cdlink head,cdlink ptr,int value)
28   {
29    cdlink new_node;
30    new_node = (cdlink)malloc(sizeof(cdnode));
31    if(!new_node)
32     return NULL;
33    new_node->data = value;
34    if(head==NULL)
35    {
36     new_node->front = new_node;
37     new_node->back = new_node;
38     return new_node;
```

```
39    }
40    if(ptr==NULL)
41    {
42     head->back->front = new_node;
43     new_node->front = head;
44     new_node->back = head->back;
45     head->back = new_node;
46     head = new_node;
47    }
48    else
49    {
50     ptr->front->back = new_node;
51     new_node->front = ptr->front;
52     new_node->back = ptr;
53     ptr->front = new_node;
54    }
55    return head;
56   }
57   /************************/
58   void main () {
59    cdlink h,ptr;
60    h=NULL;
61    h=insert_node(h,h,15);    //加入 15
62    h=insert_node(h,h,21);    //加入 21
63    h=insert_node(h,h,25);    //加入 25
64    h=insert_node(h,h,32);    //加入 32
65    h=insert_node(h,h,54);    //加入 54
66    h=delete_node(h,h);
67    printf("製作完成!!");
68    ptr=h;
69    do {
70     printf("%d->",ptr->data);
71     ptr=ptr->front;
72    }while(ptr!=h);
73    printf("head");
74   }
```

輸出結果

```
54->32->25->21->head
```

習　題

1. 試說明什麼是鏈結串列並寫一函式來計算鏈結串列的節點數目。

2. 多項式 $p(x, y, z)=10x^{10}y^3z^2+ 2x^8y^3z^2 + 3x^8y^2z^2 + 10x^{10}y^3z^2$
   請使用下列節點結構來表示之。

TAG	COEF	EXP	LINK

3. (a) 什麼是密集串列？什麼情況下不適用密集串列？
   (b) 若原有 n 筆資料以密集串列存放，試計算插入一新資料時，平均需移
       動幾筆資料？

4. 試比較以鏈結串列與陣列結構來完成 stack 的異同處與優缺點。

5. 試比較單向鏈結串列與雙向鏈結串列之優缺點。

6. 若一串列如下，請寫出可將指標 p 移動到最後一個節點之程式。

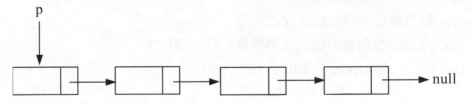

7. 寫一完整程式，輸入兩個多項式，輸出多項式的和。

8. 假設串列的節點結構如下，設計一演算法，將一線性鏈結串列反轉。

DATA	LINK

9. 請使用 circular list 設計一個資料結構來儲存下列多項式。

   $p(x, y, z) = 3x^6y^5z^2 + 2x^5y^2z - x^3z + 4$

10. 寫一函式，使之能根據鍵值在串列中找到該節點。

11. 寫一個演算法 LENGTH 來計算環狀鏈結串列 p 的節點數。

12. 設計一個資料結構來同時表示 n 個 stacks 與 m 個 queues。

13. 假設有一個陣列 A[0,1,2,...,n-1]，欲刪除裡面重複的值。其中 LastPosition 一開始為 n-1，而當刪除元素時會遞減。Delete(j)為刪除陣列裡第 j 個元素。程式如下：

    ```
    for(i=0;i<LastPosition;i++)
    {
      j=i+1;
      while(j<LastPosition)
        if(A[i]==A[j]) Delete(j);
        else j++;
    }
    ```

    (a) 請解釋此片段程式之正確與否，若有錯誤請加以修改。
    (b) 所需執行時間為何？
    (c) 利用鏈結串列改寫此程式。
    (d) 經過(c)改寫後的程式其所需執行時間為何？
    (e) 找出只需 O(nlogn)即可解決的演算法。

4

堆疊

4-1 堆疊的定義

　　堆疊(stack)是一種有序關係的串列結構(Ordered List)，資料的存取都由同一端點進出堆疊，此端點稱為堆疊的頂端(Top)。這樣的特性就如同一個開口的桶子，放入或拿取東西都得經由此開口，因此有後進先出(Last in first out, LIFO)的關係，簡稱 LIFO。若有一個陣列以 S(1:n)當作堆疊，則 S(1)稱為堆疊的底部，指標 top 指向最頂端的元素。堆疊的兩個基本運算是推入(push)或刪除(pop)，而在堆疊中加入一個元素稱為推入(push)，從堆疊中刪除元素稱為彈出(pop)。如圖 4-1.1，一開始將 Data_1 放入堆疊 S(1)，再將 Data_2 放入堆疊 S(2)，以此類推直到將 Data_n 放入堆疊 S(n)；彈出時，從堆疊 S(n)內的最後一個資料 Data_n 開始取出，直到為堆疊內沒有資料時停止。

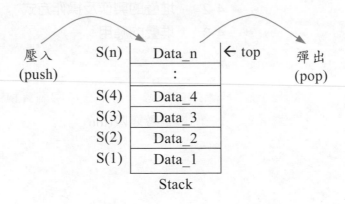

圖 **4-1.1**

4-2 堆疊的製作及操作方式

1. 堆疊的製作方式有兩種：

● 靜態的陣列結構：

以一固定大小的陣列來製作堆疊，其優點為以任何語言處理都相當方便；但缺點為陣列大小是固定的，而堆疊本身是變動的，如果進出堆疊的資料量無法預知，就很難宣告陣列的大小，若宣告太大易造成記憶體資源的浪費，宣告太小易造成堆疊不夠使用的問題。

● 動態的鏈結串列結構

使用鏈結串列的結構來當作堆疊，因鏈結串列的宣告是動態的，可隨時改變鏈結串列的長度，優點為可以有效的利用記憶體資源；但缺點為處理較為複雜。

(1) 以陣列製作堆疊

以 C 語言宣告成結構體型態，其中包含兩個資料成員，一為陣列變數(item)，另一個為整數變數(top)。

宣告方式演算法：

```
1    #define N 100
2    typedef struct stack_rec
3    {
4     float item[N];        //陣列值
5     int top;              //頂端指標
6    }STACK;
7    STACK s1;
```

push 演算法：

```
1    void push(STACK *s, float x)
2    {
3     if((*s).top==N-1)printf("stack overflow!");
4     else
5     {
6      (*s).top = (*s).top + 1;      //指標加一
7      (*s).item[(*s).top] = x;      //儲存值
8     }
9    }
```

pop 演算法：

```
1    float pop(STACK *s)
2    {
3     if((*s).top==-1)printf("stack underflow!");
4     else
5     {
6      float x = (*s).item[(*s).top];    //讀出值
7      (*s).top = (*s).top - 1;          //改變指標
8      return(x);
9     }
10   }
```

以陣列製作堆疊 C 語言：

```
1    /*************************/
2    /*   名稱：以陣列製作堆疊      */
3    /*   檔名：ex4-2-1.cpp      */
4    /*************************/
5    #include <stdio.h>
6    #define N 100
7    /*************************/
8    struct stack_rec
9    {
10    float item[N];
11    int top;
```

```
12  };
13  typedef stack_rec STACK;
14  /***********************/
15  void push(STACK *s, float x)
16  {
17   if((*s).top==N-1) printf("stack overflow!");
18   else
19   {
20    (*s).top = (*s).top + 1;     //改變TOP指標
21    (*s).item[(*s).top] = x;     //放入資料
22   }
23  }
24  /***********************/
25  float pop(STACK *s)
26  {
27   if((*s).top==-1) printf("stack underflow!");
28   else
29   {
30    float x = (*s).item[(*s).top];   //讀出資料
31    (*s).top = (*s).top - 1;  //改變TOP的值
32    return(x);
33   }
34   return NULL;
35  }
36  /***********************/
37  void main() {
38   STACK *s=new STACK;
39   s->top=-1;
40   push(s,1.23);               //推入1.23
41   push(s,2.46);               //推入2.46
42   push(s,3.14);               //推入3.14
43   printf("%.2f\n",pop(s));    //彈出值
44   printf("%.2f\n",pop(s));    //彈出值
45  }
```

輸出結果

```
3.14
2.46
```

(2)　以鏈結串列製作堆疊

宣告方式演算法：

```
1    typedef struct stack_node
2    {
3     float info;                       //值
4     struct stack_node *next;      //鏈結
5    }STKPTR;
6    STKPTR *stk;
```

push 演算法：

```
1    void push STKPTR(**stk, float x)
2    {
3     STKPTR *top;
4     top = malloc(sizeof(STKPTR));   //配置空間
5     top->info = x;                   //彈出值
6     top->next = *stk;                //改變指標
7     *stk=top;
8    }
```

pop 演算法：

```
1    float pop(STKPTR **stk)
2    {
3     STKPTR *top;
4     if(*stk == NULL) printf("Stack Underflow!");
5     else
6     {
7      float x;
8      x = (*stk)->info;            //讀出值
9      top = *stk;
10     *stk = (*stk)->next;         //改變指標
```

```
11    free(top);              //釋放空間
12    return(x);
13    }
14  }
```

以鏈結串列製作堆疊 C 語言：

```
1   /****************************/
2   /*  名稱：以鏈結串列製作堆疊      */
3   /*  檔名：ex4-2-2.cpp        */
4   /****************************/
5   #include <stdio.h>
6   #include <stdlib.h>
7   /************************/
8   typedef struct stack_node
9   {
10   float info;
11   struct stack_node *next;
12  }STKPTR;
13  /************************/
14  void push(STKPTR **stk, float x)
15  {
16   STKPTR *top;
17   top = (STKPTR *)malloc(sizeof(STKPTR));
                              //配置空間
18   top->info = x;           //儲存值
19   top->next = *stk;        //鏈結
20   *stk=top;                //改變 top 指標
21  }
22  /************************/
23  float pop(STKPTR **stk)
24  {
25   STKPTR *top;
26   if(*stk == NULL) {
27    printf("Stack Underflow!");
28    return NULL;
29   }
30   else
```

```
31  {
32    float x;
33    x = (*stk)->info;              //讀出值
34    top = *stk;
35    *stk = (*stk)->next;           //改變指標
36    free(top);                     //釋放空間
37    return(x);
38  }
39  }
40  /************************/
41  void main() {
42    STKPTR *h;
43    h=NULL;
44    push(&h,(float)1.23);          //推入 1.23
45    push(&h,(float)2.46);          //推入 2.46
46    push(&h,(float)3.14);          //推入 3.14
47    printf("%.2f\n",pop(&h));      //彈出值
48    printf("%.2f\n",pop(&h));      //彈出值
49  }
```

輸出結果

```
3.14
2.46
```

2. 堆疊的基本操作如下：

(1) 產生堆疊結構：利用程式語言的宣告指令，將堆疊宣告成陣列或鏈結串列結構。

(2) 將資料推入堆疊：若堆疊不是滿的(Overflow)，則更改 top 指標後，將資料壓入堆疊。

(3) 將資料彈出堆疊：若堆疊不是空的(Underflow)，則將頂端資料取出後，更改 top 指標值。

插入與刪除都由頂端進行，其插入與刪除的程序如下：

插入(Push down)演算法：

```
1    Procedure PushDown (item, stack, n, top)
2    begin
3     if top ≥ n then call stackoverflow
4     else
5      top ← top + 1
6     stack(top) ← item
7     end
```

刪除(Pop up)演算法：

```
1    Procedure PopUp (item, stack, top)
2    begin
3     if top ≤ 0 then call stackempty
4     else
5      item ← stack(top)
6      top ← top - 1
7     end
```

4-3　堆疊的應用

4-3-1　算術運算式的轉換(Expression Conversion)

　　常用的算數運算是將運算子放在兩個運算元之間，例如：a+b, c-d, e*f, g/h 等，此種方式稱為中序式(infix notation)。由於一般的中序式有運算符號的優先權與結合性問題，而且面臨括號優先處理的情形。例如在運算一個算術式 a+b*c-d 時，我們知道 b*c 要先做，但編繹器只能從左到右逐一檢查，檢查到加號時尚無法知道是否可執行，待檢查到乘號時，因知道乘號的運算次序是比加號為高，所以 a+b 是不可以先被執行，待繼續檢查到減號時方可執行 b*c。

編繹器的處理通常計算機在處理運算式是將中序式先轉換為後序式的波蘭式 (Polish notation)。

波蘭式是為紀念波蘭數學家 Jan Lukasiewicz 而命名。它是將運算子的符號放在兩個運算元之前,如:+ab, −cd, *ef, /gh 等。反波蘭式(Reverse Polish notation)則是將運算子符放在於兩個運算元之後,如:ab+, cd-, ef*, gh/等。任何算術表示式若表示成反波蘭式,並無需使用括弧來決定運算的順序。反波蘭式通常稱為後置式(postfix notation),而前置式(prefix notation)就是上述所說的波蘭式。

編譯器處理算術運算式的步驟是先將算術運算式由中序式轉換成後序式,然後使用巨集指令呼叫方式,將後序式展開為其對應之組合語言來處理。中序與前序、後序之間轉換的步驟如下:

1. 中序式轉為前序式

   使用括弧轉換法,步驟如下:

   Step1:將算式根據運算先後次序完全括弧起來。

   Step2:移動所有的運算符號來取代所有的左括弧,以最近的為原則。

   Step3:刪去所有的右括弧。

例 4-3.1 將 A+B*C 化成前序式表示法。

解: Step1:(A+(B*C))

Step2:(A+(B*C)) → +A*BC))

Setp3:+A*BC

例 4-3.2 將 A+B+C 化成前序式表示法。

解: Step1:((A+B)+C)

Setp2:((A+B)+C) → ++AB)C)

Setp3:++ABC

例 4-3.3 將 A*(B+C)化成前序式表示法。

解：Step1：(A*(B+C))

Step2：(A*(B+C)) → *A+BC))

Step3：*A+BC

2. 中序式轉換爲後序式

使用括弧轉換法，步驟如下：

Step1：將算式根據運算先後次序完全括弧起來。

Step2：移動所有的運算符號來取代所有的右括弧，以最近的爲原則。

Step3：刪去所有的左括弧。

例 4-3.4 將 A+B*C 化成後序式表示法。

解：Step1：(A+(B*C))

Step2：(A+(B*C)) → (A(BC*+

Setp3：ABC*+

例 4-3.5 將 A+B+C 化成後序式表示法。

解：Step1：((A+B)+C)

Setp2：((A+B)+C) → ((AB+C+

Setp3：AB+C+

例 4-3.6 將 A*(B+C)化成後序式表示法。

解：Step1：(A*(B+C))

Setp2：(A*(B+C)) → (A(BC+*

Step3：ABC+*

例 4-3.7 試分別將下列的算術運算式表示成前序式及後序式表示法。

（註：'$'表示乘冪）

((A+B)*C-(D-E))$(F+G)

(A*(B+C)*D)–E*F–G

((A–(B+C))*D)$(E+F)

A$B*C–D+E/F/(G+H)

A–B/(C*D$E)

解： (1) Prefix ：$ - * + ABC – DE + FG

Postfix ：AB + C * DE - - FG + $

(2) Prefix ：- - * * A + BCD * EFG

Postfix ：ABC + * D * EF* - G -

(3) Prefix ：$ * - A + BCD + EF

Postfix ：ABC + - D * EF + $

(4) Prefix ：+ - * $ ABCD / / EF +GH

Postfix ：AB $ C * D - EF / GH + / +

(5) Prefix ：- A / B * C $ DE

Postfix ：ABCDE $ * / -

　　使用括弧轉換法的轉換過程中，對於中序式以人工方式來執行雖然簡單，然而實際寫成程式卻是沒有效率的。計算機在處理中序式算術表示式須對字串掃描兩次，第一次是讀取整個運算式並依上述加入括號，第二次是為了要移動運算子以取代一個適當的右括號或左括號。利用堆疊做暫存器，便可以輕易的處理且程式也容易撰寫。以下為利用堆疊將中序式轉換成後序式之步驟，而中序式轉換成前序式方法亦同。

1. 從左到右依序讀取下一個算術式字元，令讀入的元素為 X，若 X 是運算元，則將 X 輸出到後序式字串中；若 X 是運算子，則有以下三種情形：

   ● X=左括號：將 X 壓入堆疊。

   ● X=右括號：彈出堆疊頂端的運算子，若不是左括號，則將取出的運算子輸出至後序字串中，並重覆此步驟，直到取出左括號為止，並將 X（=右括號）及最後彈出的左括號丟棄不用。最後回到步驟(1)。

   ● X=其他運算子($,+ , - ,* , /)：

   (a) 設堆疊頂端的運算子為 Y，若 X 的優先權高於 Y，則將 X 壓入堆疊。

   (b) 若 X 的優先權等於或低於 Y，則彈出堆疊頂端的運算子（此值即為 Y），並輸出至後序字串中，並回到步驟 a。

2. 最後若堆疊不是空的，則不斷將頂端運算子彈出並輸出至後序字串中，直到堆疊空了為止。

常用的幾種二元運算的優先順序：

運算子	優先權
$	1（優先）
*, /	2
+, -	3
(	4

以 A-B/(C*D\$E)為例，中序轉換成後序的過程時堆疊的變化如下表：

	讀進字元	堆疊內的資料	目前的後序式字串	說　　　　明
1	A		A	算運元直接輸出。
2	-	-	A	減號直接堆入堆疊。
3	B	-	AB	算運元直接輸出。
4	/	/ -	AB	除號的優先權高於減號，所以將除號堆入堆疊。
5	(	(/ -	AB	將左括號堆入堆疊。
6	C	(/ -	ABC	算運元直接輸出。
7	*	* (/ -	ABC	乘號的優先權高於左括號，所以將乘號堆入堆疊。
8	D	* (/ -	ABCD	算運元直接輸出。
9	\$	\$ * (/ -	ABCD	\$號的優先權高於乘號，所以將\$號堆入堆疊。
10	E	\$ * (/ -	ABCDE	算運元直接輸出。
11	)	/ -	ABCDE\$*	取出堆疊中的運算元，直到遇到左括號。
12	讀入完畢		ABCDE\$*/-	取出在堆疊中的剩餘運算元。

4-3-2　處理副程式呼叫(Subroutine Call)

在計算機程式中，副程式的呼叫與返回的處理是利用堆疊來完成。當要去執行呼叫的副程式之前，先將返回位址（即下一條指令的位址）保存到堆疊中，然後才去執行副程式。當副程式執行完後要要從堆疊取出返回位址。例如：主程式 A 呼叫副程式 B，則在呼叫副程式 B 之前必須先將返回位址 b 推入堆疊中。同樣地，在副程式 B 中呼叫副程式 C，須將返回位址 c 推入堆疊中。當副程式 C 執行完畢後，就從堆疊中彈出返回位址 c，回到副程式 B，以如此的方式再從堆疊中彈出返回位址 b，再回到主程式 A，如圖 4-3.1 所示。

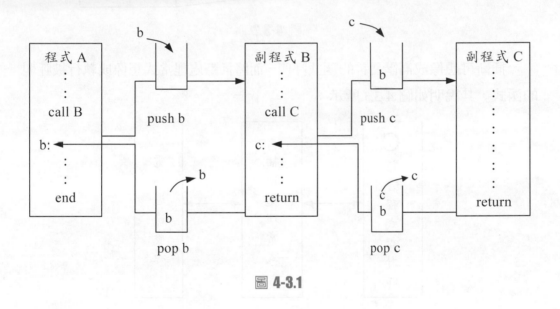

圖 4-3.1

4-3-3　處理插斷常式(Interrupt Processing)

在 C 語言中,系統呼叫是透過插斷(interrupt)來進行。插斷使用如圖 4-3.2 示:

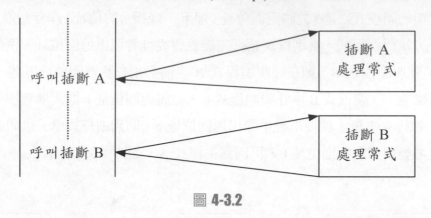

圖 4-3.2

插斷可想像成高階語言的函式呼叫,而將插斷處理常式想像成執行被呼叫
的函式,其說明如圖 4-3.3 所示:

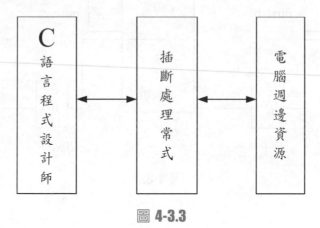

圖 4-3.3

執行插斷時,微處理機會執行下面工作:

1. 將旗號暫存器內容推入堆疊內。
2. 清除單步旗號(TF)和插斷旗號(IF),此時就可禁止其他插斷情
   形發生。

3. 將 CS 暫存器內容推入堆疊存起來，以供回返時使用，注意：CS 被推入堆疊時，是以 32 位元方式推入堆疊，而高 16 位元所存放的值沒有定義。

4. 將插斷型態值乘 4，以求出插斷向量的位址。

5. 將插斷向量的第二個字組存入 CS 暫存器內。

6. 將指令指示器（EIP）的內容推入堆疊中存起來，以供回返時使用。

7. 將插斷向量的第一個字組存入 EIP 暫存器內。

4-3-4 編譯錯誤處理(Compiler Syntax Processing)

編譯程式時常會發生以下三類錯誤訊息：

1. Fatal（嚴重錯誤）：因為編譯器本身發生問題，才會產生嚴重錯誤，設計者須採取適當步驟修正原始程式，並重新執行編譯。

2. Error（錯誤）：表示程式中有語法錯誤、記憶體或磁碟的存取錯誤及命令列錯誤。發生 Error 時請參閱其錯誤訊息之說明，並請立即解決錯誤再令程式重新編譯。

3. Warnings（警告）：編譯器測出程式中有語法正確但可能邏輯不正確的程式碼，於是發出警告訊息，這時編譯器不會停止編譯動作。程式設計者得依警告訊息來修正程式使語法更正確。

當編譯器檢測出程式中的指令有發生不能接受的語法或錯誤發生時，則將所在的位址推入堆疊中，且會將要顯示的訊息相對照。在程式編譯後，訊息欄中列出所有發生錯誤或不合法的訊息，使得設計者能依訊息來修正。

4-3-5 河內塔問題(Towers of Hanoi Problem)

河內塔問題可用遞迴的方式解決，也可用非遞迴的方式寫法。遞迴的方法已經在上一章中探討過，在此我們藉由堆疊來完成。因此原先使用遞迴處理時，先執行的部份，必須後推入堆疊，而後執行的部份，就得先推入堆疊。

應用堆疊求河內塔問題 C 語言：

```
1   /*************************/
2   /*    名稱：河內塔          */
3   /*    檔名：ex4-3-5.cpp    */
4   /*************************/
5   #include <stdio.h>
6   #include <stdlib.h>
7   #define N 100
8   /*************************/
9   struct stack_rec              //宣告堆疊的結構
10  {
11   int n[N];
12   int m[N];
13   char a[N];
14   char b[N];
15   char c[N];
16   int top;
17  };
18  typedef stack_rec STACK;
19  STACK s;
20  /*************************/
21  void push(int n ,int m, char a, char b, char c)
22  {                             //推入堆疊
23   if((s).top >= N-1) printf("stack overflow!");
24   else
25   {
26    s.top = s.top + 1;        //改變 TOP 指標
27    s.n[s.top] = n;           //放入資料
28    s.m[s.top] = m;
```

```
29    s.a[s.top] = a;
30    s.b[s.top] = b;
31    s.c[s.top] = c;
32   }
33  }
34  /***********************/
35  void pop(int &n ,int &m, char &a, char &b, char &c)
36  {                          //彈出資料
37   if((s).top <= -1) printf("stack underflow!");
38   else
39   {
40    n = (s).n[(s).top];          //讀出資料
41    m = (s).m[(s).top];
42    a = (s).a[(s).top];
43    b = (s).b[(s).top];
44    c = (s).c[(s).top];
45    (s).top = (s).top - 1;       //改變 TOP 的值
46   }
47  }
48  /***********************/
49  void hanoi(int n,int m,char a,char b,char c){
50   push(n,m,b,a,c);             //放入起始值
51   while( s.top != -1)
52   {
53    pop(n, m, a, b, c);
54    if(m <= 1) printf("(%d) : %c->%c\n",n,a,c);//印出動作
55    else
56    {
57    push(n-1, n-1, a, c, b);    //把底盤以上的東西從 a 移到 b
58    push(n, 1, a, b, c);        //把底盤從 a 移到 c
59    push(n-1, n-1, b, a, c);    //把底盤以上的東西從 b 移到 c
60    }
61   }
62  }
63  /***********************/
64  void main() {                //主程式
```

```
65    s.top=-1;
66    hanoi(3,3,'a','b','c');
67  }
```

輸出結果

```
(1)：b->c
(2)：b->a
(1)：c->a
(3)：b->c
(1)：a->b
(2)：a->c
(1)：b->c
```

　　其中參數 m 只是用來做旗標變數，當 m = 1 時，代表必須搬某一個圓盤，而要搬的盤子代號是用參數 n 來表示。以下以 n = 3 為例，說明堆疊的運算過程。

1. 一開始推入 (3, 3, a, b, c)，所以堆疊 stack 變成如下：

3	3	A	b	c
n	m		Disk	

2. 彈出 (3, 3, a, b, c)，因為 m = 3 ≠ 1，所以將 (2, 2, b, a, c)、(3, 1, a, b, c)、(2, 2, a, c, b)，依序堆入堆疊，所以堆疊 stack 變成如下：

2	2	a	c	b
3	1	a	b	c
2	2	b	a	c
n	m		Disk	

3. 彈出(2, 2, a, c, b)，因為 m = 2 ≠ 1，所以將(1, 1, c, a, b)，(2, 1, a, c, b)，(1, 1, a, b, c)，堆入堆疊，堆疊變 stack 成如下：

1	1	a	b	c
2	1	a	c	b
1	1	c	a	B
3	1	a	b	c
2	2	b	a	c
N	m		Disk	

4. 彈出(1, 1, a, b, c)，此時因為 m = 1，表示須要搬盤子了，所以印出：
   (1) : a → c，代表把 1 號盤子由木椿 A 移到木椿 C。

5. 彈出(2, 1, a, c, b)，此時因為 m = 1，表示須要搬盤子了，所以印出：
   (2) : a → b，代表把 2 號盤子由木椿 A 移到木椿 B。

6. 彈出(1, 1, c, a, b)，此時因為 m = 1，表示須要搬盤子了，所以印出：
   (1) : a → b，代表把 1 號盤子由木椿 A 移到木椿 B。

7. 彈出(3, 1, a, b, c)，此時因為 m = 1，表示須要搬盤子了，所以印出：
   (3) : a → c，代表把 3 號盤子由木椿 A 移到木椿 C。

8. 彈出(2, 2, b, a, c)，因為 m = 2 ≠ 1，所以將

   (1, 1, a, b, c)，(2, 1, b, a, c)，(1, 1, b, c, a)
   堆入堆疊，使得堆疊 stack 變成如下：

1	1	b	c	A
2	1	b	a	C
1	1	a	b	C
n	m		Disk	

9. 彈出(1, 1, b, c, a)，此時因為 m = 1，表示須要搬盤子了，所以印出：

(1)：b → a，代表把 1 號盤子由木樁 B 移到木樁 A。

10. 彈出(2, 1, b, a, c)，此時因為 m = 1，表示須要搬盤子了，所以印出：

(2)：b → c，代表把 2 號盤子由木樁 B 移到木樁 C。

11. 彈出(1, 1, a, b, c)，此時因為 m = 1，表示須要搬盤子了，所以印出：

(1)：a → c，代表把 1 號盤子由木樁 A 移到木樁 C。

12. 此時堆疊已空，表示移動完畢。

當 n=3 時，移動次序如下：

1. 移動圓盤 1 從木樁 A 到木樁 C。

2. 移動圓盤 2 從木樁 A 到木樁 B。

3. 移動圓盤 1 從木樁 C 到木樁 B。

4. 移動圓盤 3 從木樁 A 到木樁 C。

5. 移動圓盤 1 從木樁 B 到木樁 A。

6. 移動圓盤 2 從木樁 B 到木樁 C。

7. 移動圓盤 1 從木樁 A 到木樁 C。

得到當 n=3 時，總共須移動圓盤 7 次，所移動的圓盤編號依序為 1，2，1，3，1，2，1。以此類推，n 個圓盤需移動的次數為 n-1 個圓盤所移動次數的兩倍加 1。可由下列的數學式求得：

設 b_n 為 n 個圓盤滿足移動要求的最少次數

$$b_n = 2b_n + 1$$

$$= 2\left(2b_{n-2} + 1\right) + 1$$

$$= 4\left(2b_{n-3} + 1\right) + 2 + 1$$

$$\vdots$$

$$= 2_{n-1}b^1 + \sum_{k=0}^{n-2} 2^k$$

又 $b_n=1$，則 $b_n=2^{n-1}*1+（1+2+4.....+2^{n-2}）$

$$=2^{n-1}+2^{n-1}-1$$

$$=2*2^{n-1}-1$$

$$=2^n-1$$

由以上式子可知，若圓盤個數爲 n，則至少必須移動 2^n-1 次。

4-3-6　迷宮問題(Mazing Problem)

迷宮問題已經在遞迴中探討過，在此介紹如何使用堆疊的方式來完成。爲避免檢查迷宮邊界的麻煩，事先將迷宮的四周圍上了牆壁，需要一個二維陣列 maze[MAX_ROW+2][MAX_COL+2]的大小，其中陣列元素 0 代表可通行的路徑，1 代表牆壁，也就是障礙。另外迷宮的左上角爲入口，右下角爲出口。下圖所示爲一個 5*5 的迷宮表示成二維陣列的方法：

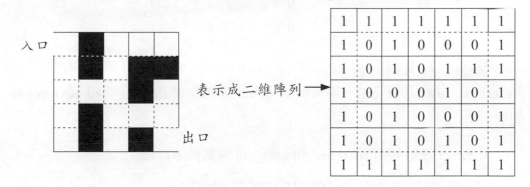

迷宮中行走的方向之優先順序如下：

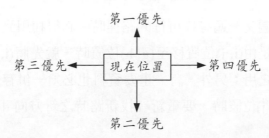

四個移動方向使用陣列存放，宣告的演算法：

```
1   typedef struct
2   {
3    int vert;
4    int horiz;
5   }offsets;
6   offsets move[4];
```

其中 move 陣列中依方向的優先順序依序存入垂直和水平的位移值，並以一個整數變數 direct 從 0～4 做為 move 陣列的索引值，利用此索引值就可以知道移動的方向。

方向索引值(direct)	move[direct].vert	move[direct].horiz	方向
0	1	0	上
1	-1	0	下
2	0	-1	左
3	0	1	右

因此，若假設目前的位置在 maze[row][col]，而下一步的位置在 maze[next_row][next_col]，則可利用 direct 變數知道 next_row 和 next_col 兩個值。

用 direct 變數知道 next_row 和 next_col 兩個值演算法：

```
1   next_row = row + move[direct].vert;
2   next_col = col + move[direct].horiz;
```

在以試誤法一遍又一遍尋找可行的路徑時，必須利用到堆疊的特性，將剛走過的位置，也就是由(i, j)位置移至(g, h)位置時，就先將(i, j)存入堆疊裡，以備無路前進時後退之用；另外，有一重要資料也必須一併存入堆疊裡，就是當由(g, h)位置退至(i, j)位置時，要重新尋找新路時之新方向 d，因此存入堆疊之

資料為(i, j)，為了避免再由(i, j)走到(g, h)時，又由(g, h)走回(i, j)，凡是走過之
點，其迷宮值將由 0 變成 2，在後退時又得將 2 還原成 0。

應用堆疊求迷宮問題 C 語言：

```
1    /************************/
2    /*   名稱：迷宮          */
3    /*   檔名：ex4-3-6.cpp   */
4    /************************/
5    #include <stdio.h>
6    #include <stdlib.h>
7    #define ROW 8
8    #define COL 8
9    #define DIRECTION 4
10   /************************/
11   typedef struct{                //移動順序,上,下,左,右
12    int vert;
13    int horiz;
14   }offsets;
15   offsets move[4]={
16   {1,0},
17   {-1,0},
18   {0,1},
19   {0,-1}  };
20   /************************/
21   int maze[COL][ROW]={           //迷宮圖
22   {1,1,1,1,1,1,1,1},
23   {1,0,0,0,1,0,0,1},
24   {1,1,1,0,1,1,0,1},
25   {1,0,1,0,1,0,0,1},
26   {1,0,1,0,1,0,1,1},
27   {1,0,0,0,0,0,1,1},
28   {1,0,1,0,1,0,0,1},
29   {1,1,1,1,1,1,1,1} };
30   /************************/
31   typedef struct stack_node      //堆疊結構
32   {
```

```
33   int x;
34   int y;
35   int d;
36   struct stack_node *next;
37  }STKPTR;
38  /***********************/
39  void display_maze()                    //印出答案
40  {
41   int i,j;
42   for(i=0;i<ROW;i++,printf("\n"))
43    for(j=0;j<COL;j++)
44     printf("%1d",maze[i][j]);
45   printf("\n\n");
46  }
47  /***********************/
48  void push(STKPTR **stk,int x,int y,int d)
49  {                                      //推入堆疊
50   STKPTR *top;
51   top = (STKPTR *)malloc(sizeof(STKPTR));
52   top->x = x;
53   top->y = y;
54   top->d = d;
55   top->next = *stk;
56   *stk=top;
57  }
58  /***********************/
59  void pop(STKPTR **stk,int &x,int &y,int &d)
60  {                                      //彈出資料
61   STKPTR *top;
62   if(*stk == NULL) {
63   printf("Stack Underflow!");
64   }
65   else
66   {
67    x = (*stk)->x;
68    y = (*stk)->y;
69    d = (*stk)->d;
70    top = *stk;
```

```
71    *stk = (*stk)->next;
72    free(top);
73   }
74  }
75  /*************************/
76  void path()
77  {
78   STKPTR *stk;
79   int i,j,g,h,d,k,found;
80   maze[1][1]=2;
81   stk=NULL;
82   push(&stk,1,1,0);                //推入起始資料
83   found=0;
84   k=0;
85   while(stk!=NULL && !found)
86   {
87    pop(&stk,i,j,d);                //彈出一筆資料
88     while(d<DIRECTION)             //依順序找出路
89     {
90      g=i+move[d].vert;             //下一步
91      h=j+move[d].horiz;
92      if(maze[g][h]==0)             //還沒走過
93      {
94       maze[g][h]=2;
95       if(g==ROW-2 && h==COL-2)     //到達終點
96       {
97        k++;
98        display_maze();
99        maze[g][h]=0;
100       found=1;
101       d=9;
102      }
103      else                         //還沒到終點
104      {
105       push(&stk,i,j,d+1);
106       i=g;
107       j=h;
```

```
108    d=0;
109    }
110   }
111   else d=d+1;
112   }
113  maze[i][j]=0;
114  }
115 }
116 /*************************/
117 void main() {
118  path();
119 }
```

輸出結果

```
11111111
10221001
11121101
10121001
10121011
10022211
10101221
11111111
```

註：：0代表通路，1代表牆壁，2代表走過的地方

4-3-7　八皇后問題(Eight Queens Problem)

　　西洋棋中的皇后可以直吃、橫吃、斜吃，而新放入棋盤中的皇后一不小心，可能就會被先放的皇后吃掉。要寫八皇后的程式，就可以利用堆疊的特性，每安置好一新皇后，就將新后位置存入堆疊，如果發現某一列或某一行8個位置均無新皇后置身之處時，就須由堆疊取出前一個皇后的位置，重新找另一位置安置，此即是利用 Backtracking 演算法。八皇后問題就在反覆的前進，後退中求得解答。堆疊是用來存放舊皇后位置的，雖然棋盤是二維的，但是堆疊只須

用一維陣列，如 oldq[3]=8，就表示舊皇后的位置在第 3 行第 8 個位置，其座標即為(8,3)。如下圖的堆疊內之值，代表其中的一組解。

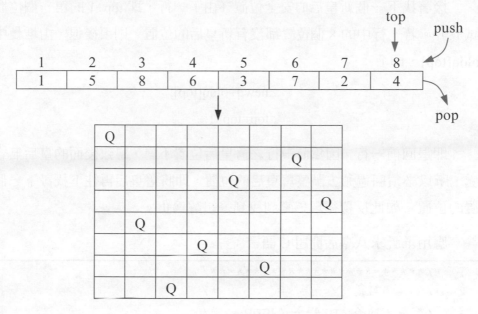

皇后由(1, 1)開始放，即令 oldq[1]=1，top=1，則目前堆疊結構為：

1	2	3	4	5	6	7	8
1							

接著由(top+1)行第 1 個位置開始試著放新皇后，每試一個位置，都須檢查是否安全。假設舊皇后的位置為(oldq[m], m)，新后位置為(newq, j)，則判斷新皇后與舊皇后是否有衝突的判斷式為：

$$oldq[m]==newq \ || \ abs(newq-oldq[m])==abs(j-m)$$

其中 abs 函式是其絕對值。若上面的判斷式為真，則代表新皇后與舊皇后有衝突到，就再試下一個位置，直到找到安全位置，並將此新皇后位置壓入堆疊成為舊皇后，即：

$$top=top+1;$$

$$oldq[top]=newq;$$

接著找下一個新皇后的安全位置（由下一行，即 top+1 的第一個位置開始試放）。若一行中的 8 個位置都沒有新皇后的位置，則須後退，由堆疊中彈出 oldq[top]，即令：

$$newq=oldq[top];$$

$$top=top-1;$$

即退回前一行，因為前一行之舊皇后位置不對，導致後面的皇后無容身之處，所以必須回過頭去調整舊皇后的位置，即將舊皇后再往下找尋下一個可放置的位置。如此反覆循環，直到找到一組解為止。

應用堆疊求八皇后問題 C 語言：

```
1   /*************************/
2   /*     名稱：八皇后          */
3   /*     檔名：ex4-3-7.cpp    */
4   /*************************/
5   #include <stdio.h>
6   #include <stdlib.h>
7   #define ROW 8
8   #define COL 8
9   #define MAXQUEEN 8
10  /*************************/
11  void push(int *t,int x,int *y)      //推入堆疊
12  {
13   *t=*t+1;
14   y[*t]=x;
15  }
16  /*************************/
17  int pop(int *t,int *y)              //彈出資料
18  {
19   int a=y[*t];
20   *t=*t-1;
```

```
21   return a;
22  }
23  /************************/
24  void print_ans(int *x){           //印出答案
25   for(int j=1;j<=MAXQUEEN;j++)
26    printf("(%d,%d)",j,x[j]);
27     printf("\n");
28  }
29  /************************/
30  void queen(int num)
31  {
32   int newq, j, m, top, k, safe, *oldq;
33   oldq = (int *)malloc((num+1)*sizeof(int));
34   //配置 oldq 的空間
35   oldq[1] = top = newq = 1; k = 0;        //給初值
36   while(top != 0)
37    while(newq <= num)
38    {
39     m = safe = 1; j = top+1;
40     while(m<=top && safe)
41     if(newq==oldq[m]||abs(newq-oldq[m])==abs(j-m))
42      //檢查是否會吃到
43     {
44      newq = newq+1;
45      safe = 0;
46     }
47     else m++;
48     if(safe)
49     {
50      push(&top, newq, oldq);          //推入堆疊
51      newq = 1;
52      if(top == num)                   //查看是否全部的皇后都擺了
53      {
54       k++;
55       print_ans(oldq);
56       newq = num+1;
57       top = num-1;
```

```
58      }
59     }
60     if(newq >= (num+1))              //插看擺的位置是否超過棋盤
61     while(newq>num && top!=0)
62     {
63     newq=pop(&top, oldq);
64     newq++;
65     }
66    }
67    free(oldq);                        //釋放oldq列空間
68   }
69   /************************/
70   void main() {
71    queen(8);
72   }
```

輸出結果

```
(0,0)(1,4)(2,7)(3,5)(4,2)(5,6)(6,1)(7,3)
```

習 題

1. (a) 試說明堆疊(stack)的特性,並以繪圖法說明之。

   (b) 列舉堆疊之兩種用途,簡略說明用途之作法和意義。

2. 寫一個演算法使用堆疊將前序運算式轉成後序,並利用該演算法,列出以下運算式之處理過程(A+B) * D-E / (F+C) + G。

3. 分別考慮下列問題之演算法,使用 stack 及 queue 哪個較合適?爲什麼?

   (a) Mazing problem

   (b) Eight queens problem

   (c) Operating system job scheduler

   (d) Expression evaluation

   (e) Level-order traversal of a binary tree

4. 假設有 m 個可用空間平均分配給 n 個 STACK 使用,請說明空間的分配情形與寫出任何一個 STACK 它的加入與刪除之 algorithm。

5. 以後序寫出下列運算式:

   (a) A * * B * * C

   (b) $-A+B-C+D$

   (c) A * * $-B+C$

   (d) (A+B) * D+E／(F+A * D) +C

   (e) A and B or C or $\sim$(E>F)

   (f) $\sim$(A and $\sim$(B<C or C>D)) or C<E

6. 試說明爲何要將中序運算式轉換成前序運算式或後序運算式?

7. 以前置式表示的"+ * a-bc/dc",其值爲何?(其中 a=3, b=8, c=3, d=9, e=3)。

8. 寫出一演算法將後序運算式轉換成前序運算式。

9. 寫一個程式來求出一後序運算式的運算結果。

10. 河內塔問題，若有 n 個碟子共需搬幾次才會完成。

11. 設計一演算法，詳細敘述老鼠如何走迷宮。此套演算法必須包括對題目的分析，輸入輸出，圖表分析，資料結構及程式。

12. 考慮下圖之鐵路交換道，右邊有編號 1,2,...,n 的車廂。每個車廂被拖入堆疊，並可在任何時候將他拖出。舉例而言，如果 n=3，我們可以拖入 1、拖入 2、拖入 3，而後將車廂拖出，產生新的順序為 3、2、1。請問：

    (a) n=3 及 n=4 時，可以得到的車廂排列為何？哪些排列是不可能發生的？

    (b) 若 n=6，我們是否可以得到 325641 和 154623 的順序？請解釋。

    (c) 找出 A_n，A_n 為有 n 節車廂時可獲得的所有排列數目。

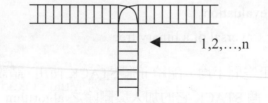

$$1,2,\ldots,n$$

5

佇列

5-1 佇列的定義

　　佇列(queue)和堆疊(stack)一樣，皆屬於串列的一種，是一個有順序的資料儲存體，但佇列的加入和刪除是在不同的兩端分別進行的。刪除資料的一端點稱為前端(front)，加入資料的一端稱為後端(rear)，也就是 "First in First out (簡稱 FIFO，先進先出)" 的資料結構，與堆疊的 "Last in First out (後進先出)" 不同，堆疊資料的插入和刪除皆發生在堆疊的同一端。舉一個日常生活的例子，佇列就好比正在排隊買票的隊伍，要買票的人都依序加在隊伍的後面，此即為後端；而最先到的人當然就排在隊伍的前面，可以先買到票，買完後就從前面離開隊伍，此即為前端。故佇列可用下面的圖形來表示：

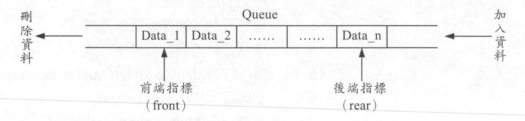

　　要注意的是在上圖中，前端指標是指向空的位置，而後端指標則是指向最後一筆資料的位置。

5-2 線性佇列的製作及操作方式

5-2-1 以陣列製作線性佇列

　　佇列的插入與刪除分別在後端及前端執行，因此必須有兩個變數記錄佇列前、後端的位置。使用 C 語言之結構體宣告，可以同時包含儲存佇列之元素陣列與前端及後端兩變數。

以陣列製作線性佇列演算法：

```
1    #define MAXQUE 100
2    typedef struct que_rec
3    {
4     float item[MAXQUE];         //元素
5     int front,rear;             //指標
6    }QUEUE;
7    QUEUE que;
8    que.front = -1;
9    que.rear = -1;
```

佇列的基本運算就是前端刪除與後端插入，步驟如下：

● 前端刪除：

　　1. 將 front 指標＋1。

　　2. 取出 front 指標所指到的位置上之資料。

● 後端插入：

　　1. 將 rear 指標＋1。

　　2. 將資料存入 rear 指標所指到的位置上。

使用陣列來完成線性佇列，在插入資料時，還必須多注意是否要先將原本的資料移位的問題，以下舉一實例說明：

1. 設佇列的大小為 7（即 MAXQUE = 7），且一開始為空佇列，如下所示：

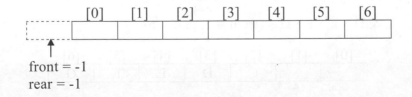

front = -1
rear = -1

一開始 front 和 rear 均預設為-1，表示為空佇列。也就是說若 front=rear，則為空佇列。

2. 加入資料 A。(front = -1, rear = 0)

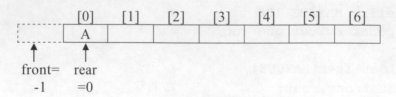

3. 繼續加入資料 B、C。(front = -1, rear = 2)

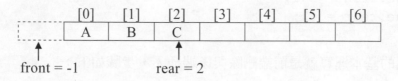

4. 刪除 A。(front = 0, rear = 2)

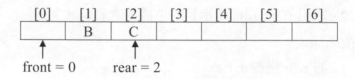

5. 刪除 B。(front = 1, rear = 2)

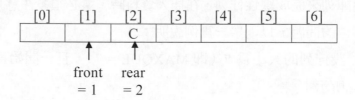

6. 加入 D、E、F、G。(front = 1, rear = 6)

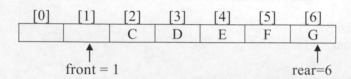

7. 此時若我們還要繼續加入資料 H 時，則會變成下圖所示(front = 1, rear = 7)，rear 指標變數的值變成了 7，已經超過陣列的宣告 MAXQUE 的範圍了（注意在 C 語言中宣告 que[MAXQUE]，則陣列的可用範圍是從 que[0]～que[MAXQUE-1]），也就是佇列已經無法再從後端加入新的資料。

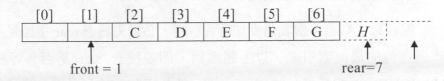

但是實際上前面還有空的位置可供資料加入，但卻因為加入的資料必須從後端加入而無法使用，使得前端的空位沒有被有效的利用。解決的方法，就是將所有的資料往前挪，讓空間留在後端，新資料才可以加進來，如下圖所示。

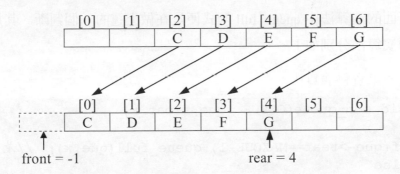

原本空在前面的兩個位置，就變成空在後面，這時候要再加入資料 H 時，便可以加入了。

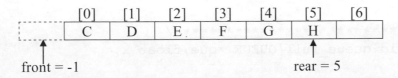

如果我們考慮線性佇列全滿的情況，如下圖所示：

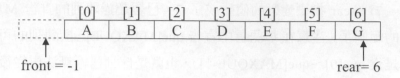

$$\text{front} = -1 \qquad\qquad\qquad\qquad\qquad \text{rear} = 6$$

由上可知 rear – front 若等於 MAXQUE 的的話，則表示佇列已滿。

綜合以上觀念，當我們要加入資料時，必須先檢查 rear 指標是否已經到了陣列宣告的最高索引值，以上題為例，即要檢查 rear 是否有等於 6（6 為 MAXQUE – 1 的結果），如果有，則可能代表整個佇列已滿，或是佇列的後端已滿，而前端並沒有滿，此時必須要將資料往前搬移（如上例之步驟 7 所示）才可以將新的資料加入。這就如同大家在排隊買票時，前面的人買到票離開後，其餘後面的人就往前遞補以保持隊伍的排頭永遠接著售票窗口是一樣的道理。在下面的演算法中 queue_full 函式便是在做上述的一個判斷。其加入與刪除資料的演算法分別如下。

加入一筆資料演算法：

```
1   void add_queue(QUEUE *que,float x)
2   {
3    if(que->rear==MAXQUE-1) queue_full(que,x);  //是否還有
4    else
5    {
6     (que->rear)++;
7     que->item[que->rear] = x;
8    }
9   }
10  /***************************/
11  void queue_full(QUEUE *que,float x)
12  {
13   if(que->rear-que->front==MAXQUE)                //滿溢
14   printf("queue overflow!!");
15   else
```

```
16   {
17    for(int i=0;i<que->rear-que->front;i++)  //挪出空位
18     que->item[i] = que->item[que->front+i];
19    que->rear = que->rear-que->front;        //重新定義指標
20    que->front = 0;
21    add_queue(que,x);                        //加入元素
22   }
23  }
```

刪除一筆資料演算法：

```
1   float del_queue(QUEUE *que)
2   {
3    if(que->front==que->rear)          //是否是空佇列
4    printf("queue empty!!");
5    else                               //直接刪除佇列的值
6    {
7     (que->front)++;
8     return(que->item[que->front]);
9    }
10  }
```

以陣列製作線性佇列 C 語言：

```
1    /*******************************/
2    /*    名稱：以陣列製作線性佇列      */
3    /*    檔名：ex5-2-1.cpp          */
4    /*******************************/
5    #include <stdio.h>
6    #define MAXQUE 100
7    /************************/
8    typedef struct que_rec
9    {
10    float item[MAXQUE];               //元素
11    int front,rear;                   //指標
12   }QUEUE;
13   void add_queue(QUEUE *que,float x);
```

```
14   /*************************/
15   void queue_full(QUEUE *que,float x)
16   {
17    if(que->rear-que->front==MAXQUE)    //是否沒空間
18     printf("queue overflow!!");
19    else
20    {
21     for(int i=0;i<que->rear-que->front;i++)
22                                         //往後挪出空間
23     que->item[i] = que->item[que->front+i];
24     que->rear = que->rear-que->front;
25     que->front = 0;
26     add_queue(que,x);                  //加入值
27    }
28   }
29   /*************************/
30   void add_queue(QUEUE *que,float x)
31   {
32    if(que->rear==MAXQUE-1)             //查看是否還可以放入
33     queue_full(que,x);
34    else                               //可以直接放入
35    {
36     (que->rear)++;
37     que->item[que->rear] = x;
38    }
39   }
40   /*************************/
41   float del_queue(QUEUE *que)
42   {
43    if(que->front==que->rear)           //查看是否為空佇列
44     printf("queue empty!!");
45    else                               //直接將尾端元素移出
46    {
47     (que->front)++;
48     return(que->item[que->front]);
49    }
50    return NULL;
```

```
51   }
52   /************************/
53   void main() {
54     QUEUE que;
55     que.front = -1;
56     que.rear = -1;
57     add_queue(&que,1);              //插入 1
58     add_queue(&que,2);              //插入 2
59     add_queue(&que,3);              //插入 3
60     add_queue(&que,4);              //插入 4
61     printf("%.2f\n",del_queue(&que));   //讀出值
62     printf("%.2f\n",del_queue(&que));   //讀出值
63   }
```

輸出結果

```
1.00
2.00
```

5-2-2 以鏈結串列製作線性佇列

使用陣列製作線性佇列，如果常常執行刪除運算，就會遇到資料必須不斷往前搬移的情況發生，造成時間上的浪費。使用鏈結串列製作線性佇列，就沒有上述的資料搬移的問題，可提高效率，因為 C 語言中的指標變數可將不連續的記憶體位置串連在一起，形成鏈結串列，再利用兩個變數分別指到鏈結串列的頭和尾，即前端和後端，則可形成一線性鏈結佇列的結構。如下圖所示：

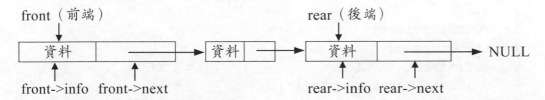

以鏈結串列製作線性佇列演算法：

宣告演算法：

```
1   typedef struct linkque
2   {
3   float info;                         //值
4   struct linkque *next;              //下一個鏈結
5   }QUEPTR;
6   QUEPTR *front,*rear;
```

加入一筆資料演算法：

```
1   Void add_queptr(QUEPTR **front,QUEPTR **rear,float x)
2   {
3    QUEPTR *temp;
4    temp = (QUEPTR*)malloc(sizeof(QUEPTR));   //配置空間
5    temp->info = x;                            //儲存值
6    temp->next = NULL;
7    if(*front==NULL)                            //如果是空佇列
8    {
9     *front = temp;
10    *rear = temp;
11   }
12   else  (*rear)->next = temp;
13  }
```

刪除一筆資料演算法：

```
1   float del_queptr(QUEPTR **front)
2   {
3    QUEPTR *temp;
4    float item;
5    if(*front==NULL)                  //如果是空佇列
6     printf("queue empty!!");
7    else                              //不是空的佇列
8    {
9     item = (*front)->info;
```

```
10   temp = *front;
11   (*front) = (*front)->next;
12   free(temp);
13   return(item);
14   }
15 }
```

以鏈結串列製作佇列 C 語言：

```
1    /******************************/
2    /*  名稱：以鏈結串列著作佇列      */
3    /*  檔名：ex5-2-2.cpp          */
4    /******************************/
5    #include <stdio.h>
6    #include <stdlib.h>
7    /************************/
8    typedef struct linkque
9    {
10    float info;                             //值
11    struct linkque *next;                   //下一個鏈結
12   }QUEPTR;
13   /************************/
14   void add_queptr(QUEPTR **front,QUEPTR **rear,float x)
15   {
16    QUEPTR *temp;
17    temp = (QUEPTR*)malloc(sizeof(QUEPTR));  //配置空間
18    temp->info = x;                          //儲存值
19    temp->next = NULL;
20    if(*front==NULL)                         //如果是空佇列
21    {
22     *front = temp;
23     *rear = temp;
24    }
25    else  (*rear)->next = temp;
26   }
27   /************************/
28   float del_queptr(QUEPTR **front)
```

```
29    {
30     QUEPTR *temp;
31     float item;
32     if(*front==NULL)                         //如果是空佇列
33     printf("queue empty!!");
34     else                                     //不是空的佇列
35     {
36      item = (*front)->info;
37      temp = *front;
38      (*front) = (*front)->next;
39      free(temp);
40      return(item);
41     }
42     return NULL;
43    }
44    /************************/
45    void main() {
46     QUEPTR *front,*rear;
47     front=rear=NULL;
48     add_queptr(&front,&rear,1);              //插入 1
49     add_queptr(&front,&rear,2);              //插入 2
50     add_queptr(&front,&rear,3);              //插入 3
51     add_queptr(&front,&rear,4);              //插入 4
52     printf("%.2f\n",del_queptr(&front));     //讀出值
53     printf("%.2f\n",del_queptr(&front));     //讀出值
54    }
```

輸出結果

```
1.00
4.00
```

5-3 環狀佇列的製作及操作方式

5-3-1 以陣列製作環狀佇列

前述所討論的線性佇列其缺點是一旦佇列的開始指標被破壞，會無法正確索引到其它的資料，而造成整個佇列資料的遺失。所以在實際的應用上，會將佇列的最後一個節點的指標指向佇列結構開始第一個節點，經過這種處理的佇列結構就成為單一方向性的一個環狀結構佇列，可解決線性佇列的問題。

利用陣列來製作一個環狀佇列，其宣告方法與線性佇列的宣告方式相同，只是在資料的加入與刪除的方法稍有改變，在觀念上我們將原本線性的陣列視為環狀，即陣列的第一個元素和陣列的最後一個元素相連接，如圖 5-3.1 所示：

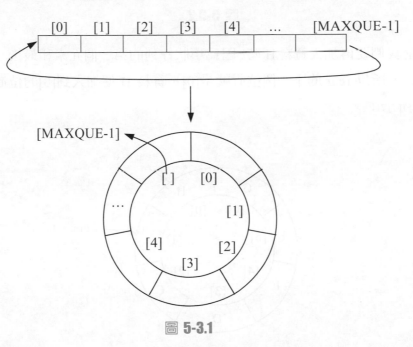

圖 5-3.1

我們以探討線性佇列所舉的例子為例，當執行到步驟(6)時，環狀佇列變成如圖 5-3.2 所示：（注意 front 指標是指到最前端資料的前一位置，不是最前端資料上的位置，這個原因是要避免無法判斷空佇列滿溢的困擾）

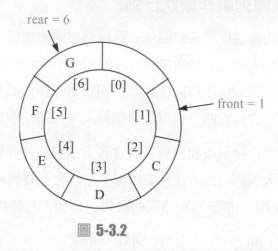

圖 5-3.2

當我們要再加入資料 H 時，因為環狀佇列的第一個元素和最後一個元素是相連的，所以 rear 的下一個位置就是[0]，資料 H 便加入到[0]的位置上，如圖 5-3.3 所示：

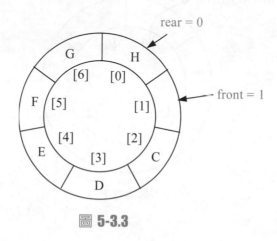

圖 5-3.3

由上面的步驟，我們知道 rear 指標在每一次加入一項資料後，就會往順時針方向走一格，但是 rear 指標的值卻不一定是加 1 了，因為[6]的下一個位置是[0]，不是[7]，所以 rear 指標的下一個位置之索引值必須多一個判斷式才可以求得：

判斷演算法：

```
1   if(rear==MAXQUE-1)
2    rear = 0;
3   else
4    rear++;
```

上面的程式碼也可以使用三元運算子的寫法來取代：

$$rear = MAXQUE-1 ? 0 : rear+1;$$

或者也可以直接由下面的運算式得到：

$$rear = (rear+1)\%MAXQUE$$

其中"%"是 C 語言中取餘數的符號。當 rear = 6 時，我們加入一項資料後，rear 的值經上式計算後得出 rear = (6 + 1) % 7 = 0，會找到陣列的第一個元素。然而環狀佇列在判斷空或滿的情狀是否和線性佇列相同？在前面線性佇列中，我們曾提過當 rear 等於 front 時可知佇列為空，這也可以用在環狀佇列的判斷上，但是我們現在考慮圖 5-3.4：

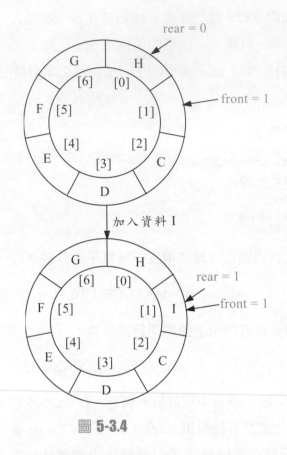

圖 5-3.4

在加入資料 I 之後，rear 指標順時針移動一格，結果得知 rear = 1，竟然和 front 指標相同，也就是說環狀佇列為空佇列和滿佇列時，rear 和 front 兩指標都會指在相同的地方，如此一來我們便無法利用 front 等於 rear 這個判斷式來分辨此時到底是空佇列還是滿佇列。為了解決這個情況，有以下兩種方法可以解決此一問題。

1. 我們允許佇列最多只能存放 MAXQUE-1 個資料，也就是犧牲陣列的最後一個空間來避免無法分辨空佇列或滿佇列的問題。因此當 rear 指標的下一個是 front 的位置時，就認定佇列已滿，無法再讓資料加入。下面的演算法即是使用這種方式。

2. 多設一個判斷旗標的變數，假設此變數的名稱為 tag，當加入資料後遇到 front 等於 rear 的情況時，則表示佇列已滿，就讓 tag＝1；當刪除資料後遇到 front 等於 rear 的情況時，則表示佇列已空，讓 tag＝0，如此一來當發生了 front 等於 rear 時，就去看 tag 旗標變數是 0 還是 1，就可以知道佇列目前是空的還是滿的。

加入一筆資料演算法：

```
1   void add_queue(QUEUE *que,float x)
2   {
3    if((que->rear+1) % MAXQUE == front)    //是否已滿
4     printf("queue overflow!!");
5    else                                   //加入元素
6    {
7     que->rear = (que->rear+1) % MAXQUE
8     que->item[que->rear] = x;
9    }
10  }
```

刪除一筆資料演算法：

```
1   float del_queue(QUEUE *que,float x)
2   {
3    if(que->front==que->rear)              //是否為空佇列
4     printf("queue empty!!");
5    else                                   //讀出值
6    {
7     que->front = (que->front+1) % MAXQUE
8     return(que->item[que->front]);
9    }
10   return NULL;
11  }
```

以陣列製作環狀佇列 C 語言：

```
1    /*****************************/
2    /*  名稱：以陣列製作環狀佇列        */
3    /*  檔名：ex5-3-1.cpp          */
4    /*****************************/
5    #include <stdio.h>
6    #define MAXQUE 100
7    /*************************/
8    typedef struct que_rec
9    {
10    float item[MAXQUE];
11    int front,rear;
12   }QUEUE;
13   /*************************/
14   void add_queue(QUEUE *que,float x)
15   {
16    if((que->rear+1) % MAXQUE == que->front) //是否已滿
17     printf("queue overflow!!");
18    else                                     //加入元素
19    {
20     que->rear = (que->rear+1) % MAXQUE;
21     que->item[que->rear] = x;
22    }
23   }
24   /*************************/
25   float del_queue(QUEUE *que)
26   {
27    if(que->front==que->rear)                //是否為空佇列
28     printf("queue empty!!");
29    else                                     //讀出值
30    {
31     que->front = (que->front+1) % MAXQUE;
32     return(que->item[que->front]);
33    }
34    return NULL;
35   }
36   /*************************/
```

```
37  void main() {
38   QUEUE que;
39   que.front=que.rear=0;
40   add_queue(&que,1);                      //加入 1
41   add_queue(&que,2);                      //加入 2
42   add_queue(&que,3);                      //加入 3
43   add_queue(&que,4);                      //加入 4
44   printf("%.2f\n",del_queue(&que));       //讀出值
45   printf("%.2f\n",del_queue(&que));       //讀出值
46  }
```

輸出結果

```
1.00
2.00
```

5-3-2 以鏈結串列製作環狀佇列

以環狀鏈結串列製作佇列，可使佇列由前端刪除節點與由後端加入節點的動作變得特別容易。如圖 5-3.5 所示，指標 que 指向佇列的最後節點，進行刪除和加入時的動作如下：

1. 欲刪除前端節點，相當於刪掉節點 que 之下一個節點。

2. 欲由後端加入一個節點，相當於加一節點於節點 que 之下一節點。

而上述兩種情況都只須一個指標 que 指向最後一個節點即可，當 que 等於 NULL 時則表示為空佇列。

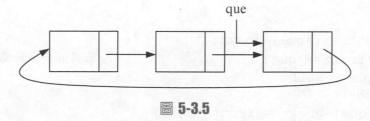

圖 5-3.5

以鏈結串列製作環狀佇列之程式如下：

加入一筆資料演算法：

```
1   void add_cirqueptr(QUEPTR **que,float x)
2   {
3    QUEPTR *temp;
4    temp = (QUEPTR*)malloc(sizeof(QUEPTR));    //配置空間
5    temp->info = x;
6    if(*que==NULL)                             //若佇列是空的
7    {
8     *que = temp;
9     (*que)->next = *que;
10   }
11   else                                       //加入節點
12   {
13    temp->next = (*que)->next;
14    (*que)->next = temp;
15    *que = temp;
16   }
17  }
```

刪除一筆資料演算法：

```
1   void del_cirqueptr(QUEUE **que)
2   {
3    QUEPTR *front;
4    float item;
5    if(*que==NULL)                             //若佇列是空的
6     printf("queue empty!!");
7    else
8    {
9    front = (*que)->next;
10   if(front==*que)                            //若只有一個節點
11    *que = NULL
12   else
13    (*que)->next = front->next;
14   item = front->info;                        //刪除節點
```

```
15    free(front);
16    return(item);
17    }
18 return NULL;
19 }
```

以鏈結串列製作環狀佇列 C 語言：

```
1    /*****************************/
2    /*  名稱：以鏈結串列製作佇列      */
3    /*  檔名：ex5-3-2.cpp         */
4    /*****************************/
5    #include <stdio.h>
6    #include <stdlib.h>
7    /************************/
8    typedef struct linkque
9    {
10    float info;                                    //值
11    struct linkque *next;                          //下一個鏈結
12   }QUEPTR;
13   /************************/
14   void add_cirqueptr(QUEPTR **que,float x)
15   {
16    QUEPTR *temp;
17    temp = (QUEPTR*)malloc(sizeof(QUEPTR));   //配置空間
18    temp->info = x;
19    if(*que==NULL)                               //若佇列是空的
20    {
21     *que = temp;
22     (*que)->next = *que;
23    }
24    else                                         //加入節點
25    {
26     temp->next = (*que)->next;
27     (*que)->next = temp;
28     *que = temp;
29    }
30   }
```

```
31   /*************************/
32   float del_cirqueptr(QUEPTR **que)
33   {
34    QUEPTR *front;
35    float item;
36    if(*que==NULL)                              //若佇列是空的
37     printf("queue empty!!");
38    else
39    {
40     front = (*que)->next;
41     if(front==*que)                            //若只有一個節點
42      *que = NULL;
43     else
44      (*que)->next = front->next;
45     item = front->info;                        //刪除節點
46     free(front);
47     return(item);
48    }
49    return NULL;
50   }
51   /*************************/
52   void main() {
53    QUEPTR *que;
54    que=NULL;
55    add_cirqueptr(&que,1);                       //加入 1
56    add_cirqueptr(&que,2);                       //加入 2
57    add_cirqueptr(&que,3);                       //加入 3
58    add_cirqueptr(&que,4);                       //加入 4
59    printf("%.2f\n",del_cirqueptr(&que));        //讀出值
60    printf("%.2f\n",del_cirqueptr(&que));        //讀出值
61   }
```

輸出結果

```
1.00
2.00
```

5-4 雙向佇列(double-ended queue, deque)

雙向佇列是一種線性串列，與佇列結構相同，有前後二個端點，所不同的是雙向佇列前後二個端點都可以存入或取出資料，這樣的佇列結構主要是考慮到有些資料的處理順序並不完全像佇列一樣須先到先處理，而是當這些資料出現時就要馬上處理，這種具有不同之優先權力的處理情況大多是使用在系統程式中。但是這些具有優先權力的資料並不是由後端(rear)加入佇列中，而是由前端(front)加入佇列中；要取出資料也不是由前端取出，而是由後端取出。所以在一般的應用上，大都把雙向佇列修改成以下兩類來使用：

1. 輸入限制之雙向佇列(Input-Restricted Deques)：資料只能從一端加入，但可從任意兩端取出。
2. 輸出限制之雙向佇列(Output-Restricted Deques)：資料只能從一端取出，但可從兩端加入。

所謂的輸入限制雙向佇列是指限制資料被加入佇列時只能在固定的一端，將此端之指標設為 rear，而佇列中的資料則可以由佇列的兩端被取出，其一端為 rear，另一端則是佇列的 front 端，因為兩端均可作為取出資料端，所以從佇列中取出之資料間的組合就有很多種可能。下面的演算法是利用陣列結構所構成的一個環狀佇列來建立一個具有輸入限制之雙向佇列。

用陣列結構所構成的一個環狀佇列演算法：

```
1    #define QSIZE 20
2    int Q[QSIZE];          //佇列陣列之宣告
3    int front=0;           //佇列之前端指標及起始值設定
4    int rear=0;            //佇列之後端指標及起始值設定
5    //佇列之 empty() 及 full() 函式均用 if(front==rear) 比較之
6    //加入資料至佇列之函式
7    int addqueue(int temp)
```

```
8   {
9    rear=(rear+1)% QSIZE;
10   if(!full()==1)
11   Q[rear]=temp;
12   else
13    exit(1);
14  }
15  //由佇列之後端取出資料之函式
16  int deletequeue_rear()
17  {
18   int temp;
19   if (!empty()==1)
20   {
21    temp=Q[rear];
22    rear=(rear-1)%QSIZE;
23    return temp;
24   }
25   else
26    exit(1);
27  }
28  //由佇列之前端取出資料之函式
29  int deletequeue_front()
30  {
31   int temp;
32   if(!empty()==1)
33   {
34    front=(front+1)% QSIZE;
35    temp=Q[front];
36    return temp;
37   }
38   else
39    exit(1);
40  }
```

　　輸出限制之雙向佇列是限制從佇列中取出資料只能由佇列的固定一端來執行，此端可以選取 front 或 rear 端兩者之一，而加入資料是由 front 及 rear 兩端來執行。

5-5 優先佇列(Priority Queue)

優先佇列是一種有序串列,但其沒有一般佇列之先進先出的特性,而是有最高優先權者先輸出(Highest Priority Out First, HPOF),例如,在醫院的急診室中,最先處理的是最嚴重的病人,不管他們是不是先排隊,在此,"最嚴重的病人"即是最高優先權者。優先佇列是指資料結構儲存每一個資料之優先權的排列,資料以優先權次序來刪除,最高者第一個被刪除,如果有好幾個優先權相等的資料,則先進入佇列的會先被刪除。

優先佇列的特性

1. 在優先佇列資料結構中,元素間固有的順序決定其基本運算的後果。

2. 在優先佇列中的元素不一定是能直接比較大小的數字或字串,其也可能是複雜的記錄,依一個或數個欄位來排序。

3. 優先佇列中元素排序所依據的欄位可能不是元素本身的一部份;此欄位的值可能是為了優先佇列排序所設的特殊外來的值。

4. 優先佇列可分為遞增優先佇列(ascending priority queue)和遞減優先佇列(descending priority queue):

   (1) 在遞增優先佇列中,元素可以任意插入,但刪除時須由最小項目優先刪除。

   (2) 在遞減優先佇列中,元素可以任意插入,但在刪除時則須由最大項目優先刪除。

優先佇列—用雙佇列表示

1. 雙佇列結構主要是爲了突破堆疊後進先出與佇列先進先出的限制，所以在解決特權時，就是利用雙佇列來完成。

2. 有特權的資料不是由 rear 來加入佇列，而是由 front 處加入佇列，或是在取出時，不是由 front 處取出，而是由 rear 處取出。

如下：

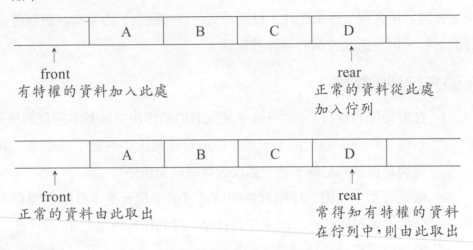

5-6 多重佇列(Multi Linked List)

第四節介紹的雙向佇列就是一個二重佇列，惟佇列的首端是在佇列的左右兩邊。遵循資料的插入是在 rear 一端，資料的刪除發生在 front 一端。至於佇列滿溢的處理除了可採左右搬移法之外，也可以利用環狀佇列，成爲多重環狀佇列。

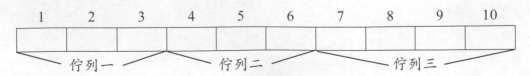

上圖是多重佇列的初值設定情形，陣列元素共有十個，分成三個佇列，佇列一和二各有三個元素，而佇列三則有四個元素(10-2*3=4)。插入、刪除和普通的佇列一樣，不多做介紹。

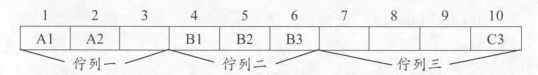

值得一提的是，像上圖的佇列二，若要從後面再加入一筆資料(B4)的話，必須要把佇列三的前端往後挪一格讓資料加入，像下圖那樣。

最後我們必須重申環狀佇列、雙向佇列、多重佇列等這些變形佇列主要的目的是要有效利用陣列資源，因為陣列的大小是在編譯時間確定的，如果宣告太小則不敷使用，宣告太大又浪費記憶體空間，因此希望在有限範圍內提高陣列的使用率。採用鏈結串列來製作堆疊和佇列是在插入資料時才去擷取記憶體，資料刪除之後就得歸還所佔用的記憶體，均在程式執行中決定所需的記憶體多寡，則不會有溢滿之情形。

5-7 佇列的應用

5-7-1 買票問題

佇列一種先進先出的資料結構，它的應用層面相當廣泛，像圖形結構的廣度優先搜尋法就是其中一種例子（第八章再另行介紹），另外生活中的排隊買票也是一種佇列，以下就是一個排隊買票的範例：

利用亂數編號（1~99 號）代表每個人的名字，再用亂數產生（1~5 個單位時間）每個人買票的時間。

宣告結構演算法：

```
1   struct people
2   {
3    int name;              //編號(1-100)
4    int time;              //花用的時間(1-5)
5    people *next;          //下一個人
6   };
```

假設有兩個窗口供消費者購買門票，當有一位新的客人來到這裡，就以兩窗口人數的多寡來決定排在哪一個窗口。

窗口結構演算法：

```
1   struct window
2   {
3    people *rear, *front;       //開頭指標和結尾指標
4    int magnitude;              //資料數
5   }
```

決定客人的編號和買票所花的時間演算法：

```
1   people *x=new people;
2   x->name=rand( )%99+1;
3   x->time=rand( )%5+1;
4   x->next=NULL;
```

利用亂數，決定每一單位時間上門的客人。假設每一單位時間有 50%機率，買票時先判斷哪一個窗口的人數較少，要買票的人則排在人數較少的隊伍後面。

加入佇列內演算法：

```
1   void AddQueue(window *seller,people *x)
2   {
3    if ( seller->magnitude == 0)
4    {
5     seller->rear= seller->front=x;
6     seller->magnitude++;
7    }
8    else
9    {
10    seller->front->next=x;
11    seller->front=seller->front->next;
12   }
13  }
```

下一步是先檢查是否有人，如果有人則做以下動作。排在最前頭的人花費時間不爲零的話，就減一。如果爲零則表示買好了，移出隊伍。

檢查是否有人演算法：

```
1   void Handle(window *seller)
2   {
3    people *temp;
4    if( seller->magnitude )
5     if( seller->rear->time!=0 )
6      seller->rear->time--;
7     else
8     {
9     seller->magnitude--;
10    temp=seller->rear;
11    seller->rear= seller->rear->next;
12    delete temp;
13    t++;                         //銷售票數增加
14   }
15  }
```

排隊買票 C 語言：

```
1    /***************************/
2    /*  名稱：模擬賣票窗口      */
3    /*  檔名：ex5-7-1.cpp      */
4    /***************************/
5    #include <stdio.h>
6    #include <stdlib.h>
7    #include <time.h>
8    #define N 3                          //窗口數
9    #define TIME 100                     //回合數
10   #define NUM 999                      //來客的機率(%)
11   /***************************/
12   int t=0;
13   struct people
14   {
15    int name;                          //編號(1-100)
16    int time;                          //花用的時間(1-5)
17    people *next;                      //下一個人
18   };
19   struct window
20   {
21    people *rear, *front;             //開頭指標和結尾指標
22    int magnitude;                    //資料數
23   };
24   /***************************/
25   void AddQueue(window *seller,people *x)
26   {
27    if ( seller->magnitude == 0)
28    {
29     seller->rear= seller->front=x;
30     seller->magnitude++;
31    }
32    else
33    {
34     seller->front->next=x;
35     seller->front=seller->front->next;
```

```
36    }
37  }
38  /************************/
39  void Handle(window *seller)
40  {
41   people *temp;
42   if( seller->magnitude )
43    if( seller->rear->time!=0 )
44     seller->rear->time--;
45    else
46    {
47     seller->magnitude--;
48     temp=seller->rear;
49     seller->rear= seller->rear->next;
50     delete temp;
51     t++;                              //銷售票數增加
52    }
53  }
54  /************************/
55  void main()
56  {
57   people *x,*temp;
58   window *sellers;
59   int i,j,c;
60   srand((unsigned) time(NULL));
61   sellers=new window[N];
62   for(i=0;i<N;i++)
63   {
64    sellers[i].magnitude=0;
65    sellers[i].front=sellers[i].rear=NULL;
66   }
67   for(j=0;j<TIME;j++)
68   {
69    x=new people;
70    x->name=rand( )%99+1;
71    x->time=rand( )%5+1;
72    x->next=NULL;
73    if(rand()%100<NUM) {
```

```
74    for(i=1,c=0;i<N;i++)
75    {
76     if(sellers[i].magnitude<sellers[c].magnitude)
77    c=i;
78  }
79  /************************/
80  AddQueue(sellers+c,x);
81  }
82   for(i=0;i<N;i++)
83    Handle(sellers+i);
84    printf("第%d回合賣了%d張.\n",j+1,t);
85    for(i=0;i<N;i++)
86    {
87     temp=sellers[i].rear;
88     printf("第%d個窗口.",i+1);
89     while(temp!=NULL)
90     {
91      printf("%d->",temp->name);
92      temp=temp->next;
93     }
94    printf("NULL\n");
95    }
96    printf("\n");
97  }
98   printf("賣了%d張",t);
99  }
```

輸出結果

```
第100回合共賣97張
第1窗口   99->20->NULL
第2窗口   44->NULL
第3窗口   78->NULL

賣了97張
```

5-7-2 Josephus 問題

一群士兵們被敵軍包圍，希望能得到外界的支援，但是軍中只剩一匹馬可供一個士兵使用，以衝出重圍求救，但要如何決定這個人選呢？抽籤是一個解決方法，然而有一個較為刺激的方法也可以決定人選，如下圖 5-7.1 所示：將士兵們圍成一個圓圈，然後隨意選定一個正整數 m，並由某一位士兵開始順時鐘由 1 點到 m，當被點到 m 的士兵就退出圓圈外，即從圓圈中除去，直到最後一位。

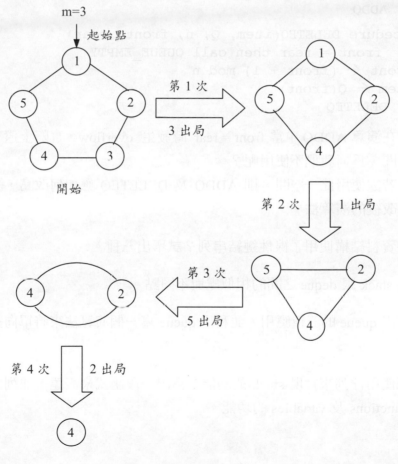

圖 5-7.1

習　題

1. 下列為一個 circular queue 中加入與刪除一個元素的演算法。

```
Procedure ADDQ (item, Q, n, front, rear)
  rear ← (rear + 1) mod n
  if front = rear then call QUEUE_FULL
  Q(rear) ← item
end ADDQ
```

```
Procedure DELETEQ(item, Q, n, front, rear)
  if front = rear then call QUEUE_EMPTY
  front ← (front + 1) mod n
  item ← Q(front)
end DELETEQ
```

(a) 在演算 ADDQ 中當 front = rear 時發生 overflow，實際上還有一個空間，為何我們不使用呢？

(b) 若欲使用此一空間，則 ADDQ 及 DELETEQ 應如何改寫，試寫出修改後的演算法。

2. 哪些資料結構使用了線性鏈結串列？試舉出三種。

3. 列出 stack 跟 deque 之間的相似處與不同點。

4. 試舉出 queue 的三種應用。並利用 queue 寫一個演算法來將單向鏈結串列反轉。

5. 如何使用佇列來實現 stack 的功能？寫出一段函式來表達，並列出其中各個 functions 及 variables 的功能。

6. (a) 何謂 priority queue？

　(b) priority queue 有什麼用途？

　(c) 什麼情況下可將 priority queue 視爲一般的 queue 使用？

　(d) 什麼情況下可將 priority queue 視爲 stack 使用？

7. (a) 利用 deque，找出 1234 所有的排列，並解釋之。

　(b) 利用 deque，找出 12345 所有的排列，並解釋之。

　(c) 利用 queue，找出 1234...n 所有的排列，並解釋之。

6

遞迴

6-1 遞迴的定義

所謂遞迴(Recursive)就是允許程式呼叫自己本身的程序(Procedure)或函數(Function)。然而此程序卻不能無限制的呼叫自己,否則將永不停止。也就是說,它必須有一個"終止狀況"(Termination Condition),當程式碰到此終止狀況就不再呼叫自己,而能直接將結果算出並傳回給呼叫者。

電腦語言

對於提供遞迴功能的程式語言,編譯器必須具有翻譯遞迴程式的能力。利用遞迴觀念撰寫程式時,程式執行遞迴的次數,要等到執行後才能得知,所以遞迴程式的繫結時間(Binding Time)須能延遲至執行時再決定,常見的電腦語言中,具備此項條件的語言有 C、Pascal、ALGOL、PL/A、ADA、QBASIC 等;反之,在編譯(Compile)時便須決定所有相關資訊的程式語言如 FORTRAN、COBOL、BASIC、低階語言,不能使用遞迴觀念撰寫程式。

具備的條件

1. 子問題須與原始問題為同樣的事,且更為簡單。
2. 不能無限制的呼叫本身,須有個出口,化簡為非遞迴狀況處理。

書寫方式

```
Procedure <name> (parameter list)

if <initial condition>
  return(initial value) ;
else
  return (<name> (parameter exchange)) ;
end
```

遞迴的種類

只要允許副程式中呼叫本身，就是遞迴，但由於遞迴形式的不同，又可以將遞迴分種兩種：

1. 直接遞迴 (Directly Recursive)：

   一個函數若直接呼叫自己本身，則稱為直接遞迴 (Directly Recursive)。如下例：

   ```
   Procedure sort(…)

        :
        :
     if <condition>
       call Sort( …)
        :
        :
   End
   ```

   例請見 6-3.1

2. 間接遞迴(Indirectly Recursive)：

   一個函數若連續呼叫其它函數時，又產生了對自己呼叫，則稱為間接遞迴(Indirectly Recursive)或遞迴鏈，如下。

   ```
   Procedure Sort(…)        Procedure Search(…)

        :                        :
        :                        :
     if <condition>          if <condition>
       call Search(…)          call Sort(…)
        :                        :
        :                        :
   end                      end
   ```

例 6-1.1 ((n)+(n-1))+((n-3)+(n-4))+((n-6)+(n-7))+……+(2+1)的加總,利用遞迴鏈來設計其函式,如下:

```
.
int sum1(int i)  {
if (i>0) return (i+sum2(i-1));
else return 0;
}
int sum2(int i)  {
if (i>0) return (i+sum1(i-2));
else return 0;
}
.
```

仔細看一下這兩個函式,相當類似,除了名字不一樣外,程式內容的差別只在於傳回值,一個是減一呼叫對方,另一個是減二呼叫對方。

C 語言程式:

```
1    /***********************/
2    /*    名稱:遞迴鏈程式      */
3    /*    內容:ex6-1.cpp      */
4    /***********************/
5    #include <stdio.h>
6    /***********************/
7    int sum1(int i);
8    int sum2(int i);
9    /***********************/
10   int sum1(int i)
11   {
12    if(i>0)
13    {
14     return i+sum2(i-1);            //減一呼叫對方
15    }
16    else
17    return 0;
18   }
```

```
19  /************************/
20  int sum2(int i)
21  {
22   if(i>0)
23   {
24    return i+sum1(i-2);              //減二呼叫對方
25   }
26   else
27   return 0;
28  }
29  /************************/
30  void main() {
31   printf("10+9+7+6+4+3+1=%d",sum1(10));
32  }
```

輸出結果

```
10+9+7+6+4+3+1=40
```

6-2　遞迴工作原則

　　遞迴處理問題的方式是將問題由上而下分割成較小之問題，解決問題的步驟也是由上而下一一解決小問題，而小問題的解決方法則能組合起來解決原始問題，且彼此之間並不需任何關係存在。

遞迴解決問題的步驟和方法

1. 由上而下的型態：

   由上而下來解決問題的方法，是將原始問題分割成一些較小的問題。將這些小問題之解決方法組合起來後必須能解決原始問題，且它們之間不需要有任何關係存在，如果任何這些小問題與原始問題有相同的結構，我們稱問題是可以用遞迴方式解決的，假如問題的解法與其構成要素是功能模組，那麼此問題解法便會參考到自己本身。所以遞迴是由上而下之設計方法的一種特別情況。

2. 將大問題拆成子問題的型態：

"拆解並解決"是由"Divide and Conquer"翻譯而來，這是利用遞迴法解決問題時最常用之技巧。通常我們遇到一個龐大的問題時，無法一次解決，但是卻可以把這個大問題拆成幾個小問題，比較容易解決，將這幾個小問題解決後，整個大問題就迎刃而解了！這就是"Divide and Conquer" 的原則。如果小問題之解決方式與大問題相類似，只是處理時之參數不同，則" Divide and Conquer" 就可以用遞迴法完成了。

何時使用遞迴副程式

當一個問題是由本身所定義時，就可以使用遞迴副程式，但這並不說遞迴副程式就是一種最佳的解決方法，因為遞迴副程式往往使執行時間加長，並且所佔用的堆疊記憶體空間加大。因此，遞迴在某些情況下雖然可以使得程式碼簡短，但它的效率卻不一定是好的，所以在使用遞迴副程式時，最好是以較複雜的問題為主。最典型的例子就是費氏數列(Fibonacci number)，此問題雖然可用遞迴解，但卻是非常沒有效率的。在下一節當中我們將會以費氏數列及 n 階乘應用的例子分別說明其執行過程。

6-3 遞迴的執行過程

我們先以 1 加到 n 的總和爲例來解說遞迴的執行過程。從 1 到 n 的正整數和我們在此用 sum(n)表示。像 sum(5)=1+2+3+4+5=15。

我們對 1 加到 n 總和的函數定義如下：

1. 若 n = 1，則 sum(n) = 1。
2. 若 n > 1，則 sum(n) = n+sum(n-1)

由上面的定義，我們看出 1 加到 n 總和函數的定義正是一種遞迴的定義，因爲它使用了 sum(n-1)時，也就代表再呼叫自己，且當 n = 1 時，sum(n)的值定義爲 1，這就是遞迴副程式的終止條件。

例 6-3.1　求 1+2+3+...+n-1+n 之和。

解：1 加到 n 總和 C 語言：

```
1    /**************************/
2    /*  名稱:加到 n 總和(非遞迴)      */
3    /*  檔名:ex6-3-1.cpp           */
4    /**************************/
5    #include <stdio.h>
6    /***********************/
7    int sum(int n)
8    {
9     int total=0,i;
10    for(i=1;i<=n;i++)
11    total+=i;
12    return total;
13   }
14   /***********************/
15   void main() {
16    for(int i;i<7;i++)
17    printf("sum(%d)=%d,",i,sum(i));
18   }
```

```
sum(1)=1,sum(2)=3,sum(3)=6,sum(4)=10,sum(5)=15,
sum(6)=21
```

1 加到 n 總和以遞迴的方式來解題 C 語言：

```
1    /***********************/
2    /*  名稱:加到 n 總和(遞迴)    */
3    /*  檔名:ex6-3-2.cpp        */
4    /***********************/
5    #include <stdio.h>
6    /***********************/
7    int sum(int n)
8    {
9     if (n==1) return(1);
10    else return (n+sum(n-1));        //遞迴呼叫自己
11   }
12   /***********************/
13   void main() {
14    for(int i;i<7;i++)
15      printf("sum(%d)=%d,",i,sum(i));
16   }
```

輸出結果

```
sum(1)=1,sum(2)=3,sum(3)=6,sum(4)=10,sum(5)=15,
sum(6)=21
```

下圖是使用遞迴計算 sum(4)的過程，其方式是將問題不斷地簡化，直至 1，再逐步傳回呼叫值。

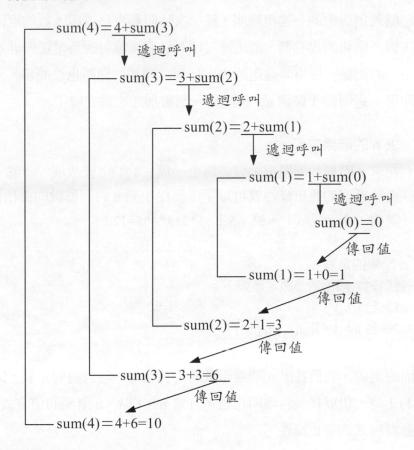

遞迴樹

　　我們以一個樹來表示遞迴程序呼叫，稱這個樹為遞迴樹。上圖即是 sum(4) 的遞迴樹，其中圓圈稱作節點從最上面到最下面，每一個節點表示一次呼叫，以實線箭頭表示，從最下面到最上面，以虛線箭頭表示返回上一層的函數。每一個節點表示一次呼叫，因此遞迴程序的執行時間與遞迴樹的節點成正比。但是遞迴程序所需的空間與樹的高度成正比，這是因為每一個所代表的呼叫，結束後將釋放其空間。這些遞迴的呼叫，都在浪費執行時間，而且每一次遞迴呼叫，參數 n 之值都要被保留在堆疊(Stack)中，所浪費的記憶空間也隨著增加。假如對於一個遞迴函數的一連串呼叫，每一次呼叫都會為這個函數的返回資料和備忘錄複製一個新的儲存體，如此每次呼叫這個函數可視為是呼叫非遞迴程式上每個不同的函數。使用非遞迴解決 1 加到 n 總和的問題也很簡單，只需要用到迴圈即可。迴圈從 1 數到 n，再將每一個數加起來就完成了。

例 6-3.1 求 n 的階乘之和。

解： 在求 n 階層的問題上，只需將上一程式的" + "號改成" * "號，以及更改遞迴的跳出條件就可以了。而從 1 到 n 的正整數的乘積稱為 n 階乘，表示為 n！。例：5！=1*2*3*4*5=120。

> **n 階乘的定義**
> 我們對 n 階乘的函數定義如下：
> 1. 若 n = 1，則 n！= 1。
> 2. 若 n > 1，則 n！= n*(n-1)！

由上面的定義，我們看出 n 階乘函數的定義也是一種遞迴的定義，因為它使用了(n-1)！時，也就代表再呼叫自己，且當 n = 1 時，n 階乘的值定義為 1，這就是遞迴副程式的終止條件。

n 階乘以非遞迴的方式來解題 C 語言：

```
1    /************************/
2    /*  名稱:n階乘(非遞迴)      */
3    /*  檔名:ex6-3-3.cpp       */
4    /************************/
5    #include <stdio.h>
6    /************************/
7    int fact(int n)
8    {
```

```
9    int ans=1,i;
10   for(i=1;i<=n;i++)
11   total*=i;
12   return ans;
13   }
14   /*************************/
15   void main() {
16    for(int i;i<7;i++)
17     printf("%d!=%d,",i,sum(i));
18   }
```

輸出結果

```
1!=1,2!=2,3!=6,4!=24,5!=120,6!=720
```

n 階乘以遞迴的方式來解題 C 語言：

```
1    /*************************/
2    /*  名稱:n 階乘(遞迴)        */
3    /*  檔名:ex6-3-4.cpp        */
4    /*************************/
5    #include <stdio.h>
6    /*************************/
7    int fact(int n)
8    {
9     if(n==0) return(1);
10    else return (n*fact(n-1));     //遞迴呼叫自己
11   }
12   /*************************/
13   void main() {
14    for(int i;i<7;i++)
15     printf("%d!=%d,",i,fact(i));
16   }
```

輸出結果

```
0!=1,1!=1,2!=2,3!=6,4!=24,5!=120,6!=720
```

費氏數列(Fibonacci Number)

費氏數列被定義為最初的兩項分別為 0 和 1，從第三項開始，第 n 項之值為 n - 1 及 n - 2 項之和，也就是說第 n 項的值為其前兩項的和。故費氏數列可定義如下：

$$fib(n) = \begin{cases} 0 & , n = 0 \\ 1 & , n = 1 \\ fib(n-1) + fib(n-2) & , n > 1 \end{cases}$$

或是更簡潔的寫法：

$$fib(n) = \begin{cases} n & , n \leq 1 \\ fib(n-1) + fib(n-2) & , n > 1 \end{cases}$$

從定義得知，fib(n)的下一項值為前二項值之和。

N	0	1	2	3	4	5	6	7	8	9	10
Fib(n)	0	1	1	2	3	5	8	13	21	34	55
			↑	↑	↑	↑	↑	↑	↑	↑	↑
			1+0	1+1	2+1	3+2	5+3	8+5	13+8	21+13	34+21

很明顯的，費氏數列的問題可以用遞迴來解，其終止條件有兩個，分別是當 n = 0 及 n = 1 時，直接傳回 0 和 1，我們也可以將這兩個終止條件合而為一，也就是當 n ≦ 1 時，就傳回 n 值。若 n > 1 時，就必須求出其前兩項的數值之和，所以必須呼叫 fib(n-1)及 fib(n-2)，於是遞迴便開始了。

非遞迴費氏數列 C 語言：

```
1    /*****************************/
2    /* 名稱:使用非遞迴求得費氏數列      */
3    /* 檔名:ex6-3-5.cpp            */
4    /*****************************/
5    #include <stdio.h>
6    /************************/
7    int fib(int n)
8    {
9     int prev,now,next,j;
10    if(n<=1) return(n);
11    else
12    {
13     prev = 0;
14     now = 1;
15     for(j=2;j<=n;j++)              //依序地計算到 f(n)
16     {
17      next = prev + now;
18      prev = now;
19      now = next;
20     }
21     return(next);
22    }
23   }
24   /************************/
25   void main() {
26    for(int i=0;i<10;i++)
27    printf("f(%d)=%d,",i,fib(i));
28   }
```

輸出結果

```
f(0)=0,f(1)=1,f(2)=1,f(3)=2,f(4)=3,f(5)=5,f(6)=8,f(7)=13,
f(8)=21,f(9)=34
```

使用遞迴求得費氏數列 C 語言：

```
1    /*************************/
2    /*   名稱:遞迴求得費氏數列    */
3    /*   檔名:ex6-3-6.cpp       */
4    /*************************/
5    #include <stdio.h>
6    /*************************/
7    int fib(int n)
8    {
9     if(n<=1) return(n);            //f(0)=0,f(1)=1
10    else
11     return(fib(n-1)+fib(n-2));    //遞迴呼叫
12   }
13   /*************************/
14   void main() {
15    for(i=0;i<10;i++)
16     pritnf("f(%d)=%d,",i,fib(i));
17   }
```

輸出結果

```
f(0)=0,f(1)=1,f(2)=1,f(3)=2,f(4)=3,f(5)=5,f(6)=8,f(7)=13,
f(8)=21,f(9)=34
```

如果以 fib(5)來呼叫此函數程式，我們發現這個副程式總共被重覆呼叫了 15 次，分別是 fib(0)三次，fib(1)五次，fib(2)三次，fib(3)二次，fib(4)一次，fib(5)一次。

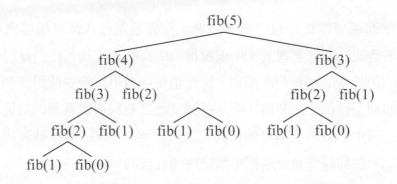

　　由上表的分析結果我們發現，要找出 fib(5)的值，必須呼叫 fib(4)及 fib(3)，而要找出 fib(4)又要呼叫 fib(3)及 fib(2)，結果 fib(3)就被呼叫了兩次了，再看 fib(1)，我們爲了得到 fib(5)之值，前後共算了 fib(1)達 5 次之多，如此反反覆覆，浪費很多時間及記憶體的空間。由此我們可以知道並不是每個遞迴副函式都是有效率的。就以費氏數列來說，雖然使用遞迴的程式碼很簡潔，但卻不是一個很好的演算法。費氏數列的關係是第 n 項爲第 n-1 及第 n-2 兩項之和，所以我們可以在每一次得到第 n 項的值之後，就將 n 及 n-1 項的值儲存起來，以便計算第 n+1 項的值。如此一來每一項費氏數最多也只會求一次而已，比起使用遞迴的方法，就顯得要有效率多了，在時間及所佔用的空間都相對節省許多。

　　基本上，所有使用遞迴寫成的程式都可以用非遞迴的方法來加以完成，但由上面的程式碼和使用遞迴的程式碼比較，我們發現使用遞迴的程式碼較爲簡潔及可讀性，因此，使用遞迴副程式時，最好是以較雜的問題爲主，將處理堆疊的複雜問題全交給編譯程式去處理。

　　編譯器 (compiler) 的作用是將高階語言轉換成機器語言 (Machine Language)，當編譯器碰到遞迴函式時，它應該如何處理？機器語言是無法執行遞迴程式的，所以編譯器必須具備 "轉成" 非遞迴程式之能力。事實上，想要把一個遞迴程式轉換成一個非遞迴的程式並不是一件容易的事，因爲很多演算法用遞迴的想法很自然也很清楚，如果硬要用非遞迴的方式完成，常常不知如何下手，幸而編譯器之理論已發展成熟，任何遞迴程式都可根據機械化之步驟，利用堆疊改成非遞迴程式。用重覆指令所寫的副程式，我們發現所需的執行時間及佔用的空間都相對的節省，因此重覆指令可以節省使用時間。爲了瞭解遞迴是如何工作的，以及爲什麼某些程式語言能夠提供遞迴的功能。我們將研究程式語言中的變數名稱是如何與記憶體位置結合的，這種結合我們稱爲繫結(Binding)。在翻譯或執行週期中繫結時所花費的時間稱爲繫結時間。

記憶體的配置可分爲靜態空間配置與動態空配置。靜態空間配置是在翻譯時就將變數與記憶體位置結合起來，而動態空間配置是在執行時才將變數與記憶體位置結合。

1. 靜態(Static)空間配置

   當程式被翻譯時，翻譯器會設一個符號表，當變數第一次被定義時，它會被放入符號表中，同時會指定一個記憶體位置給此變數，當它在敘述時，會去搜尋符號表，找到此變數之記憶體位置後，將其放入翻譯完的指令中。

2. 動態(Dynamic)空間配置

   在動態空間配置，所有的變數存取是相對的，不針對程式而是以某一特別之變數爲準。在靜態空間配置，每一個正規參數與局部參數之存取都是經由固定的記憶體位置，但在動態空間配置時，每一個正規參數與局部參數都是間接地經由某一固定的記憶體位置來存取。

6-4 遞迴的應用

🌑 6-4-1 河內塔問題(Towers of Hanoi Problem)

1883 年,法國的數學家 Edward Lucas 教授在歐洲的雜誌上介紹了一個相當吸引人的智力遊戲,這個遊戲名為河內塔(Tower of Hanoi),最能傳神貼切的點出遞迴法的特別之處。它源自古印度神廟中的一段故事。傳說在古老的印度,有一座神廟。在廟宇中放置了一塊上面插有三根長木釘的木板,在其中的一根木釘上,從上至下被放置了 64 片直徑由小至大的圓環形金屬片。天神指示他的僧侶們將 64 片的金屬片移至三根木釘中的其中一根上。規定在每次的移動中:

1. 一次只能移動一個金屬片。
2. 大金屬片永遠不能放在小金屬片的上面。
3. 一疊金屬片可以藉由另外一個外加的暫時位置從某個位置移到另外一個位置。

直到僧侶們能將 64 片的金屬片依規則從指定的木釘上全部移動至另一根木釘上,那麼,世界末日即隨之來到。

河內塔的問題是假設有三根木樁 A、B 和 C。在木樁 A 上放置了 n 個圓盤,由上到下編號為 1, 2, …, n,編號愈大的圓盤直徑也愈大。而我們必需要將圓盤由木樁 A 藉由木樁 B 全部搬到木樁 C,如下圖所示:

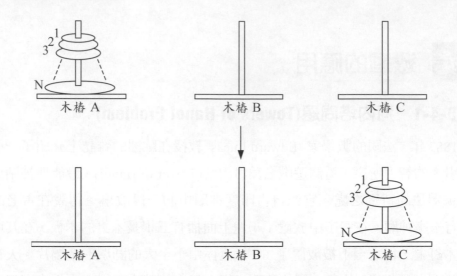

在移動的過程中，必須依照 Hanoi Tower 移動規則：

1. 直徑較小的圓盤永遠至於直徑較大的圓盤上。

2. 圓盤可任意地由任何一個木樁移到其他的木樁上。

3. 每一次僅能移動一個圓盤。

假設現在有三個木樁 A、B、C，在木樁 A 上，由大而小依次放置了 3 個中空的圓盤。則按照上述的移動規則，其移動的過程如下：

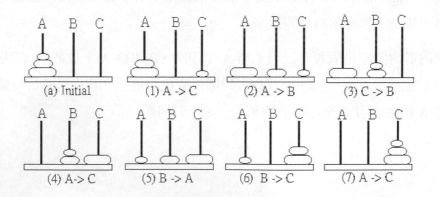

因此當 n=3 時，移動次序如下：

1. 移動圓盤 1 從木樁 A 到木樁 C。
2. 移動圓盤 2 從木樁 A 到木樁 B。
3. 移動圓盤 1 從木樁 C 到木樁 B。
4. 移動圓盤 3 從木樁 A 到木樁 C。
5. 移動圓盤 1 從木樁 B 到木樁 A。
6. 移動圓盤 2 從木樁 B 到木樁 C。
7. 移動圓盤 1 從木樁 A 到木樁 C。

首先我們觀察當圓盤只有一個（即 $n = 1$）的時候，就直接把圓盤由木樁 A 移動到木樁 C 即可，不必用到木樁 B。當圓盤不只一個（即 $n > 1$）的時候，因為我們必須遵守上述的移動規則，也就是直徑較小的圓盤永遠至於直徑較大的圓盤上，所以一開始的目的就必須想辦法先把木樁 A 最下面的圓盤，也就是最大的圓盤取出來，移到木樁 C 的最下面去放，這樣木樁 C 才能再放第二人的圓盤上去，如此一層層疊上去，直到完成目標。根據這樣的觀念，對於 $n > 1$ 的解，可以分解成下列三個子問題：

1. 將木樁 A 頂端的 $n - 1$ 個圓盤藉由木樁 C 移動到木樁 B。
2. 將木樁 A 唯一的圓盤移到木樁 C：A→C。
3. 將木樁 B 頂端的 $n - 1$ 個圓盤藉由木樁 A 移動到木樁 C。

例如，當 $n = 6$ 時，我們將上述的三個子問題分解說明如下圖。亦即首先將木樁 A 頂端的 5 個圓盤移到木樁 B，然後將木樁 A 的最後一個圓盤移到木樁 C，再將木樁 B 頂端的 5 個圓盤移到木樁 C。

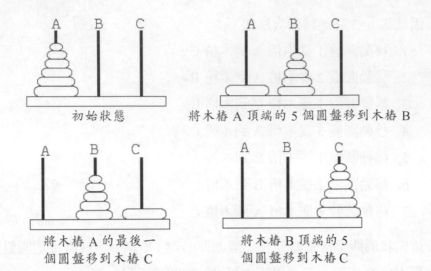

初始狀態　　　　　將木樁 A 頂端的 5 個圓盤移到木樁 B

將木樁 A 的最後一　　　　　將木樁 B 頂端的 5
個圓盤移到木樁 C　　　　　個圓盤移到木樁 C

　　觀察上面的三個子問題，我們發現第一個子問題及第三個子問題已經構成呼叫自己的遞迴呼叫，且問題也有較為簡化，從 n 個圓盤變成 n − 1 個圓盤的問題。而遞迴的終止條件，也就是在 n = 1 時，就是發生在第二個子問題上，就不必再遞迴下去了，直接印出移動的狀況即可，因此我們可以把此解看成是一個各個擊破法的演算法，因為 n 個圓的解可以被分解成 n − 1 個圓盤的解與 n=1 個圓盤的解。

應用遞迴，求河內塔問題 C 語言：

```
1   /***********************/
2   /*  名稱:河內塔           */
3   /*  檔名:ex6-4-1.cpp      */
4   /***********************/
5   #include <stdio.h>
6   /***********************/
7   void hanoi(int n,char a,char b,char c)
8   {
9    if(n>0)
10   {
11    hanoi(n-1,a,c,b);              //底盤以外的搬移從 a 到 b
```

```
12    printf("move disk %d from %c to %c\n",n,a,c);
13    //搬移 a 到 c
14    hanoi(n-1,b,a,c);              //底盤以外的搬移從 b 到 c
15   }
16  }
17  /***********************/
18  void main() {
19   Hanoi(3,'a','b','c');
20  }
```

輸出結果

分析如下：

下圖是當 n = 3 時的遞迴呼叫樹狀圖，可以讓我們更清楚的了解遞迴的呼叫過程。

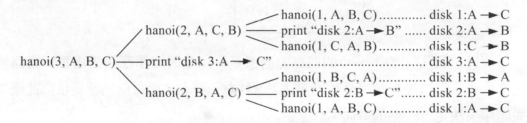

6-4-2　迷宮問題(Mazing Problem)

在心理學上，老鼠之所以能在迷宮中找到出口，是經由一連串的錯誤，老鼠加以記憶之後，最後找到了正確路徑，由 "記憶" 兩個字可知，迷宮問題和堆疊的確有關，迷宮問題是一個很好的堆疊應用，但此問題亦可使用遞迴來完成，要建立一個迷宮的程式，我們所面對到的第一個問題就是迷宮的表示法。我們可以使用一個二維陣列 maze[MAX_ROW][MAX_COL] 來表示一個迷宮，其中陣列元素 0 代表可通行的路徑，1 代表牆壁，也就是障礙。另外我們定義迷宮的左上角為入口，右下角為出口。下圖所示為一個 5*5 的迷宮表示成二維陣列的方法：

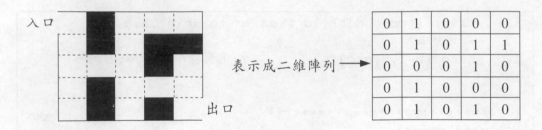

假設目前所在的位置為(i, j)，則下一步可以有上、下、左、右四種走法，如下圖所示：

	(i-1, j)	
(i, j-1)	(i, j)	(i, j+1)
	(i+1, j)	

　　假設位置(i, j)的下一步的四個方向都是可以走的，那應該先走那一條路呢？假設出發的優先順序是往上、往下、往左、往右。而每個點都是依照此優先順序來決定下一點的方向。

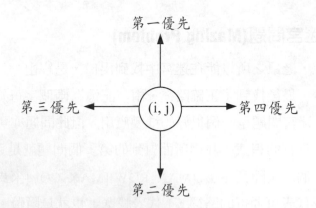

　　這四個可能的移動方向我們可以使用陣列來存放。

移動方向宣告方式演算法：

```
1   typedef struct
2   {
3    int vert;
4    int horiz;
5   }offsets;
6   offsets move[4];
```

其中 move 陣列中依方向的優先順序依序存入垂直和水平的位移值，我們只要以一個整數變數 direct 從 0～4 做為 move 陣列的索引值，就可以知道其移動的方向。

方向索引值(direct)	move[direct].vert	move[direct].horiz	方向
0	1	0	上
1	-1	0	下
2	0	-1	左
3	0	1	右

因此，若假設目前的位置在 maze[row][col]，而下一步的位置在 maze[next_row][next_col]，則我們可利用 direct 變數知道 next_row 和 next_col 兩個值。

用 direct 變數知道 next_row 和 next_col 兩個值演算法：

```
1   next_row = row + move[direct].vert;
2   next_col = col + move[direct].horiz;
```

但從現在的位置(i, j)走到下一步之前，應該事先知道下一步是不是可以走才對。要怎麼知道位置(i, j)的下一步是不是有被牆壁阻擋呢？這當然必須要先判斷好，如果新位置中的陣列值是 0，就表示可以走，否則就不可以走。但如果出了邊界，走出迷宮之外呢？它就沒有相對的陣列值可以判斷了，這時又該如何來判斷呢？所以在判斷下一步是不是牆壁之前，我們就必須先判斷下一步有沒有走出了邊界。

判斷下一步是不是牆壁演算法：

```
1  int in_range(int i, int j)
2  {
3   return(i>=0 && i<MAX_ROW && j>=0 && j<MAX_COL);
4  }
```

在經過上面的判斷後，若傳回 1，則表示下一步還在迷宮內；若傳回 0，則表示下一步已經出界了。這樣固然是一種解決之道，但這樣的方法使得我們每次在走到下一步之前，都要先判斷下一步有沒有出界，如果沒有，就還得接著判斷是不是有被牆壁抽擋，似乎不是一個很有效率的方式。為了方便判斷，我們可以想成迷宮的四周已事先被牆壁所包圍，也就是我們事先將迷宮陣列的邊界以 1 圍起來，如下圖所示：

1	1	1	1	1	1	1	1	1	1
1	0	1	0	1	0	0	0	0	1
1	0	1	0	1	0	1	1	0	1
1	0	1	0	1	1	1	0	0	1
1	0	1	0	0	0	0	0	0	1
1	0	0	0	1	0	1	0	0	1
1	1	1	1	1	1	1	1	1	1

我們事先在陣列的四周填上數字 1，表示四周都是牆壁，真正的迷宮是指中間框線的部份，這樣的設計將不必判斷是否走出了迷宮外，因為陣列的界限將四周設成了牆壁而無法越過，所以也就無法超過陣列的界限。因此我們就只要判斷下一步是不是有路可走就好了。所以一個 MAX_ROW * MAX_COL 的迷宮，則需要一個(MAX_ROW+2) * (MAX_COL+2)大小的陣列來表示迷宮。所以入口的位置在 maze[1][1]，出口的位置在 maze[MAX_ROW][MAX_COL]。

　　根據以上移動方向的原則，如果新的位置沒有阻礙的話，則將這個位置記錄下來；反之，則嘗試下一個方向，假如四個方向都走不通的話，則表示此點是死路，便要將此點剔除。因此，由起點走到終點是經過一連串的嘗試錯誤，才找到通路的，這種找尋的方法稱為嘗試錯誤（trial and error），而一步步退回的技巧稱為回溯（backtracking）。回溯是人工智慧的一個重要觀念，常應用於找尋解答的技巧方面。回溯的基本原理就是當由某點開始，找不出一組解時，就回到前一點，再由此點從新出發去嘗試下一個未嘗試過的可能，因此使用回溯法解題一定要記錄所走過的路徑，才有可能回尋到前一點，所以常常需要利用堆疊來存放所嘗試過的路徑。但若是可以改用遞迴的方式來完成，則往往使程式更為簡潔。

　　應用遞迴求迷宮問題 C 語言：

```
1    /************************/
2    /*  名稱:迷宮            */
3    /*  檔名:ex6-4-2.cpp     */
4    /************************/
5    #include <stdio.h>
6    /************************/
7    typedef struct
8    {
9     int vert;
10    int horiz;
11   }offsets;
12   offsets move[4] ={
13   {1,0},
14   {-1,0},
15   {0,-1},
16   {0,1}};          //移動順序,上,下,左,右
17   /************************/
18   int maze[MAX_COL][MAX_ROW]={
19   {1,1,1,1,1,1,1,1},
20   {1,0,0,0,1,0,0,1},
```

```
21    {1,1,1,0,1,1,0,1},
22    {1,0,1,0,1,0,0,1},
23    {1,0,1,0,1,0,1,1},
24    {1,0,0,0,0,0,1,1},
25    {1,0,1,0,1,0,0,1},
26    {1,1,1,1,1,1,1,1}};                           //迷宮
27    /*************************/
28    void print_ans()
29    {
30     int i,j;
31     for(i=0;i<MAX_ROW;i++,printf("\n"))
32      for(j=0;j<MAX_COL;j++)
33       printf("%6d",maze[i][j]);
34     printf("\n\n");
35    }                                              //印出答案
36    /*************************/
37    void findpath(int row, int col)
38    {
39     int direct,next_row,next_col,k,l;
40     direct = 0;
41     maze[row,col]=2;                    //設定起點為走過的地方
42     while(direct<4)                     //依上下左右的順序找出路
43     {
44      next_row = row + move[direct].vert;
45      next_col = col + move[direct].horiz;
46      if(maze[next_row][next_col]==0)            //是否沒走過
47      {
48       maze[next_row][next_col] = 2;
49       if(next_row==MAX_ROW && next_col==MAX_COL)       //終點
50        print_ans();
51       else                               //不是終點就繼續走
52        findpath(next_row,next_col);
53       maze[next_row][next_col] = 0;
54      }
55      direct++;
56    }
```

```
57  }
58  /***********************/
59  void main() {
60   findpath(1,1);
61  }
```

輸出結果

```
11111111
12221001
11121101
10121001
10121011
10022211
10101221
11111111
```

註：0 代表通路，1 代表牆壁，2 代表走過的地方

6-4-3　八皇后問題(Eight Queens Problem)

　　n 個皇后的問題是一個 n*n 的西洋棋盤上放置 n 個皇后。在西洋棋的規則，皇后可以直吃，橫吃，斜吃，從上、下、左、右、左上、左下、右下、右上八個方向攻擊敵人，且無距離限制，如下圖所示：

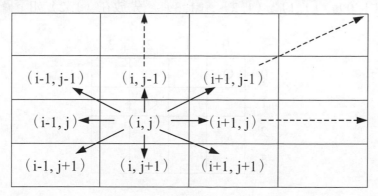

　　由上圖知，若有皇后放置在座標（i, j），則上圖中箭號所指之方向都不可放置皇后。只要在這八個方向有任何一隻皇后在，就馬上會被攻擊，也就是有任意兩個皇后在同一列，同一行或同一對角線上的狀況。根據此一規則，我們可以知道在每一列、每一行中只能有一個皇后，且任兩位皇后不能在同一斜線上。應用這樣規則將 n 個皇后放置於一個 n*n 的棋盤上且所有的 n 個皇后不會相互攻擊。

　　假設以 4 個皇后(Q_1、Q_2、Q_3、Q_4)放置為例，第一個皇后可以放在 4*4 棋盤上的任何位置，假設將其放置於座標（0, 0）的位置。如下圖示：

	0	1	2	3
0	Q_1			
1				
2				
3				

　　從上圖中未放置皇后的座標開始從左到右，從上而下嘗試放下第二個皇后。在符合前面規則的前提下，我們知道第二個皇后的位置不可能和第一個皇后的位置同一列，故第二個可以放置皇后的位置便直接從下一列開始尋找。於是座標有（1, 0），（1, 1），（1, 2），（1, 3）。先放在（1, 2）如下圖示：

	0	1	2	3
0	Q_1			
1			Q_2	
2				
3				

接著要放入第三個皇后，經檢查發現只有座標（3，1）可放置皇后，如下所示：

	0	1	2	3
0	Q_1			
1			Q_2	
2				
3		Q_3		

繼續放置最後一個皇后，可是已經沒有位置可放置。這表示第三個皇后所放置的座標（3，1）並無法找到找到其解，所以改變第三個皇后的位置，看看還有沒有其他位置，結果經檢查過後發現也沒有其他位置可放，故再往前推一層，知道第二個皇后所放置的座標（1，2）也無法找到解，所以改變第三個皇后的位置，然後試著放置下一個可放的座標（1，3），如下圖示：

	0	1	2	3
0	Q_1			
1				Q_2
2				
3				

上圖中我們放置了兩個皇后，接著第三個皇后可放置的座標只有（2，1），但這樣造成了第四個皇后沒有位置可放，所以第三個皇后的位置座標（1，3）也不對，所以再往前推一層去改變上一個皇后的位置。重覆這樣的處理，終於在 n＝4 的 n 皇后問題中找到了一組解，如下圖示：

	0	1	2	3
0		Q_1		
1				Q_2
2	Q_3			
3			Q_4	

如此繼續下去，我們可以再找到第二組解：

	0	1	2	3
0			Q_1	
1	Q_2			
2				Q_3
3		Q_4		

　　但如何將這些皇后的位置儲存起來呢？最簡單的方法可能會想到利用一個 n*n 的陣列，這是方法之一，但事實上我們可以只用到一維的陣列就可以代表這些皇后在棋盤中的位置。其方法就是利用一維陣列的註標值代表列，陣列中的內容則代表行，這樣可以節省很多的記憶體空間。例如在上述的兩組答案中，記錄在一維陣列內就可以用下面的儲存方式來表示：

第一組解：

代表列 →	0	1	2	3
代表行 →	1	3	0	2

　　表示四個皇后的位置分別在 $(0,1)$，$(1,3)$，$(2,0)$，$(3,2)$。

第二組解：

代表列 →	0	1	2	3
代表行 →	2	0	3	1

　　表示四個皇后的位置分別在 $(0,2)$，$(1,0)$，$(2,3)$，$(3,1)$。

有了以上的觀念後，要寫程式就比較容易了。八皇后問題和迷宮問題一樣，都是以回溯(Backtracking)的技巧來解。

八皇后問題 C 語言：

```
1    /************************/
2    /*    名稱:八皇后          */
3    /*    檔名:ex6-4-3.cpp     */
4    /************************/
5    #include <stdio.h>
6    /************************/
7    int attack(int k,int i)              //查看皇后們是否會衝突
8    {
9     int j,m,atk;
10    atk = 0;
11    j = 0;
12    while((atk==0)&&(j<k))
13    {
14     m = queen[j];
15     atk = (m==i)||(abs(m-i)==abs(j-k));
16     j++;
17    }
18    return(atk);
19   }
20   /************************/
21   void place(int k)
22   {
23    int i = 0,j;
24    while(i < MAXQUEEN)                  //依列的順序放入八個皇后
25    {
26     if(!attack(k,i))
27     {
28      queen[k] = i;
29      if(k==MAXQUEEN-1)                  //八個皇后全放好了
30      {
31       for(j=0;j<MAXQUEEN;j++)
32        printf("(%d,%d)",j,queen[j]);
```

```
33      printf("\n");
34     }                          //沒有的話再放下一個
35    else
36     place(k+1);
37    }
38  i++;
39   }
40 }
41 /***********************/
42 void main() {
43  place(0);
44 }
```

輸出結果

```
(0,0)(1,4)(2,7)(3,5)(4,2)(5,6)(6,1)(7,3)
~~此為其中一組解
```

6-4-4 騎士問題(Knight Tour Problem)

所謂騎士問題是在一個 n*n 的棋盤上,給騎士一個起始座標(X_0, Y_0),
而騎士必須從起點開始行走,把棋盤上的每一點都走過。而騎士的走法就是西
洋棋中的騎士走法,如下圖所示:

	-2	-1	0	1	2
-2		4		3	
-1	5				2
0			(X_0, Y_0)		
1	6				1
2		7		0	

同樣地我們將這八個可能的移動方向使用陣列來存放,其宣告方式和之前一樣。

移動方向演算法：

```
1    typedef struct
2    {
3     int vert;
4     int horiz;
5    }offsets;
6    offsets move[8];
```

存放的內容值如下：

方向索引值(direct)	move[direct].vert	move[direct].horiz
0	2	1
1	1	2
2	-1	2
3	-2	1
4	-2	-1
5	-1	-2
6	1	-2
7	2	-1

因此，若假設目前的位置在 maze[x][y]，而下一步的位置在 maze[next_x][next_y]，則我們可利用 direct 變數知道 next_x 和 next_y 兩個值。

用 direct 變數知道 next_x 和 next_y 兩個值演算法：

```
1    next_x = x + move[direct].vert;
2    next_y = y + move[direct].horiz;
```

在此由於騎士的走法特殊，不適合在棋盤四周包一層牆壁，所以在移動之前必須另外判斷下一步有沒有走出了邊界。

判斷下一步有沒有走出了邊界演算法：

```
1   int in_range(int x, int y)
2   {
3    return(x>=0 && x<MAX_ROW && y>=0 && y<MAX_COL);
4   }
```

當騎士走到（X, Y）時，下一個移動的位置應該是這八個位置中的其中一個，我們便從 0 這個方向開始走，如果新位置未走過的話，就可以移到新位置上，並記錄下所走的步數，如果新位置已被走過，則繼續找下一個方向，即將 direct 變數加 1。

由於一個 n*n 的棋盤，騎士必須走 $n^2 - 1$ 步，才能將棋盤上的每一點都走過，也就是棋盤的大小扣掉一開始的起始位置那一點。因此若我們設起點為第一步，則全部走完時最後一步的步數會剛好是棋盤的大小 n*n，所以若所走的步數等於 n*n 的話，則代表騎士已經全部走完，此即為遞迴的終止條件，便可以將解印出來。

騎士問題 C 語言：

```
1   /*************************/
2   /*   名稱:騎士            */
3   /*   檔名:ex6-4-4.cpp     */
4   /*************************/
5   #include <stdio.h>
6   /*************************/
7   typedef struct
8   {
9    int vert;
10   int horiz;
11  }offsets;
12  offsets move[8]={                    //騎士走的順序
13  {2,1},
14  {1,2},
15  {-1,2},
```

```
16   {-2,1},
17   {-2,-1},
18   {-1,-2},
19   {1,-2},
20   {2,-1}};
21   /************************/
22   int maze[8][8]={                        //一個空的棋盤
23   {0,0,0,0,0,0,0,0},
24   {0,0,0,0,0,0,0,0},
25   {0,0,0,0,0,0,0,0},
26   {0,0,0,0,0,0,0,0},
27   {0,0,0,0,0,0,0,0},
28   {0,0,0,0,0,0,0,0},
29   {0,0,0,0,0,0,0,0},
30   {0,0,0,0,0,0,0,0},
31   };
32   /************************/
33   void print_ans()                        //印出答案
34   {
35    int i,j;
36    for(i=0;i<N;i++,printf("\n"))
37     for(j=0;j<N;j++)
38      printf("%6d",maze[i][j]);
39    printf("\n\n");
40   }
41   /************************/
42   int in_range(int x, int y)        //檢查是否有出界
43   {
44    return(x>=0 && x<MAX_ROW && y>=0 && y<MAX_COL);
45   }
46   /************************/
47   void tour(int count,int x,int y)
48   {
49    int direct,next_x,next_y;
50    direct = 0;
51    while(direct<8)                        //依順序走過棋盤
52    {
```

```
53    next_x = x + move[direct].vert;
54    next_y = y + move[direct].horiz;
55    if(in_range(next_x,next_y))        //是否出界
56     if(maze[next_x][next_y]==0)        //是否走過
57     {
58      maze[next_x][next_y] = count;
59      if(count==N*N)                    //全走完了?
60       print_ans();                     //印出答案
61      else                              //繼續下一步
62       tour(count+1,next_x,next_y);
63      maze[next_x][next_y] = 0;
64     }
65    direct++;
66   }
67  }
68  /***************************/
69  void main() {
70   tour(1,1,1);
71  }
```

輸出結果

```
50  53  30  57  14  63  28   7
31  58  51  62  29   8  13  64
52  49  54  25  56  15   6  27
59  32   1  40  61  26   9  12
48  39  60  55  24  11  16   5
33  36  41   2  45  18  21  10
38  47  34  43  20  23   4  17
35  42  37  46   3  44  19  22
```

~~此為其中一組解

6-4-5　最大公因數(Greatest Common Divisor , GCD)

一般而言，若 a 和 b 都可被 c 整除，我們便稱 c 做 a 和 b 之公因數(common divisor)，而若 a, b 不同時為零，那麼它們之公因數僅有限個，其中最大的，稱為 a 和 b 的最大公因數(Greatest Common Divisor)。數學上求得最大公因數的運算，我們常用輾轉相除法反覆計算到餘數為零為止，此種方法也稱為歐幾里得定理(Euclid's Algorithm)，定義如下：

$$GCD(m,n) = \begin{cases} m, & , n = 0 \\ GCD(n, m\%n) & , n > 0 \end{cases}$$

從上述的定義，我們可運用遞迴的觀念來設計一個可以求出最大公因數的程式。例如欲求 GCD(1024,368)，則其解為：

GCD(1024, 368) = GCD(368, 1024 % 368)= GCD(368, 288)

　　　　　　 = GCD(288, 368 % 288) = GCD(368, 80)

　　　　　　 = GCD(80, 368 % 80) = GCD(80, 48)

　　　　　　 =GCD(48, 80 % 48) = GCD(48, 32)

　　　　　　 = GCD(32, 48 % 32) = GCD(32, 16)

　　　　　　 = GCD(16, 32 % 16) = GCD(16, 0)

　　　　　　 = 16

最大公因數 C 語言：

```
1    /************************/
2    /*   名稱:最大公因數      */
3    /*   檔名:ex6-4-5.cpp     */
4    /************************/
5    #include<iostream.h>
6    /************************/
7    gcd(int m,int n);
8    void main()
9    {
```

```
10    int a=100,b=85;
11    cout << "gcd(" << a << "," << b << ")=" << gcd(a,b);
12    }
13    /************************/
14    int gcd(int m,int n)
15    {
16     if(n==0)
17      return m;
18     else
19      return gcd(n,m%n);
20    }
```

輸出結果

```
Gcd(100,85)=5
```

```
1    /************************/
2    /*   名稱:最大公因數(非遞迴版)*/
3    /*   檔名:ex6-4-5.cpp  */
4    /************************/
5    #include<iostream.h>
6    /************************/
7    void main()
8    {
9    int a,b,temp;
10   printf("請輸入一個數字a(>0):\n");}
11   scanf("%d",&a);
12   printf("請輸入一個數字b(>0):\n");
13   scanf("%d",&b);
14   if(b>a)
15   {
16       temp=b;
17       b=a;
18       a=temp;
19   }
20   while((a%b)!=0)
21   {
```

```
22   temp=a%b;
23   a=b;
24   b=temp;
25   }
26   printf("最大公因數爲: %d"\n,temp)
27   }
```

6-4-6　史波克先生的難題(Mr. Spock's Dilemma)

　　一艘太空船的任務是在五年內探訪宇宙的新世界，五年的時間即將結束，太空船只能探訪其中 k 個行星，史波克先生開始想著如何從 n 個行星中選出這 k 個行星，然而，史波克先生對其中一個 x 行星特別有興趣，如果把此行星加入考慮因素，則選擇方式爲何？

　　解決這問題必須從 n-1 個行星中選出 k-1 個，史波克先生利用遞迴的觀念推演出下面公式：

C(n, k) = (選擇內包括 x 行星的 k 個行星,選擇方式的總數)+(選擇中不包括

　　　　　　x 行星的 k 個行星,選擇方式的總數)

　　　　==＞　C(n, k)=C(n-1, k-1)+C(n-1, k)

　　根據上面公式史波克先生必須想想退回狀態的問題，假設太空船探訪每一顆行星，則選擇方式有 C(n, n)＝1 種，假設 k ≤ n，根據遞迴原理 C(n-1, k)比 C(n, k)靠近退回狀態，當 n-1＝k 時，即達到退回狀態，但是 C(n-1, k-1)並不比 C(n, k)更接近退回狀態，因爲兩個距離相等。爲了解決此問題史波克先生找到一個解決 C(n-1, k-1)的方法。當尋找的星球數 k＝0 時，選擇的方式只有一種那就是──不用尋找，因此：

　　C(n,0)＝1

根據以上的敘述，可得下列遞迴公式：

$C(n, n)=1$

$C(n, 0)=1$

$C(n, n)=C(n-1, k-1)+C(n-1, k)$ //if $0<k<n$

最後史波克先生又加入一行判斷式：

$C(n, k)=0$ //if $k>n$

根據本題的意義，$k>n$ 是不可能的，加入此式是為了讓遞迴定義更完備，綜合以上討論，可得下列演算法：

```
1   Planet=tour C(n,k)
2   {
3    if k>n
4     C=0 ;
5    else if n=k
6     C=1 ;
7    else if k=0
8     C=1 ;
9    else
10    C=(n-1,k-1)+C(n-1,k) ;
11  }
```

6-5　遞迴程式與非遞迴程式的差異

遞迴程式與非遞迴程式的主要差別在於返回資料和備忘錄的記憶體需求量。執行遞迴程式時須考慮下列兩種狀況。

1. 每次遞迴呼叫一個函數時
   a. 儲存適當的返回位置和目前備忘錄的值。
   b. 把備忘錄的值設定為新值。

2. 每當一個遞迴呼叫完成後
   a. 將最後一次儲存的資料（這些資料不再被儲存），歸還給目前的返回資料和備忘錄。
   b. 返回這個呼叫函數的適當位置，或者當最初呼叫完成時則返回執行最初呼叫的程式，這個程序並不符合傳回值之函數的情況時，我們可以修改這程式使它合乎這個情況。或者我們也可以使這個函數利用額外的參數透過指標將值傳回來。

被儲存起來的資料（返回位置和備忘錄的值），必須依其被儲存的反順序被取回。除了這些儲存資料必須在函數的區域圍範內的條件下，其它情況與非遞迴程式並沒有兩樣。我們可以把返回和備忘錄的值想像成一個記錄所發生過的事。因此，記錄的收集就相當於被暫停的遞迴呼叫儲存在某些資料結構中一樣。這個資料結構不僅儲存了這些記錄，並且包括了這些記錄的前後次序。

🌑 重覆(Iterate)

反覆執行某些條件，直到符合所指定的條件為止，但不包含參考自己本身的函數。Iterate 和 recursive 的差異：

1. Iterate 用 while (for)
   Recursive 用 If ...else 來控制迴路。

2. Recursive 用較多的參數及較少的局部變數。

減少不必要的重複宣告及記憶體的浪費，程式於執行時可以減少的動作（可增快程式的執行速度）。

遞迴的效率問題

一般而言，一個非遞迴程式在時間及空間上都比遞迴程式有效率，主要的原因是隱藏在進出遞迴程式的操作有很多不必要的堆疊動作，在非遞迴程式可以辨認出不需要存在堆疊中的當地變數和臨時位置，但是在遞迴程式中，編譯通常辨認不出這種變數而增加了堆疊過程。在某些狀況下，遞迴解法是用來解決問題中的一種最自然且合乎邏輯的方式，利用遞迴解法可能使得程式設計師不需花費太多的精力就能夠解決問題，但是程式的執行效率可能會變差，如此機器效率和程式設計者效率就有待評估考量。如果程式經常要執行，執行速度的提高，可以致使產量增加很多，設計上花較多的時間是一項很值得的投資。在這種情況，模擬、轉換遞迴解決為非遞迴解法比直接由問題敘述去求解來得容易。其步驟是首先寫遞迴程式，然後轉換成模擬型態，包括準備所有堆疊和臨時位址，接著除去多餘的堆疊和變數，最後得到一有效的程式。在除去這種多餘的位址和不必要的運算過程中，可能導入一些不要的錯誤，這必需要非常小心。

遞迴與非遞迴的比較

	遞迴	非遞迴
程式可讀性	易	難
執行物大小	小	大
時間	長	短
佔用 stack	大	小

習　題

1. (a) 何謂遞迴？
   (b) 比較遞迴程式與非遞迴程式的優缺點。
   (c) 試以遞迴法寫出一個計算 n!的函式。

2. 試以遞迴法寫出一個計算 $\binom{n}{m}$ 的函式。

   其中 $\binom{n}{m} = \dfrac{n!}{m!(n-m)!}$ or $\binom{n}{m} = \binom{n-1}{m} + \binom{n-1}{m-1}$, $\binom{n}{0} = \binom{n}{n} = 1$

3. 利用遞迴設計一程式能計算 1*2+2*3+3*4+ … +(n-1)*n。

4. 利用遞迴設計一程式能計算出已知二元樹之節點個數。

5. 利用遞迴設計一程式能印出由 1 到 n 的各種排列。

6. 利用遞迴設計一程式能找出 2 到 n 間的質數。

7.
$$A(m,n) = \begin{cases} n+1 & \text{if } m=0 \\ A(m-1,1) & \text{if } n=0 \\ A(m-1,A(m,n-1)) & \text{if } m>0 \text{ and } n>0 \end{cases}$$

   試求 A(1,2)和 A(2,1)？

8. 函數 p 定義如下：

$$p(a , b) = \begin{cases} p(a-b)+1, & \text{if} \quad a \geq b \\ 0 \quad , & \text{if} \quad a < b \end{cases} \qquad 其中 a, b \in 正整數$$

   請問(a) 此函數 p 的功能為何？

   　　　(b) 以遞迴寫出此函數。

9. $F(1)=1$，$F(n)=2F(n/2)+1$，試求 $F(2^{12})$。

10. 費氏數列的遞迴表示法為 $F(n)=F(n-1)+F(n-2)$, for $n \geqq 2$, $F(0)=0$, $F(1)=1$,

    (a) 試解上述遞迴(以 $F(n)$ 表示)。

    (b) 設計一個在線性時間執行的演算法來計算 $F(n)$。

    (c) 設計一個小於線性時間執行的演算法來計算 $F(n)$。

11. 有一遞迴程式如下：

```
int maze(int a, int b, int c)
{
  if (a<b)
    return a ;
  else
    return c*maze(a/b,b,c) + (a%b) ;
}
```

    試求

    (a) maze(16,2,2)

    (b) maze(352,4,11)

    (c) maze(1020,10,7)

7

樹狀結構

7-1 基本術語

　　樹狀結構由節點(Node)與分支(Branch)所構成，各項節點資料藉由分支將其資訊連繫起來。樹狀結構是一種有層次化的結構，也是一種非線性結構，這種結構常用在血統表(pedigree)及直系親屬表(lineal)。樹的應用極多，如 PC 上的 MS-DOS 作業系統和 VAX 電腦所用的 UNIX 作業系統，資料庫與編譯器的設計等。

　　樹(Tree)由一個或多個節點(Nodes)構成，是一個有限的集合，並具有下列兩個特質：

1. 有一特定的節點，叫做根節點(Root)，如圖 7-1.1，A 即為根節點。

2. 其餘的 Node 為 $n \geq 0$ 個互斥之集合 $T_1, T_2, ..., T_n$，每一個集合皆是一棵樹，是樹根節點的子樹(Subtree)。$T_1, T_2, ..., T_n$ 為互斥集合，亦即是各子樹之間不准有任何牽連(禁止互斥衍生)。樹狀結構一般可分為由上而下(top-down)與由下而上(buttom-up)兩種表示法，圖 7-1.1 是由上而下，而圖 7-1.2 是由下而上，一般我們採用由上而下來表示樹狀結構。

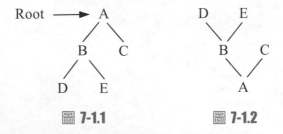

圖 7-1.1　　　　　　　　圖 7-1.2

在樹狀結構中有許多常用的專有名詞,我們用圖分別說明用於樹中的專有名詞:

1. **節點(Node)**:一項資料及其指到它項資料的分支,如圖 7-1.3 有 13 個節點,而每一個節點表示一個英文字母的資料。

2. **父節點(Parent node)**:若一個節點直接連到另一節點,則在上的節點稱爲父節點,如圖 7-1.3,A 爲 B、C、D 的父節點,而 B、C、D 則稱爲 A 的子節點。

3. **祖先節點(Ancestor node)和子孫節點(Descender node)**:從某點往上追溯,到樹根所經過的節點均爲祖先節點,如圖 7-1.3,A 爲 E 的祖先,E 爲 A 的子孫。

4. **兄弟節點(Brother or sibling node)**:在同一父節點下的子節點,如圖 7-1.3,B、C、D 節點爲兄弟節點,此三節點是同爲父節點 A 的子節點。

5. **終點節點(Terminal node)**:又稱外部節點(External node)或樹葉節點 (Leaf node),是沒有子節點的節點,如圖 7-1.3,K、L、F、G、M、I、J 爲終點節點。

6. **非終點節點(Nonterminal node)或內部節點(Internal node)**:有子節點的節點或不是終點節點的節點,如圖 7-3,A、B、C、D、E、H 爲非終點節點。

7. **分支度(Degree)**:任一節點所擁有的子節點數目,如圖 7-1.3,A 的分支度爲 3,E 的分支度爲 2。樹的分支度則是指所有節點中所擁有的最大分支度,如圖 7-1.3,此樹分支度爲 3。如果是有方向性的樹,則又可分成:

   (1) **內分支度(Indegree)**:指向節點的箭頭數目,如圖 7-1.4,節點 T 的內分支度爲 1。

   (2) **外分支度(Outdegree)**:指向其它節點的箭頭數目,如圖 7-1.4,節點 T 的外分支度爲 3。

8. **階度(Level)**：樹中節點的關係，一代爲一個階度，樹根節點的階度
   爲 1。

9. **高度(Height)或深度(Depth)**：一個節點的高度是指由本身到終節點
   的最大階度，如圖 7-1.3，A 的高度爲 4，B 的高度爲 3，而樹的高度
   則是爲樹的節點中最大階度者。

10. **樹林(Forest)**：樹林是由 n 個不相交的樹組合。如圖 7-1.3，是由 n
    ≧3 個互斥樹(Disjoint trees)所組成的樹林。樹 A 有 3 個子樹：{B，E，
    F，K，L}，{C，G}，{D，H，I，J，M}，此三子樹便可形成樹林。

11. **直線(Edge)**：從一個節點到它的後繼節點的直線稱爲 edge。

12. **路徑(Path)**：一串連續的邊組成一個路徑(Path)，一個終點是樹葉的
    路徑，稱爲 Branch。

13. **同代(Generation)**：具有相同階層號碼的節點稱爲同代。

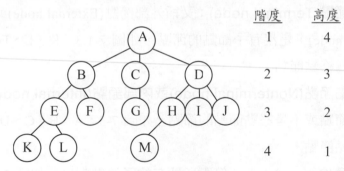

	階度	高度
A	1	4
B C D	2	3
E F G H I J	3	2
K L M	4	1

圖 **7-1.3**

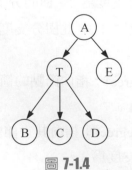

圖 **7-1.4**

7-2　樹的表示法

樹狀結構中，一般除了可用圖 7-1.3 所表示圖示法(Graph Representation)外，尚有以下 4 種方法：

1. 范氏圖法(Venn Diagram)：用一個大圓來代表整棵樹，而用一個子圓來代表子樹，這些子圓是置於大圓內，如圖 7-2.1。

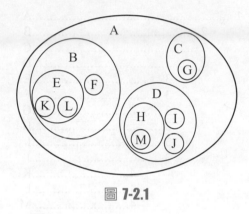

圖 **7-2.1**

2. 縮格法(Indentation)：將樹根置於最外層，而子樹則依次往內縮，如圖 7-2.2。

```
A..................................................
    B..............................................
        E..........................................
            K......................................
            L......................................
        F..........................................
    C..............................................
        G..........................................
    D..............................................
        H..........................................
            M......................................
        I..........................................
        J..........................................
```

圖 **7-2.2**

3. 巢狀括弧法(Nested Parentheses)：用最外層括弧來代表整棵樹，子樹則用另一括弧來表示，如圖 7-2.3。

$$(A(B(E(K)(L))(F)) (C(G)) (D(H(M))(I)(J)))$$

圖 **7-2.3**

4. 階度號碼(Level Number Format)：用階度來表示節點所在的位置，如圖 7-2.4。

```
1 .................................................A
    2 .........................................B
    2 .........................................C
    2 .........................................D
        3 .................................E
        3 .................................F
        3 .................................G
        3 .................................H
        3 .................................I
        3 .................................J
            4 .........................K
            4 .........................L
            4 .........................M
```

圖 **7-2.4**

樹狀結構存於記憶體的表示方式有下列二種：

1. 陣列表示法(Array Representation)

陣列表示法是利用陣列的方式表示，陣列中行列的數目分別以樹中任一節點包含的最大分支度與所有節點的數目來決定之，如以圖 7-1.3 為例，用陣列表示法所示的樹狀結構如下圖：

		1	2	3
1	A	2	3	4
2	B	5	6	-
3	C	7	-	-
4	D	8	9	10
5	E	11	12	-
6	F	-	-	-
7	G	-	-	-
8	H	13	-	-
9	I	-	-	-
10	J	-	-	-
11	K	-	-	-
12	L	-	-	-
13	M	-	-	-

圖 **7-2.5**

2. **鏈結串列表示法(Linked-List Representation)**

鏈結串列表示法是利用鏈結串列來表示整個網路的架構，對於每一個節點的欄位數是依據各個節點的分支度而定，如以圖 7-1.3 為例，此法所表示的樹狀結構如圖 7-2.5 所示。

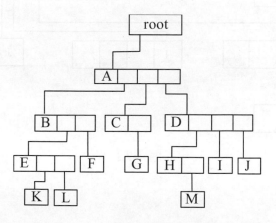

圖 **7-2.6**

利用陣列表示法來表示樹狀結構，其操作方式較為簡單，但卻較浪費記憶體；如以鏈結串列表示法來表示樹狀結構，較為節省空間，但因每一節點的結構不同，所以當要進行插入與刪除操作時，其流程非常複雜。改進的方法是使每一個節點都有相同的結構，雖可簡化插入和刪除的操作流程，但許多的節點可能只用了少數的分支，多數的指標都是 NULL，如圖 7-2.7。從圖中我們可以看出大部分的分支都是空白的，二元樹的架構便是為了改善上述缺點。

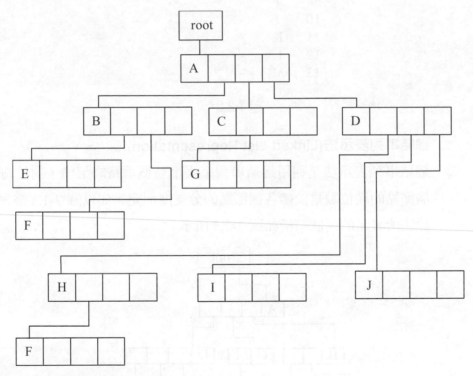

圖 7-2.7

7-3　二元樹(Binary Tree)

二元樹係由有限個節點的集合，這個集合可以是空集合、或是由樹根與兩個互斥之左子樹(left subtree)和右子樹(right subtree)組成的集合。而二元樹存於記憶體的表示方法主要分為有陣列與鏈結方式表示法兩種：

1. 陣列方式表示：

   陣列方式表示又分為一維陣列表示法及二維陣列表示法：

   (a) 一維陣列表示法：我們假設二元樹的每一階度皆有最多的節點，即階度為 i 的二元樹最多有 2^i-1 個節點。此種假設恰巧與完滿二元樹的定義相符合。二元樹可依完滿二元樹所需之節點數之長度來預留空間。至於有關完滿二元樹的說明將於 7-4-2 節有一番詳細介紹。用一維陣列來表示的二元樹如圖 7-3.1 所示。

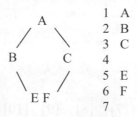

```
      A          1  A
     / \         2  B
    B   C        3  C
       /         4
      / \        5  E
     E F         6  F
                 7
```

圖 7-3.1

   (b) 二維陣列表示法：將二維陣列宣告成[節點數][3]的大小。用二維陣列來表示二元樹如圖 7-3.2 所示。

```
        A
       / \
      B   C
       \ /
      E F
```

Node	Left	Right
1 A	2	3
2 B	0	4
3 C	5	0
4 E	0	0
5 F	0	0

圖 7-3.2

當二元樹是接近完滿二元樹時,若用一維陣列表示法可節省相當多的空間;反之,當二元樹是階度高且節點少,則浪費相當多的空間。因此若是一棵深度為 d 的傾斜樹如圖 7-3.3,若採用一維陣列方式表示,將需要宣告 2^d-1 空間,但實際只有用到 d 個空間,見圖 7-3.4。若我們採用二維陣列方式表示,則只需要 d 個空間即可,見圖 7-3.5。但是並非二維陣列表示法就一定會比一維陣列表示法好,對於深度為 d 之完滿二元樹如圖 7-3.6,採用第一種方法只需要 2^d-1 個空間,見圖 7-3.7。但若使用第二種方式,則需要 2^d-1 個前述宣告之結構,見圖 7-3.8。很明顯可以看出後者所需空間較大。

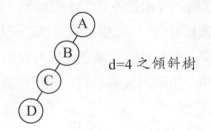

d=4 之傾斜樹

圖 7-3.3

使用一維陣列:

[1]	[2]	[3]	[4]	[5]	[6]	[7]	[8]	[9]	[10]	[11]	[12]	[13]	[14]	[15]
A	B	---	C	---	---	---	D	---	---	---	---	---	---	---

圖 7-3.4

使用二維陣列:

	NODE [1]	Left [2]	Right [3]
[1]	A	2	0
[2]	B	3	0
[3]	C	4	0
[4]	D	0	0

圖 7-3.5

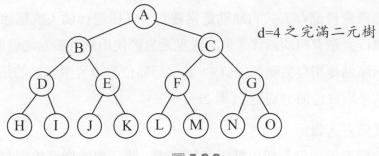

d=4 之完滿二元樹

圖 7-3.6

使用一維陣列：

[1]	[2]	[3]	[4]	[5]	[6]	[7]	[8]	[9]	[10]	[11]	[12]	[13]	[14]	[15]
A	B	C	D	E	F	G	H	I	J	K	L	M	N	O

圖 7-3.7

使用二維陣列：

	NODE [1]	Left [2]	Right [3]
[1]	A	2	3
[2]	B	4	5
[3]	C	6	7
[4]	D	8	9
[5]	E	10	11
[6]	F	12	13
[7]	G	14	15
[8]	H	0	0
[9]	I	0	0
[10]	J	0	0
[11]	K	0	0
[12]	L	0	0
[13]	M	0	0
[14]	N	0	0
[15]	O	0	0

圖 7-3.8

此種資料儲存方式的缺點是當要對二元樹進行插入或刪除時，則需進行大量資料的搬移。但其優點是易於找出父子節點之位置，如第 i 個節點是指存於陣列位置 i，其父節點位於陣列中 i/2 的位置，其左右子樹之位置分別是 2i 與 2i+1。

2. 鏈結方式表示：

鏈結表示法就是利用動態資料結構，將子樹的指標放到左右兩邊的指標變數欄內，如圖 7-3.9 所示。上一小節曾提過以陣列方式來表示，相當簡單，只是不容易宣告整個樹的大小，而且多宣告也浪費記憶體空間，因此我們多半採用指標型態，也就是鏈結串列表示法。鏈結串列表示法的優點如下：節省記憶體空間、容易搜尋、容易插入及刪除節點。

	Node [1]	Left [2]	Right [3]
[1]	A	2	3
[2]	B	0	4
[3]	C	5	0
[4]	D	0	0
[5]	E	0	0

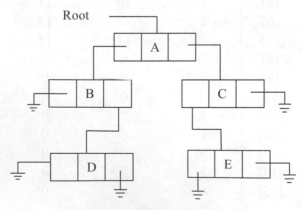

圖 7-3.9　鏈結串列表示法

樹及二元樹可將其歸類出下列的差異：

1. 二元樹有次序的關係，而樹沒有。

2. 樹中每一個節點的分支度(degree)≥ 0，而二元樹中每一個節點的分支度為 0，1，或 2。

3. 樹不能沒有節點，但二元樹可以是空集合。

4. 二元樹並不是樹的一個特例(樹與二元樹是兩個完全不同概念的結構)，如下圖，對於樹而言，兩者是一樣，然而二元樹有左右之分。

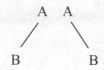

上圖對樹而言，結構完全相同，但對二元樹而言則不然。二元樹的主要目的是可節省儲存空間與比較容易追蹤。

二元樹有下列的特性：

1. 階度為 i 的二元樹，其每一階層的節點數最多為 2^{i-1}，$i \geq 1$

   證明：利用歸納法

   > 歸納基礎：當 i=1 時，節點數是 1，且 $2^{i-1}=1$。
   >
   > 歸納假設：設階度為 i-1 之最大節點數為 2^{i-2}。
   >
   > 歸納證明：階度等於 i 的最大節點數是階度等於 i-1 者的兩倍，也就是 $2^{i-2} \times 2$ 個，即 2^{i-1} 個。

2. 深度為 k 之二元樹的總節點數最多為 $2^{k}-1$ 個，$k \geq 1$。

3. 二元樹中，若 n_0 表示所有終端節點數，n_2 表示所有分支度為 2 的節點數，則 $n_0 = n_2 + 1$。

4. n 個節點可構成不同二元樹的數目：

$$B_n = \frac{1}{n+1} C(2n, n) = \frac{1}{n+1} \cdot \frac{(2n)!}{(2n-n)!n!}$$

$$n=1：B_1 = \frac{1}{2} \times \frac{2 \times 1}{1 \times 1} = \frac{1}{2} \times \frac{2}{1} = 1（只有一個節點）$$

$$n=2：B_2 = \frac{1}{(2+1)} \times \frac{(2 \times 2)!}{2 \times 2} = \frac{1}{3} \times \frac{24}{4} = 2$$

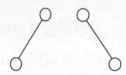

$$n=3：B_3 = \frac{1}{(3+1)} \times \frac{(2 \times 3)!}{3!3!} = \frac{1}{4} \times \frac{720}{6 \times 6} = 5$$

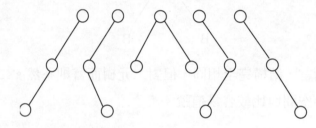

7-3-1 二元樹的建立

二元搜尋樹(binary search tree)為二元樹，具下列性質：

1. 左子樹節點的值小於(≦)根節點的值。

2. 右子樹節點的值大於(≧)根節點的值。

3. 左、右子樹仍為二元搜尋樹。

二元搜尋樹採用遞迴定義的方式，因此建立一棵二元樹搜尋樹也可採用遞迴的方式，其演算法如下：

1. 找到正確的位置，建立一節點，其左右子樹皆為空樹，再將此節點插入此二元搜尋樹。

2. 若輸入值小於節點值，則遞迴呼叫建立二元搜尋樹的程序，繼續往左子樹建樹。

3. 若輸入值大於節點值，則遞迴呼叫建立二元搜尋樹的程序，往右子樹建樹。

以下列資料為例，運用上述的演算法。建立一棵對應的二元搜尋樹，過程如圖 7-3.10。加入以下元素　50　20　80　60　10　40　90　30　70

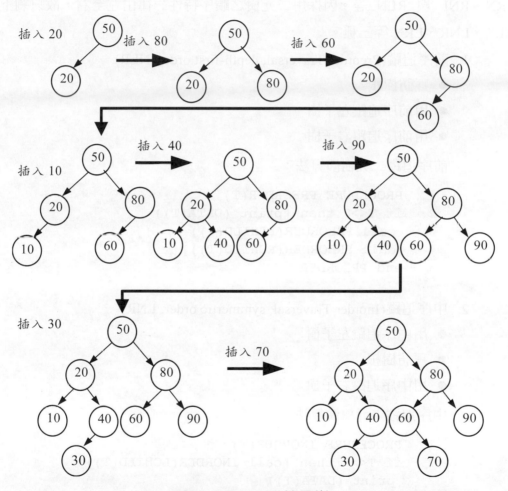

圖 **7-3.10**　二元搜尋樹

如以圖 7-3.10 的二元樹搜尋樹，中序追蹤的排列剛好是由小至大的順序：10, 20, 30, 40, 50, 60, 70, 80, 90，因此二元搜尋樹的結構，常被作為排序之用。

7-3-2 二元樹的追蹤

二元樹的追蹤係利用某種順序，拜訪二元樹的每個節點一次，也就是將二元樹化為線性關係。二元樹每個節點的結構包含：Llink、Node，與 Rlink 等，所以二元樹追蹤(Binary Tree Traversal)的方法共有 6 種：NLR，NRL，LNR，LRN，RNL 與 RLN 等。因採用二元樹之順序特性一律由左至右，故只剩下 NLR、LNR、LRN 等三種。

1. 前序追蹤(Preorder Traversal, depth-first order, NLR)
   - 拜訪樹根
   - 用前序追蹤左子樹
   - 用前序追蹤右子樹

   前序追蹤二元樹演算法：

```
1   PROCEDURE PREORDER(T)
2   if T<>0 then [print (DATA(T))
3    call PREORDER(LCHILD(T))
4    call PREORDER(RCHILD(T))]
5   end PREORDER
```

2. 中序追蹤(Inorder Traversal, symmertic order, LNR)
   - 用中序追蹤左子樹
   - 拜訪樹根
   - 用中序追蹤右子樹

   中序追蹤二元樹演算法：

```
1   PROCEDURE INORDER(T)
2   if T<>0 then [call INORDER(LCHILD(T))
3    print (DATA(T))
4    call (INORDER(RCHILD(T)))]
5   end INORDER
```

3. 後序追蹤(Postorder Traversal, LRN)：

● 用後序追蹤左子樹

● 用後序追蹤右子樹

● 拜訪樹根

後序追蹤二元樹演算法：

```
1    PROCEDURE POSTORDER(T)
2    if T<>0 then [call POSTORDER (LCHILD(T))
3     call POSTORDER (RCHILD(T))
4     print (DATA(T))]
5    end POSTORDER.
```

例 7-3.1

A   NLR：ABDC

B　C　　LNR：BDAC

D　　　LRN：DBCA

例 7-3.2

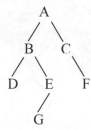

NLR：ABDEGCF

LNR：DBGEACE

LRN：DGEBFCA

LNR：DBGEACF

若已知一棵二元樹之前序與中序追蹤，或中序與後序追蹤，則此二元樹為唯一，但若前序與後序追蹤相同，此樹並非唯一。

例 7-3.3

(a) 若一二元樹其追蹤結果如下：

前序　A B C D E F G H I

中序　C B A E D G H F I

利用遞迴的方式，可決定出此樹，其過程如下：

1. 由前序知 A 為此樹之樹根，由中序則可得左子樹為{B、C}，右子樹為{D、E、F、G、H、I}，所以可得如圖 7-3.11。

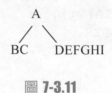

圖 7-3.11

2. 以相同的程序處理左子樹及右子樹。如圖 7-3.12 所示。

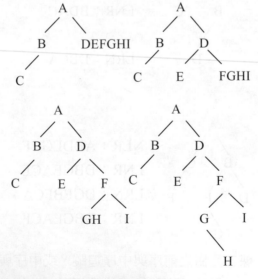

圖 7-3.12

由上可知前序、中序追蹤決定唯一的二元樹。

(b) 若一二元樹之追蹤結果如下：

中序　H B J A F D G C E

後序　H J B F G D E C A

利用遞迴的方式決定出此樹，過程如下：

1. 由後序知 A 為此樹的樹根，由中序可知其左子樹為{H、B、J}，右子樹為{F、D、G、C、E}，所以可得下圖：

2. 以相同的程序處理右子樹及左子樹。其過程如下：

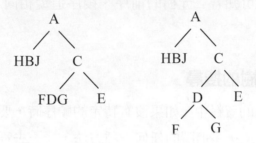

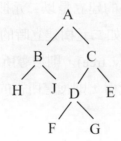

由上可知中序、後序追蹤決定唯一的二元樹。

(b) 若一二元樹的追蹤結果如下：

前序　ABDC

後序　DBCA

則可得二元樹如圖 7-3.13 和圖 7-3.14：

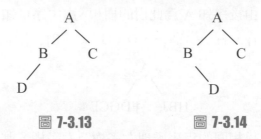

圖 **7-3.13**　　　　　圖 **7-3.14**

由上可知若二元樹的前序、後序追蹤相同，則此二元樹並非唯一。

7-3-3　二元樹的搜尋

在以二元樹建立的資料中，如果沒有特定的順序時，要做搜尋時，可用前序追蹤，中序追蹤，或後序追蹤的任何一種方法，一一去拜訪節點，並判斷節點的資料是否為欲搜尋的資料。如果資料的建立是以二元搜尋樹的方式建立，則搜尋的方法就如同二分搜尋法一樣。假如二元樹建立時的資料是由小至大或由大至小，稱為傾斜二元樹(skewed binary tree)，則搜尋所需的時間為 O(n)，如同循序搜尋。然而，若如果為平衡二元樹，則搜尋所需的時間為 O(log n)。

7-3-4　二元樹的刪除

假如我們要在二元搜尋樹中刪除一個節點，刪除之後的樹仍然要維持二分搜尋樹的特性，則刪除工作就不像插入那麼單純了，我們必須考慮三個情況：

1. 刪除的節點是樹葉：只要將其父節點與樹葉相連的指標設定成 NULL，如圖 7-3.15 所示，假設要刪除節點 70，則只要將節點 60 的右指標設定成 NULL。

2. 刪除的節點只有一棵子樹時：只要將被刪除節點的子樹往上提到其父節點的指標內，如圖 7-3.16 所示，要刪除節點 60，就將節點 60 的右指標放到其父節點 80 的左指標欄，使節點 80 左指標指向節點 70。

3. 刪除的節點有兩棵子樹時：可用下列兩種方法來進行。

(1) 中序立即前行節點法(inorder immediate predecessor)：

以圖 7-3.17 為例，刪除 80 後，其樹狀結構如所謂中序立即前行節點法即是將欲刪除節點的左子樹中最大者向上提，以上例而言，70 就是中序立即前行節點。

(2) 中序立即後繼節點法(inorder immediate successor)：

將欲刪除節點的右子樹中最小者往上提，以前一例子而言，中序立即後繼節點為 90，所以可得樹狀結構如圖 7-3.18。

要找到某個節點的中序立即前行節點，只要到該節點的左子樹，然後一直往右邊找，只要節點右邊的指標值為 NULL 時，就是立即前行節點。同理，要找到某個節點的中序立即後繼節點，只要到該節點的右子樹，然後一直往左邊找，只要節點左邊的指標值為 NULL 時，就是立即後繼節點。

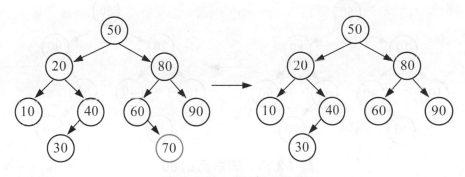

圖 7-3.15　刪除節點 70

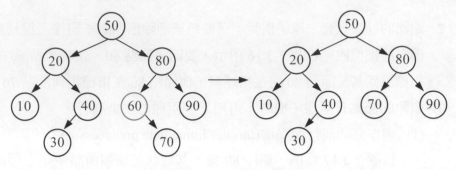

圖 7-3.16　刪除節點 **60**

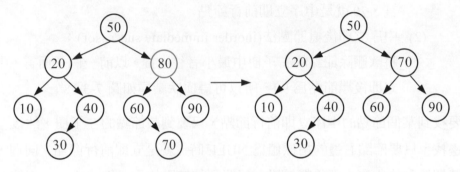

圖 7-3.17　刪除節點 **80**

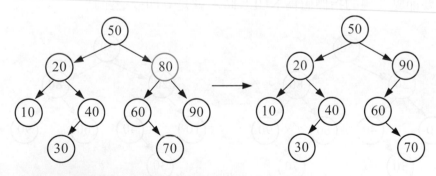

圖 7-3.18　刪除節點 **80**

此兩種方式雖然得到不同的二元樹，但具有下列性質：

1. 兩者皆維持二元搜尋樹的特性
2. 兩者的中序追蹤次序相同。

7-3-5　二元樹的比較

兩棵樹是否相等必須具備兩個條件

1. 每節點的資料相同。

2. 每節點分支度相同。

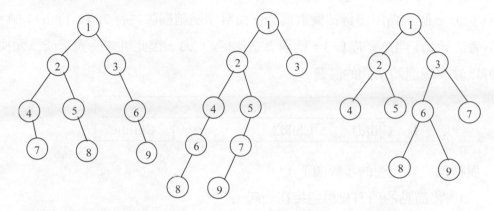

以上三棵樹雖然資料相等，但分支度不同，所以不相等。

兩棵樹是否相等演算法：

```
1   equaltree(t1,t2)
2   struct nodeptr t1,t2;
3   {
4    int qual=false;
5    if((t1==NULL) && (t2==NULL))
6    equal=true;
7    else
8    {
9     if(t1->info==t2->info)
10    {
11    equal=equaltree(t1->left,t2->left);
12    if(equal)
13    equal=equaltree(t1->right,t2->right)
14    }
15   }
16   return(equal);
17  }
```

7-3-6　一般樹轉換至二元樹

　　處理非固定長度的節點要比固定長度的節點的處理困難，若一棵樹為具有 n 個節點的 k-ary tree(分支度為 k)，每一節點大小都為固定，如下圖，樹中共有 nk 個鏈結欄，零項鏈結欄數共有 nk-(n-1)=n(k-1)+1 個欄位。二元樹為 2-ary tree，對於 n 個節點所需鏈結欄數為 2n，而零項鏈結欄數共有 2n-(n-1)=n+1 個，故兩者之比值為 1/2。若 k=3，則兩者之比值約 2/3，因此可知樹表示成二元樹時可以減少記憶體空間的浪費。

Data			
Child1	Child2	…………	Childn

樹轉換成二元樹的步驟如下：

1. 將節點的所有兄弟連接在一起。
2. 將所有不是連到最左子節點的子節點鏈結刪除。
3. 將樹向順時鐘方向傾斜 45°。

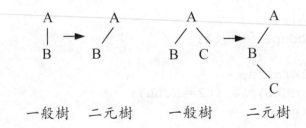

一般樹　二元樹　　一般樹　　二元樹

二元樹的節點結構：

Data	
L_child	R_brother

例 7-3.4 　將下面的一般樹轉換成二元樹。

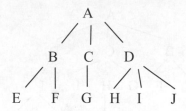

解：

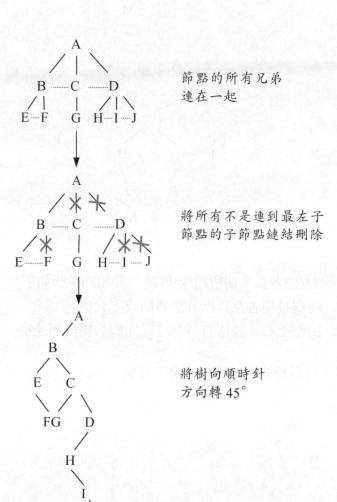

節點的所有兄弟
連在一起

將所有不是連到最左子
節點的子節點鏈結刪除

將樹向順時針
方向轉 45°

例 7-3.5 　將下面的一般樹轉換成二元樹。

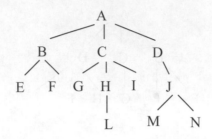

解：

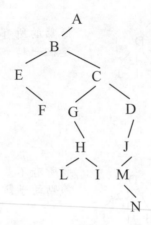

將樹林(由各互斥樹所組成)轉換二元樹的步驟如下：

1. 將樹林中各互斥樹分別轉換成二元樹。
2. 由左至右，將所有轉換成二元樹的樹根相連接。

例 7-3.6 　將下面兩棵樹林轉換成一棵二元樹。

(1) 　　　　　　　　　　　　(2)

解：

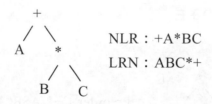

7-3-7　二元表示樹(Binary Expression Tree)

二元表示樹係將算術運算式用二元樹來表示，有下列二個特點：

1. 樹葉一定是運算元(Operands)。

2. 內部節點一定是運算子(Operator)。

例 7-3.7　A + B * C

NLR：+A*BC

LRN：ABC*+

例 7-3.8　(A + B) * (C + D * E)

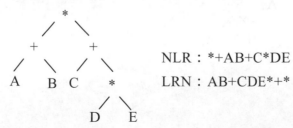

NLR：*+AB+C*DE

LRN：AB+CDE*+*

例 7-3.9　[a + (b-c)] * [(d-e) / (f + g - h)]

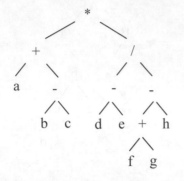

NLR：*+a-bc/-de-+fgh

LRN：abc-+de-fg+h-/*

將一般之算術式化為二元樹有二個規則：

1. 考慮運算符號的優先順序(precedence)與運算式的括號順序所結合而成(左運算元，運算子，右運算元)。

2. 由內層括弧開始，運算符號是樹根，左邊的運算元是 left child，右邊的運算元是 right child。

例 7-3.10　A / B $ C * D + E

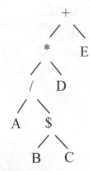

Preorder：+*/A$BCDE

Postorder：ABC$/D*E+

例 7-3.11 -(a - b $ c) * d / e$f + g

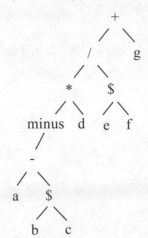

Preorder：+/*m-abcdefg
(m：minus)

Postorder：abc$-md*ef$/g+
(m：minus)

例 7-3.12 將以下的資料建成二元樹,再用中序追蹤法(Inorder Traversal)排列出來。

original data：5, 9, 2, 7, 8, 0, 4, 1, 3, 6

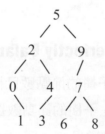

Inorder：0, 1, 2, 3, 4, 5, 6, 7, 8, 9

例 7-3.13 將以下的資料建成二元樹，再用中序追蹤法(Inorder Traversal)排列出來。

original data：14, 15, 4, 9, 7, 18, 3, 5, 16, 4, 20, 17, 9, 14, 5

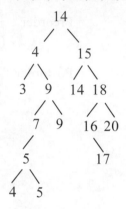

Inorder：3, 4, 4, 5, 5, 7, 9, 9, 14, 14, 15, 16, 17, 18, 20

7-4 相關二元樹

7-4-1 完全平衡樹(Perfectly Balanced Tree)

當右子樹的節點數目與左子樹的節點數目相差最多為 1。如圖 7-4.1 為一棵完全平衡樹，樹根 7 節點的左子樹的節點數目有 6 個，而右子樹節點數目有 7 個，再如節點 3 左子樹的節點數目有 2 個，而右子樹節點數目有 3 個，其餘各節點左子樹與右子樹的節點數目最多也相差 1。

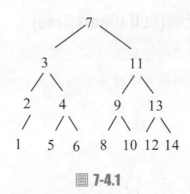

圖 7-4.1

完全平衡樹的建立，首先要知道節點數目的個數，假設節點數目有 n 個，左右子樹的個數分別是 nl 及 nr，則建立完全平衡樹的程序如下：

1. 若 n>0，則建立一個根節點。

2. 左子樹節點數目 nl = n DIV 2。

3. 右子樹節點數目 nr = n - nl - 1。

以上的演算程序是遞迴性，下圖為六種不同節點建立的完全平衡樹。

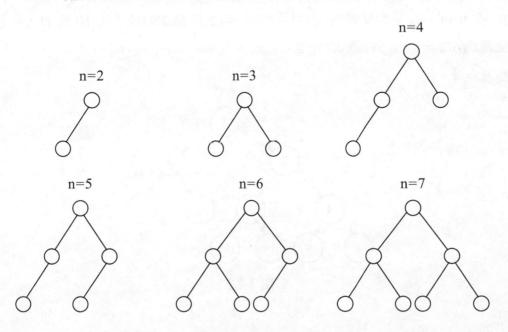

7-4-2 完滿二元樹(Full Binary Tree)

當一個二元樹含有最大的節點數目稱之為完滿二元樹。當 depth = k，則含有 2^k-1 個節點，稱此二元樹為其深度為 k 的完滿二元樹。例如下圖為 k=3 的完滿二元樹。

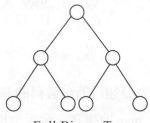

Full Binary Tree

7-4-3 完全二元樹(Complete Binary Tree)

二元樹中，除了最後一個階層外，其餘階層都有最大的節點數，且最後一層的節點，儘可能的出現在左邊。在完全二元樹中，任一節點 k 的左右孩子為 2k 及 2k+1，而 k 的父親為 $\lfloor k/2 \rfloor$。如圖 7-4.2 節點 5 的孩子為 10 與 11，而其父親為 5/2 = 2。n 個節點的完全二元樹，其高度 $D_n = \lfloor \log_2 n \rfloor + 1$，如 n=13，則高度為 4。

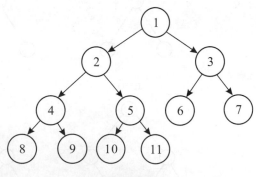

圖 7-4.2

7-4-4　引線二元樹(Threaded Binary Tree)

對於一個有 n 個節點的二元樹，共有 2n 個 Link 的欄位，但其中只有用到 n-1 個非空的連接欄位(Null)，也就是說，共有 2n-(n-1) = n+1 個欄位是沒有用到，引線二元樹即是要充分利用這些空的連接欄位。

引線二元樹圖中的引線，通常用虛線表示，以別於一般的指標，存於記憶體中，其節點的資料結構如下：

(Ltag, Llink, Data, Rlink, Rtag)

Ltag = 1，則 Llink 是正常指標。Rtag = 1，則 Rlink 是正常指標。

Ltag = 0，則 Llink 是引線。Rtag = 0，則 Rlink 是引線。

有很多方式可以決定引線二元樹的引線指標的指向，例如採用中序追蹤、前序追蹤或後序追蹤。但一般若無特別聲明，大部分討論的引線是採用中序追蹤法。將一般二元樹之空的連接欄位加入引線指標，並將 tag 設定為 0，以分別指到中序追蹤順序的前一個節點或下一個節點，方式如下：

1. 若引線連結是為節點的左連結，則此引線指標將指到前一個追蹤次序的節點。
2. 若引線連結是為節點的右連結，則此引線指標將指到下一個追蹤次序的節點。

引線二元樹具備如下的優缺點：

● 優點：

1. 二元樹進行中序追蹤時，不需使用堆疊處理。因此操作速度較一般二元樹的中序追蹤速度快且也較節省空間。
2. 任一節點皆能直接找出它的前一個或下一個中序追蹤順序的節點。

● 缺點：

　1. 節點的加入與刪除較不易且速度也較慢。

　2. 引線子樹不能共用。

例 7-3.14

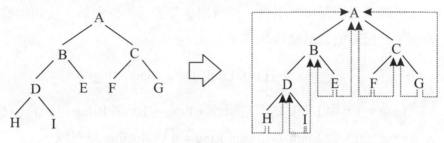

Inorder：HDIBEAFCG

例 7-3.15

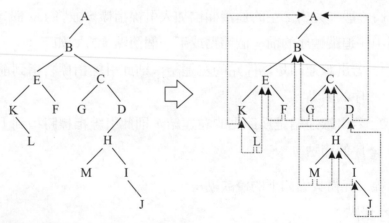

Inorder：KLEFBGCMHIJDA

7-4-5　擴充二元樹(Extended Binary Tree)

二元樹 T 的每一個節點都有 0 或 2 個孩子，其中 2 個孩子的節點叫做內部節點(Internal Node)，0 個孩子的節點叫做外部節點(External Node)，為了易於區分，通常用圓圈表示內部節點，用正方形格子表示外部節點。外部節點的總樹等於內部節點的總數加 1。如圖所示：

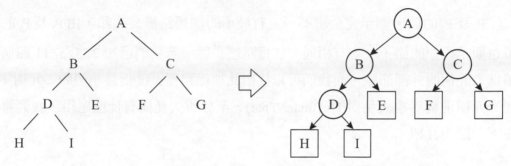

N_E：表示外節點的總數，N_I：表示內節點的總數

$N_E = N_I + 1$；$N_E = 5$；$N_I = 4$

演算法可視為二元樹(2-Trees)，其內節點表示測試而外節點則表示執行，因此演算法的執行時間便依路徑長度而定。

L_E（外路徑長度）：從 Root 到每一外節點的路徑長的和。

L_I（內路徑長度）：從 Root 到每一內節點的路徑長的和。

$L_E = 3+3+2+2+2 = 12$

$L_I = 2+1+0+1 = 4$

$L_E = L_I + 2N_I$

設每一個外節點指定一個（非負的）加權數(weight)，則外加權路徑長度 P 為各加權路徑長的和。

$$P = W_1 L_1 + W_2 L_2 + ... + W_n L_n = \sum_{i=1}^{n} W_i L_i$$

W_i，L_i 分別表示外節點 N_i 的加權及路徑長。

圖 7-4.3 是三棵二元樹(2-Tree)：T_1、T_2 和 T_3，其外節點的加權數皆為 2, 3, 5 及 11，三棵樹的加權路徑長度分別如下：

$$P_1 = 2 \cdot 2 + 3 \cdot 2 + 5 \cdot 2 + 11 \cdot 2 = 42$$

$$P_2 = 2 \cdot 1 + 3 \cdot 3 + 5 \cdot 3 + 11 \cdot 2 = 48$$

$$P_3 = 2 \cdot 3 + 3 \cdot 3 + 5 \cdot 2 + 11 \cdot 1 = 36$$

P_1 及 P_3 的值，顯示完全樹不一定有最小的加權路徑長的和，由 P_2 及 P_3 的值也顯示相似的樹不一定有相同的加權路徑長度。若我們已知 2, 3, 5, 11 四個值為二元樹的外部節點，則我們可以找出此加權路徑長度為最小值的二元樹，此二元樹便稱為霍夫曼樹(Huffman Tree)，至於霍夫曼樹有什麼應用，我們將在下一節中介紹。

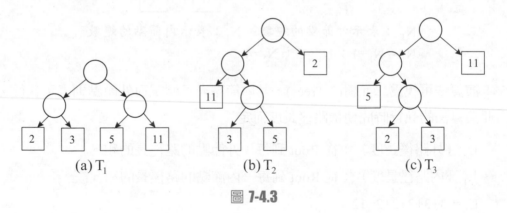

(a) T_1　　　　　　(b) T_2　　　　　　(c) T_3

圖 7-4.3

🌐 7-4-6　霍夫曼樹(Huffman Tree)

霍夫曼樹是二元搜尋樹的一種應用，經常被用來處理大量的符號編寫工作，它是根據整組資料中符號出現的頻率高低，來決定要給予該符號如何編碼。若符號出現頻率高，則該符號的碼越短，反之則符號之碼越長。因此，霍夫曼樹經常用來處理資料壓縮問題，是根據資料出現頻率多寡來建造的樹，霍夫曼樹的樹葉節點用以儲存資料元素(Data Element)，若該元素出現頻率高則從該元素至樹根所經過的節點個數愈少，反之則愈多。霍夫曼遞迴式定義的演算法是以加權數的個數及一個加權的解是只有一個節點的樹來進行的。但在實用方面，一般常用由下而上的疊代方式來建立霍夫曼演算法中的樹。

建立霍夫曼樹之後，從樹根開始標示霍夫曼，霍夫曼碼是由 0 和 1 所組成的，左子樹填入 0，右樹填入 1，因此欲知每一個資料元素之霍夫曼樹的方法為：

1. 對資料中出現過的每一元素各自產生一樹葉節點，並賦予樹葉節點該元素之出現頻率。

2. 令 L 是所有樹葉節點所成之集合。

3. 重複步驟 4.直到 |L|=1。

4. 產生一個新節點 N。
   令 N 為 L_1 和 L_2 的父親節點 L_1，L_2 和 L_2 是 L 中出現頻率最低的兩個節點。
   令 N 節點的出現頻率等於 L_1 和 L_2 的出現頻率總和。
   從 L 中刪除 L_1 和 L_2，並將 N 加入 L 中。

5. 標示樹中各個節點的左子樹鏈結為 0，右子樹鏈結為 1。

假設有一個純文字檔中只存有一個英文單字"engineer"，而"engineer"這個英文單字裡共有 e, n, g, i, r 五個資料元素，其中 e 出現三次，n 出現兩次，g、i 和 r 各出現一次。若我們以這五個資料元素為外部節點，其加權值即是此三個英文字母出現的次數，我們可以依上述的步驟找出其霍夫曼樹，如圖 7-4.4(a) 所示，而各元素之霍夫曼碼詳如下圖 7-4.4(b)所示。所以"engineer"就可以只用 101000000010111001 等 18 個位元來儲存。而一般的儲存方式皆使用 ASCII 碼來儲存，其每一個字母共 8 個位元，所以若沒有經過霍夫曼樹的重新編碼，則"engineer"這個單字則需用(8 個位元)*(8 個字母)=64 個位元來儲存，故兩者相較之後，可以算出其壓縮率為：

$$(1 - \frac{18}{8 \times 8}) \times 100\% = 71.8\%$$

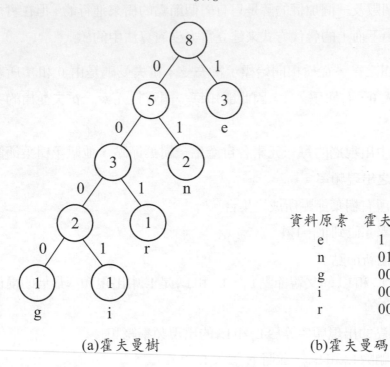

資料原素	霍夫曼碼
e	1
n	01
g	0000
i	0001
r	001

(a)霍夫曼樹　　　　　　　(b)霍夫曼碼

圖 7-4.4

假設有 8 個資料項 A, B, C, D, E, F, G, H，其所附的加權值如下：

資料項： A　B　C　D　E　F　G　H

加權數： 22　5　11　19　2　11　25　5

　　圖 7-4.5(a)到(h)是利用上面的資料及霍夫曼演算法來建立最小加權路徑長度的樹 T 之過程。

　　1. 在(a)圖中，每一資料項皆屬於其自己的子樹。將目前具有最小加權數的子樹著上灰底。

2. 在(b)圖中，加權數為 7 的子樹是由圖 7-4.5(a)中著灰底的那兩個連接成的，而加權數 7 為 B 和 E 兩加權數的和。將目前具有最小加權數的兩個子樹，著上灰底。

3. 將(b)圖的 5 與 7 合成 12，而形成了(c)的情況。繼續將將目前具有最小加權數的兩個子樹著上灰底。

4. 重覆著上面的步驟，在(d)~(g)圖中，每一個新形成的子樹都是由前一個步驟中具有最小加權數的兩個子樹連接而成。且將目前具有最小加權數的兩子樹，著上灰底。

5. 在(h)圖中當最後的兩個子樹互相連接後，便形成了我們所要的霍夫曼樹 T。

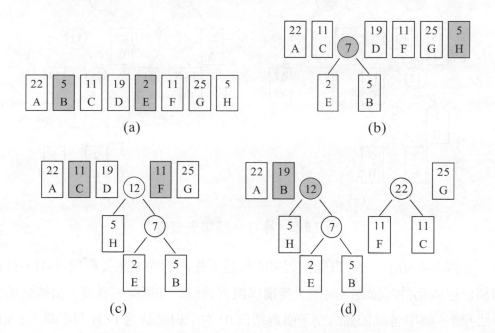

(a)　　　　　　　　(b)

(c)　　　　　　　　(d)

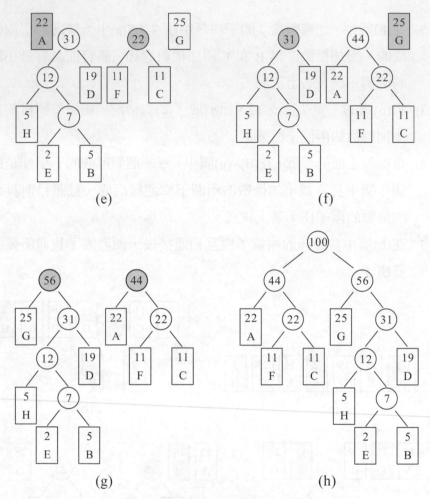

圖 7.4-5 建立一個霍夫曼樹

在圖 7-4.5(h)中，以方框框起來的就是原先我們的 8 個資料項 A~H，且它們都已經成為外部節點，此霍夫曼樹即擁有最短的加權路徑長度。根據之前的方法，標示樹中各個節點的左子樹鏈結為 0，右子樹鏈結為 1，我們將圖 7-4.5(h)畫得更清楚一點如圖 7-4.6 所示，並找出這 8 個資料項的編碼如下：

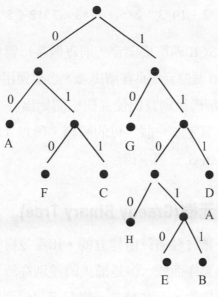

圖 7-4.6

A=左左=00

B=右右左右右=11011

C=左右右=011

D=右右右=111

E=右右左右左=11010

F=左右左=010

G=右左=10

H=右右左左=1100

　　字母出現的頻率越高（即加權數的值越大），所得到的碼越短，因為它們在建立霍夫曼樹的時候，越晚被選取，所以在樹中的階度會越小，因此在編碼時，就可以得到比較少的位元數，也就達到壓縮資料的目的。假設有一篇 100 字的文章，其內容是由 A~G 八個字母所構成，而 A~G 的加權數即為它們在文章中出現的頻率次數，則這篇文章以霍夫曼方式編碼，所需的位元數為：

$22*2 + 5*5 + 11*3 + 19*3 + 2*5 + 11*3 + 25*2 + 5*4 = 171$ 個位元

若不經編碼，以 ASCII 碼直接儲存，則每個字母需要 8 個位元，所以所需的位元數為：100*8=800 個位元。而在解碼後，必須使用到編碼時的霍夫曼樹。假設要將 1101101010 解碼，則我們便從樹根開始出發，遇到 1 往右，遇到 0 往左，直到碰到樹葉則算完成一個字母的解碼。所以 1101101010 就會被解成 11011-010-10，而得到 BFG 三個字母。

7-4-7 貪婪二元樹(Greedy Binary Tree)

貪婪二元樹是由一種貪婪演算所建立的，和霍曼樹相當類似，因為霍夫曼樹也適用此種演算法所製作而成。但是最大的差別在於，由霍夫曼演算法所建立出來的樹保證會是最佳的，而貪婪二元樹只可以保證"近似"最佳。

貪婪二元樹所建立出來的是一個二元搜尋樹，而霍夫曼樹不是。如下圖，有 a 和 b 陣列如下所示，此一陣列的大小為 a[0]<b[1]<a[1]<b[2]<a[2]......等等 (在陣列上或下方的值是它的比重，並不是其陣列之值)。這個序列看起來就向三聯元素一般，而且每個三聯元素可由三聯元素加總其比重而得到一個值。

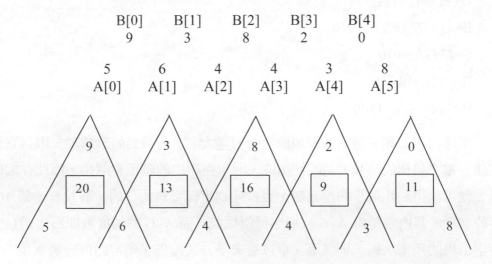

如圖，三聯元素的加總值如上，有 20,13,16,9,11，最小的是 9，將三角各頂的元素 4,3,2 結合成一子樹，並且將其陣列值以 9 代替之。如下：

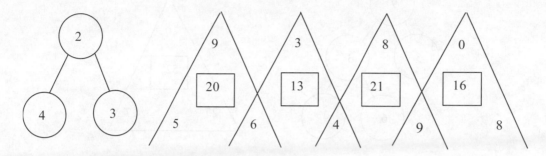

再從其他加總值中挑出最小，其值是 13，所以將其壓縮成一個角，以 13 代替之，並建立一個子樹如下圖左：

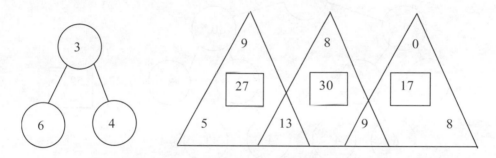

剩下 27,30,17 這三個值，最小的值是 17，繼續重複上述的步驟。但是要注意的是，9 這個值是由 4,3,2 建立而成，所以做成子樹時要合併以前的樹，如下所示，合併成一個 4,3,2,0,8 的樹。

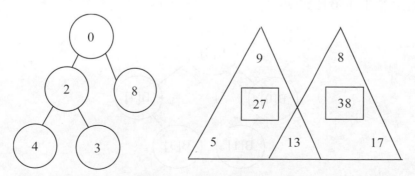

再把 27 挑出來,做成一個樹。

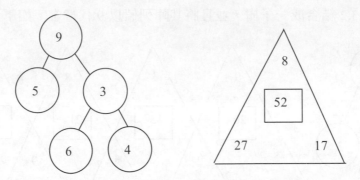

最後只剩下一個三聯元素,最後即完成了此陣列:

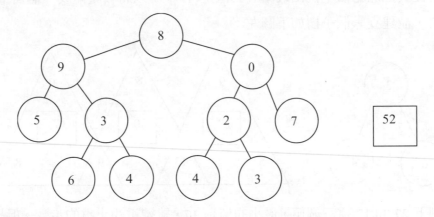

以重複選取的最小三聯元素而建立起來的貪婪二元樹如下圖。與霍夫曼演算法一樣,其加權路徑長度可以由紀錄一個累積總合而找出。在例中,貪婪演算法實際上產生了最佳樹。

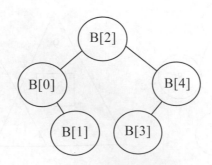

7-4-8　高度平衡二元樹(Height Balanced Binary Tree, AVL Tree)

　　二元搜尋樹的缺點是無法永遠保持在最佳狀態,當輸入之資料部份已排序的情況下極可能產生歪斜樹的情形,因而使樹的高度增加,導致搜尋之效率降低。以一棵具有 n 個節點的二元樹,高度最大為 n,最小為 $\log_2 n+1$,當二元樹接近完滿二元樹,則高度會愈小,其動態存取也較佳。西元 1962 年 Adelson - Velskii 與 Landis 提出高度平衡二元樹(Height Balanced Binary Tree)的觀念(又稱為 AVL 樹):一棵非空的 AVL 樹,其左子樹 Tl 與右子樹 Tr 亦為 AVL 樹。換句話說左右子樹的高度相差最多為 1,即:| Hl - Hr | ≦1,其中 Hl - Hr 代表 Tl 與 Tr 的高度。AVL 樹也是一棵二元搜尋樹,當資料要插入或刪除後都要檢查二元樹是否符合高度平衡二元樹,如非平衡狀態就須設法將之調整為平衡狀態。若能在建立過程中維持其高度平衡,則保證即使最差之狀況下存取的時間仍保持在 $O(n \log_2 n)$內完成。

　　為了說明一棵二元樹中各個節點所擁有之左、右兩子樹之高度差,於是有了所謂的平衡因子(Balance Factor, BF)之定義,其定義為:balfactor – Hl – Hr。即在一棵二元樹中,一個節點 T 的平衡因子之定義為 Hl - Hr,其中 Hl - Hr 代表 Tl 與 Tr 的高度。所以對 AVL 樹而言平衡因子只會有下列三種情形:

1. balfactor = 1　表示左子樹較右子樹高 1
2. balfactor = 0　表示左右子樹高度相同
3. balfactor = -1　表示右子樹較左子樹高 1

　　一棵 AVL 樹會因為加入新的節點 N 或是刪去原有的節點後,造成該二元樹不再屬於 AVL 樹,亦即是原本 BF 為±1 的節點,BF 會變為±2,所以必須再加以調整,使其二元樹再度成為 AVL 樹。而調整的方法可分成以下四種:

1. LL 型:新節點 N 插入到節點 A 的左兒子的左子樹。
2. RR 型:新節點 N 插入到節點 A 的右兒子的右子樹。

3. LR 型：新節點 N 插入到節點 A 的左兒子的右子樹。

4. RL 型：新節點 N 插入到節點 A 的右兒子的左子樹。

根據四種狀況我們將可以分別作以下的變化：

LL 型：

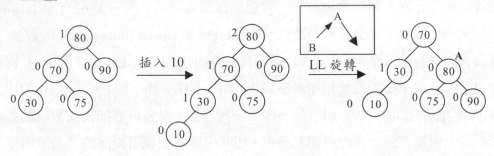

　　由於新節點的加入，造成節點 A，B 的平衡因子(以下簡稱爲 BF)皆加 1。調整方法爲作一次順時鐘旋轉，將 B 節點旋轉爲此樹的樹根，節點 A 變爲 B 的右兒子。此時樹就恢復原來的平衡了。

RR 型：

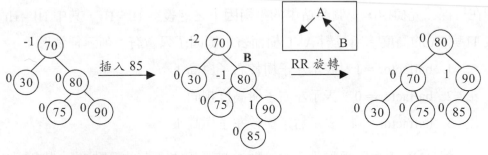

　　其實 RR 型相當於 LL 型的對稱。因爲 A，B 的 BF 皆減一而不平衡，因此採用逆時鐘旋轉，將較高的右邊旋至左邊，使 A 變爲 B 的左兒子。由於 B 的左子樹原本就介於 A，B 之間，因此移至 A 的右子樹，此樹就可完成平衡。

LR 型：

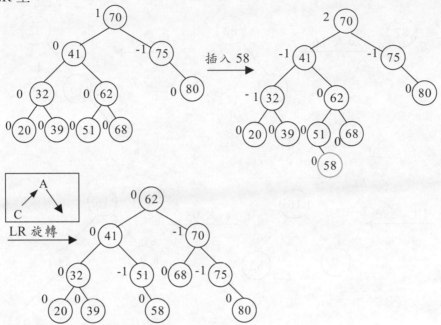

RL 型：

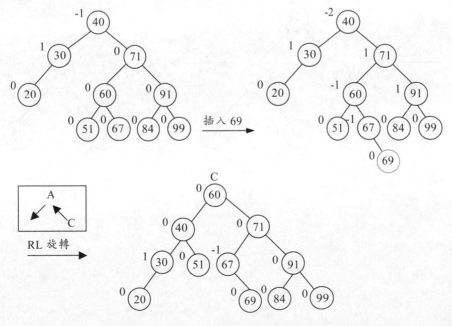

例 7-4.1　輸入資料：82　16　9　95　27　75　42　69　34

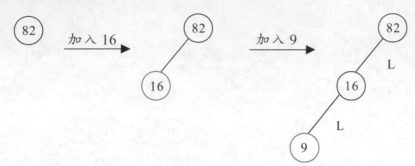

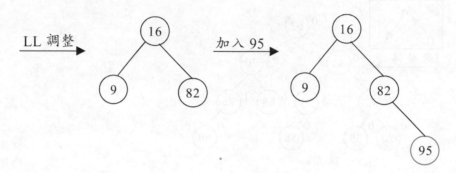

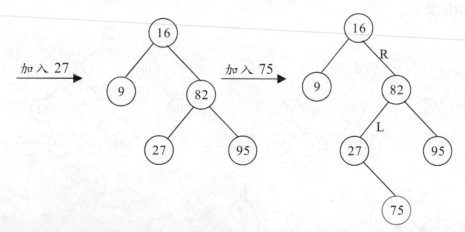

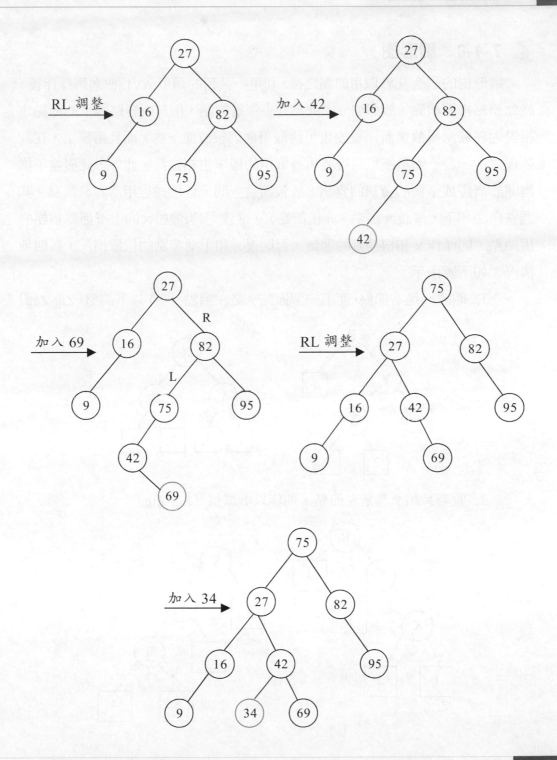

7-4-8 扇形樹

扇形樹的觀念在於取用節點之後,利用一系列的類似 AVL 樹迴轉操作後,將此節點推置根點。故假如原本節點在很深層的話,則其所經路徑上的節點也相對地在較深層故重新調整後也可使取用他們較方便一些。而且事實上,在許多程式中,若一節點被取用後要再被取用的機率也相當高。此外,此樹並不維護關於高度或平衡的資訊的資訊,故較節省空間,且程式也相當容易撰寫。其調整作法如下,假設 x 節點(非根節點),欲作迴轉:假如 x 的上層節點為樹的根節點,則僅作 x 和根節點的迴轉,否則視 x 和上層節點的位置情況,有四種情況。如下圖所示:

1. 假若 x 是右節點,而上一個節點 y 是左節點,則作以下調整(Zig-Zag)

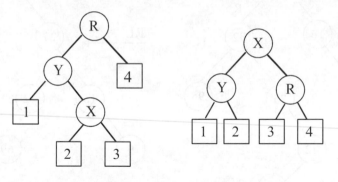

2. 假若 x 和 y 都是左節點,則作以下調整(Zig-Zig)

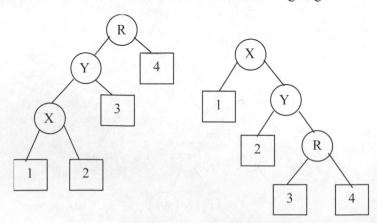

3. 假若 x 和 y 都是右節點，則作以下調整（Zag-Zag）

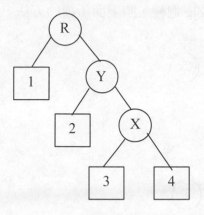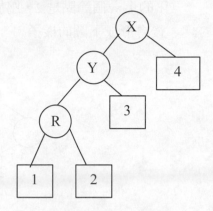

4. 假若 x 是左節點，而上一個節點 y 是右節點，則作以下調整（Zag-Zig）

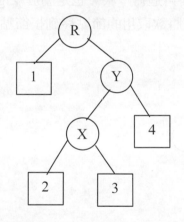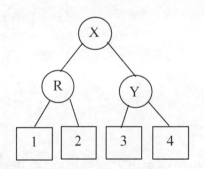

例 **7-4.2**　我們現在就來解說一個實際的範例，如下圖有一個傾斜樹。

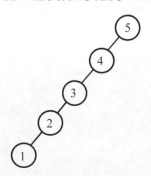

解： 假如說我們剛搜尋完 1 之後，現在要來作迴轉，將 1 搬到根節點上。
1 的上一個節點是 2，屬於 Zig-Zig 迴轉，照上面所講的方法，迴轉
後會形成下圖的樣子。

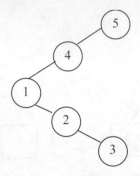

由於 1 還沒有到根節點，所以還要再迴轉一次，也是屬於 Zig-Zig
迴轉。迴轉後，不難發現到，不僅將欲取用的節點移到根節點上，
而且幾乎將取用節點上的路徑減少一半。

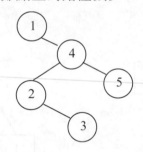

相信讀者也不難發現，扇形樹和 AVL 樹極相似，但是在程式撰寫沒有 AVL
那麼困難，因為它要考慮的情況很少，且不須維護平衡資訊。

7-5 二元樹的衍生

7-5-1 2-3 樹與 2-3-4 樹

2-3 樹是 AVL 樹的應用，它的加入及刪除節點之演算法比 AVL 樹來的簡單，而且其複雜度亦保持在 O(log$_2$n)。在 2-3 樹中，每一個節點的分支度可以是 2 或 3 兩種情況。分支度為 2 的節點稱為 2-節點，分支度為 3 的節點稱為 3-節點。2-3 樹也可以是棵空的樹，滿足下面的特性：

1. 樹之內部節點可能是 2-節點或 3-節點。2-節點內可以儲存一筆資料，3-節點內可以儲存兩筆資料。

2. 令 LeftChild 和 RightChild 代表 2-節點的子節點。令 dataL 為 2-節點中的元素，且令 dataL.key 為其鍵值。以 LeftChild 為根的 2-3 樹子樹中所有元素的鍵值小於 dataL.key，而以 RightChild 為根的 2-3 子樹所有元素的鍵值大於 dataL.key。

3. 令 LeftChild、MidChild 和 RightChild 代表 3-節點的子節點。令 dataL 和 dataR 為 3-節點中的兩元素。則 dataL.key < dataR.key；以 LeftChild 為根的 2-3 子樹中的所有鍵值小於 dataL.key；以 Midchild 為根的子樹中的所有鍵值小於 dataR.key 且大於 dataL.key；以 RightChild 為根的 2-3-4 子樹中的所有鍵值大於 dataR.key。

4. 所有外部節點皆在同一階層。

2-3 樹宣告演算法：

```
1    typedef int KEYTYPE;
2    struct Node23
3    {
4     KEYTYPE dataL, dataR;
5     struct Node23 *LeftChild,*MidChild,*RightChild;
6    };
```

　　2-3-4 樹是 2-3 樹的一種擴充，它允許有 4-節點。2-3-4 樹是一種搜尋樹，不是空的便是滿足下列特性：

1. 每個內部節點皆為 2-，3-或 4-節點。2-節點有一個元素，3-節點有兩個元素，4-節點有三個元素。

2. 令 LeftChild 和 MidChild 代表 2-節點的子節點。令 dataL 為此點中的元素，且令 dataL.key 為其鍵值。以 LeftChild 為根的 2-3-4 子樹中所有元素的鍵值小於 dataL.key，而以 LeftMiChild 為根的 2-3-4 子樹所有元素的鍵值大於 dataL.key。

3. 令 LeftChild、LeftMidChild 和 RightMidChild 代表 3-節點的子節點。令 dataL 和 dataM 為此點兩元素。則 dataL.key < dataM.key；以 LeftChild 為根的 2-3-4 子樹中的所有鍵值小於 dataL.key；以 LeftMidchild 為根的子樹中的所有鍵值小於 dataM.key 且大於 dataL.key；以 RightMidChild 為根的 2-3-4 子樹中的所有鍵值大於 dataM.key。

4. 令 LeftChild、LeftMidChild、RightMidChild 和 RighgChild 代表 4-節點的子節點。令 dataL、dataM 和 dataR 為此點四元素。

5. dataL.key < dataM.key < dataR.key；以 LeftChild 為根的 2-3-4 子樹中的所有鍵值小於 dataL.key；以 LeftMidchild 為根的子樹中的所有鍵值小於 dataM.key 且大於 dataL.key；以 RightMidChild 為根的 2-3-4 子樹中的所有鍵值大於 dataM.key；以 RightChild 為根的 2-3-4 子樹中的所有鍵值大於 dataR.key。

6. 所有外部節點皆在同一階層。

2-3-4 樹宣告演算法：

```
1   typedef int KEYTYPE;
2   struct Node234
3   {
4    KEYTYPE dataL,dataM,dataR;
5    struct Node234 *LeftChild,*LeftMidChild,
6    *RightMidChild, *RightChild;
7   };
```

我們將 2-3 樹與 2-3-4 樹中的三種節點表示法整理如下：

- 2-節點：即此節點含有一個鍵值；兩個連節點分別指向比鍵值大與比鍵值小的記錄。

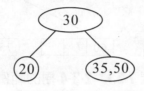

- 3-節點：此節點含有兩個鍵值；三個連結分別指向比兩鍵值小，介於兩鍵值之間及比兩鍵值都大的記錄。

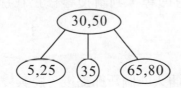

- 4-節點：即此節點含有三個鍵值；四個連節點分別指向三鍵值所定義的三個記錄。

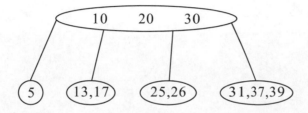

假設沒有元素的鍵值爲 MAXKEY，則採用 2-節點的 dataR.key = MAXKEY 的習慣，即單一元素放在 dataL，而 LeftChild 和 LeftMidChild 指向其兩個子節點。3-節點的 dataR.key=MAXKEY，而 LeftChild、LeftMidChild 和 RightMidChild 欄位指向其三個子節點。圖 7-5.1 爲一個使用這種習慣用法且節點型態爲 Node234 宣告的範例。

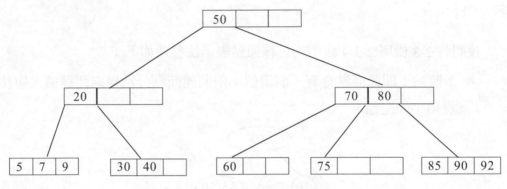

圖 7-5.1 **2-3-4** 樹的範例

如何將新節點插入 2-3-4 樹中：

1. 先做一次失敗的搜尋，判斷搜尋終止在那一類節點上，再插入新節點。

2. 若搜尋終止在：

(1) 2-節點，則插入一個新節點後，將其變成 3-節點。

(2) 3-節點，則直接插入使其形成 4-節點。

(3) 4-節點，首先將 4-節點分成兩個 2-節點，並將其中一鍵值往樹根傳遞。

例 7-5.1 試將下列英文字母依序建成一棵 2-3-4 樹。

A S E A R C H I N G E X A M P L G

（註：英文字母的順序代表資料大小，如 A 會 B 比小，因為 B 是
第二）

解： (1) 加入 A　　　　　　　(2) 加入 S

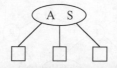

(3) 加入 E　　　　　　　(4) 加入 A

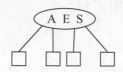
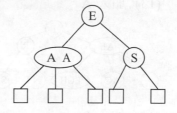

(5) 加入 R　　　　　　　(6) 加入 C

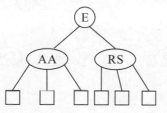
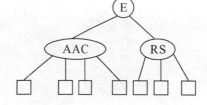

(7) 加入 H　　　　　　　(8) 加入 I

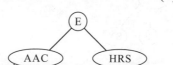
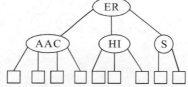

(9) 加入 N

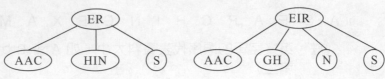

(10) 加入 G

(11) 加入 E

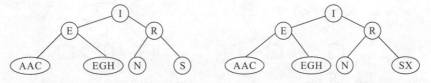

(12) 加入 X

(13) 加入 A

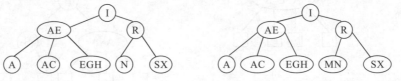

(14) 加入 M

(15) 加入 P

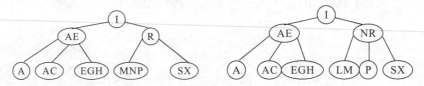

(16) 加入 L

(17) 加入 G

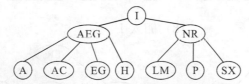

2-3-4 樹的效率：

(1) 2-3-4 樹為平衡樹的一種。

(2) 含有 n 個節點之 2-3-4 樹其搜尋時間為 O(log n+1)。因為 2-3-4 樹之根節點至每一外部節點之距離皆相同。

(3) 將新節點插入一個有個節點之 2-3-4 樹中，節點所需分割之次數，在最差之狀況不會超過 log n+1 次。

2-3-4 樹有下列特性：

(1) 2-3-4 樹亦是一平衡樹的一種。

(2) 含有 n 個節點的 2-3-4 樹，其搜尋所需時間為 O(log n+1)。因為由 2-3-4 樹的根節點至每個外部節點之距離都相同，所以 2-3-4 樹執行轉換對任何節點與根節點之距離不會改變，只有分割根節點時，所有內部距離均增加一。

(3) 將新節點插入一個含有 n 個節點之 2-3-4 樹中，節點需要分割的次數，在最壞情況下不會超過 log n+1 次。

如果一個高度為 h 的 2-3-4 樹只有 2-節點，則他含有 2^h-1 個元素。如果他只包含 4-節點，則元素個數為 4^h-1。一個高度為 h 且包含 2-，3-和 4-節點的 2-3-4 樹，元素個數介於 2^h-1 及 4^h-1 之間。換句話說，有 n 個元素的 2-3-4 樹之高度介於 $\log_4(n+1)$ 和 $\log_2(n+1)$ 之間。

2-3-4 樹比 2-3 樹好的地方是可以從根到葉節點走訪一次就能執行插入或刪除的動作，並不需要從根到葉節點走訪一次，然後再從葉節點到根走訪一次。但是相對的，2-3-4 樹演算法比較複雜。更值得注意的是，我們可以用二元樹有效地表示 2-3-4 樹（稱為紅-黑樹）。這使得紅-黑樹比節點型態為 Node23 的 2-3 樹和節點型態為 Node234 的 2-3-4 樹更能有效的利用空間。

7-5-2 紅-黑樹(Red-Black Tree)

紅-黑樹是 2-3-4 樹的一種二元樹表示法,在紅-黑樹中一個節點的指標有兩種形式:紅和黑。如果子節點存在於原 2-3-4 樹中,則為黑色指標;否則為紅色指標。

紅黑樹類別宣告演算法:

```
1   enum Color {red , black}
2   typedef int KEYTYPE;
3   struct RedBlackNode
4   {
5    KEYTYPE data;
6    RedBlackNode *LeftChild, *RightChild;
7    Color LeftColor,RightColor;
8   };
```

也可以使用另一種資料結構,其中每個點只有一種顏色的欄位,此欄位的值為其父節點對其指標之顏色。因此紅色節點有其父節點的紅色指標,而黑色節點有其父節點的黑色指標。前一種資料結構較適合由上而下的插入和刪除;後一種較適合由下而上的重整走訪之演算法。畫紅-黑樹時,我們可以用實線表示黑色指標,用虛線表示紅色指標。用一個型態為 Node234 節點所表示的2-3-4 樹將以下列方式轉換成紅-黑樹。

1. 以一個 RedBlackNode q 表示一個 2-節點 p,其中兩個顏色欄位皆為黑色,data=dataL;q→LeftChild= p→LeftChilde,q→RightChild = p→dataR。

2. 以兩個用紅色指標連接的 RedBlackNodes 來表示一個節點。有兩種方法可以完成它,如圖 7-5.2 所示。

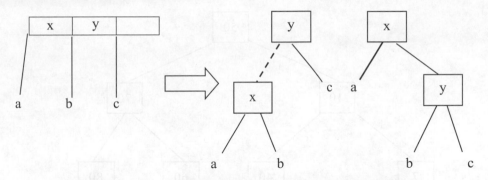

圖 7-5.2 把一個 **3-**節點轉換成兩個 **RedBlackNodes**

3. 一個 4-節點以 RedBlackNode 表示，其中一個用紅色指標和另外兩個
連接起來，如圖 7-5.3 所示。

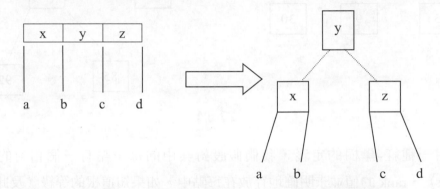

圖 7-5.3 把一個 **4-**節點轉換成三個 **RedBlackNodes**

　　將上圖的 2-3-4 樹之紅黑樹表示在圖 7-5.4。此圖並未將外部節點和顏色欄
位畫出，但從圖中我們可以看出紅黑樹滿足下列特性：

1. 此棵樹是屬於一個二元搜尋樹。

2. 每條從根到外部節點的路徑有相同數目的黑色指標（根據原本
2-3-4 樹的所有外部節點都有相同一階層上，且黑色指標代表原本
的指標）。

3. 一條從根到外部節點的路徑無兩個以上連續的紅色指標。

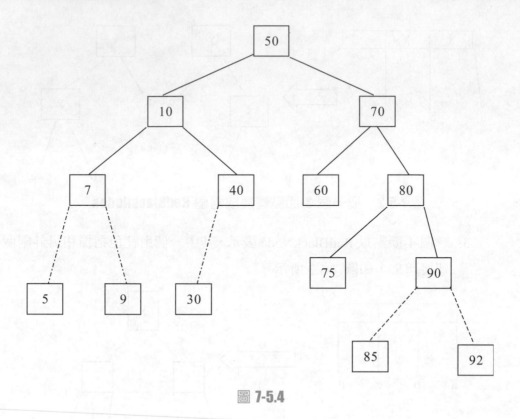

圖 7-5.4

　　另一種紅-黑樹的定義，我們假設對其中的每一點有一個相對的等級（rank），rank 的值並未明確地存放在每點中。如果知道根的等級（及此樹的等級），我們可以藉由走訪二元樹和利用各節點指標的顏色資訊，算出其他各點的等級，一個二元樹是紅-黑樹，若且唯若它滿足下列條件：

1. 它是一個二元搜尋樹。
2. 每個外部節點的等級為 0。
3. 若一內部節點其子節點是外部節點，則此內部節點的等級為 1。
4. 對每個有一個外部節點的父節點 p(x)的點 x，rank(x)<=rank(p(x))<= rank(x)+1。
5. 對每個有一個祖父節點的 qp[x]的點 x，rank(x)<=rank(qp(x))。

從上面敘述來看，我們可以得知 2-3-4 樹 T 中每個點以對應的紅黑樹中節點的集合來表示。在此集合中的所有點之等級改變時，對應的 2-3-4 樹階層就會改變。黑色指標是有某一等級的節點指向等級少 1 的節點；而紅色指標連接兩個等級相同的節點。公設是由 2-3-4 所得的結果：

公設：每個有個(內部)節點的紅-黑樹滿足下列各式：

1. $height(RB) \leftarrow 2 \log_2(n+1)$
2. $height(RB) \leftarrow 2\,rank(RB)$
3. $rank(RB) \leftarrow \log(n+1)$

紅黑樹之效率：由根節點至外部節點間的連結，不會出現紅黑連結相緊臨的現象，而且所有路徑上其黑連結數目皆相等所有路徑長度仍與 log n 成正比。黑樹之搜尋演算法可直接套用二元搜尋樹之演算法在一含有 n 個任意鍵值節點之紅黑樹上做搜尋其平均須要比較 log n 次。

🌑 7-5-2　最小-最大堆集樹(Min-Max Heap Tree)

最小-最大堆集樹如果不是空的則是一個完整的二元樹。此樹的交互階層（Alternating levels）分別為最小及最大階層，其中樹根位於最小階層上。若 X 是最小-最大堆集樹中的任一節點，如果 X 位於最小（最大）階層上，那麼在以 X 為樹根的樹中，X 具有最小（最大）的鍵值。

下圖 7-5.5 顯示一個含有 12 個元素的最小（最大）堆集樹，其中每個節點的值即是該點元素的鍵值。

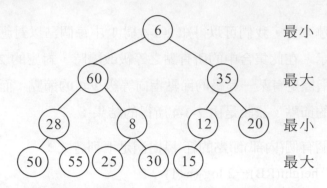

圖 **7-5.5** 含有 **12** 個元素的最小-最大堆集樹

1. 插入一節點 4 於圖 7-5.5 中

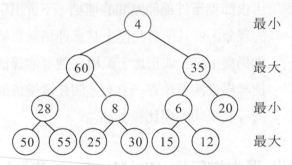

圖 **7-5.6** 插入一節點 **4** 的最小-最大堆集樹

2. 插入一節點 70 於圖 7-5.5 中

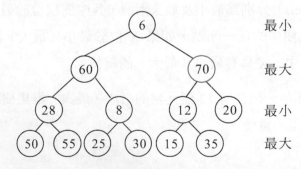

圖 **7-5.7** 插入一節點 **70** 的最小-最大堆集樹

3. 刪除最小節點 6 於圖 7-5.7 中

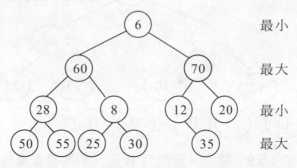

圖 **7-5.8**　刪除節點 **6** 後的最小-最大堆集樹

7-5-4　雙堆集樹(Deap)

雙堆集樹是為一完整二元樹，它可能是空的或滿足以下的特性：

1. 樹根不包含任何元素。
2. 左子樹為一最小堆集樹。
3. 右子樹為一最大堆集樹。
4. 如果右子樹非空子樹，那麼令 I 為左子樹中的任一節點，J 為右子樹中的相對節點，若此 J 並不存在，則 I 為右子樹中相對於 I 父親的節點，並且 I 節點中的鍵值必須小於等於 J 節點中的鍵值。

圖 7-5.9 顯示一個含有 11 個元素的雙堆集樹，由圖中我們得知最小堆集的根包含鍵值 7，而最大堆集的相對節點包含鍵值 42。鍵值 12 的最小堆集節點相對於鍵值 23 的最大堆集節點，而鍵值 13 的最小堆集節點相對於鍵值 16 的最大堆集節點。對於包含鍵值 15 的節點，定義於堆集定義的特性中的節點 J 為包含鍵值 16 的最大堆集節點。

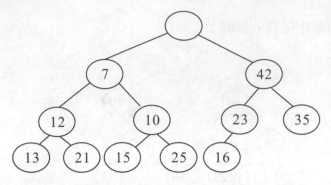

圖 **7-5.9** 顯示一個含有 **11** 個元素的雙堆集樹

1. 插入節點 4 於圖 7-5.9 中,插入處理

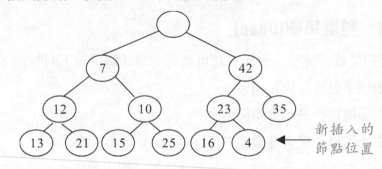

新插入的
節點位置

圖 **7-5.10** 插入節點 **4** 後的雙堆集樹

2. 插入節點 30 於圖 7-5.9 中

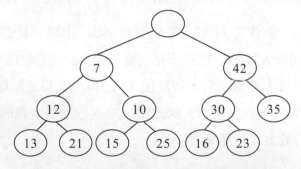

圖 **7-5.11** 插入節點 **30** 後的雙堆集樹

3. 刪除節點 7 於圖 7-5.9 中

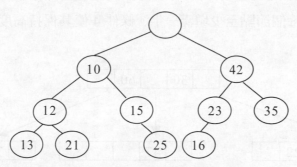

圖 7-5.12　刪除節點 **7** 後的雙堆集樹

7-5-5　B 樹(B Tree)

　　B 樹是由 Bayer 和 McCreight 於 1972 年共同發表，適用於外部記憶體上的搜尋。AVL 樹是由二元樹改良而來，而 2-3 樹是由二元樹擴充而來。在這裡我們可以說 B 樹是由 m 元樹改良而成，也可以視為 2-3 樹的擴充。

　　m 元樹又稱為多路樹，因為每個 m 元樹的各個節點皆可包含 m（$m \geqq 2$）個子節點。為了滿足搜尋的需要，一棵多路樹若具有搜尋的功能，我們稱此樹為多路搜尋樹。一棵 m 路搜尋樹若不是空樹就必須具有下列條件，我們稱此 m 元搜尋樹(m-way rearch tree)為具有 m 階的 B 樹：

1. 每個節點至多有 m 個子樹。

2. 樹根節點至少有 2 個節點，除非它是樹葉節點。

3. 除了樹根或樹葉外，其餘內部節點至少有 $\left\lceil \dfrac{m}{2} \right\rceil$ 個子樹。

4. 所有樹葉皆在同一階，亦從樹根到任一樹葉所經過的路徑長度均相同。

　　條件 1 代表 m 元的意義。條件 2 使節點提早產生分支不至於一開始就偏向一邊。條件 3 使每個節點至少填滿一半。條件 4 使其保持高度上的平衡。下圖即為一個 B 樹：

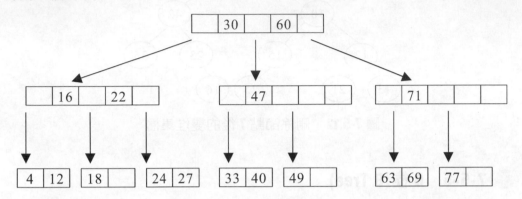

　　B 樹是樹的一種特殊型態，它對儲存及擷取資訊上很大的用途。如同二元搜尋樹一般，尋找儲存在 B 樹中的一個元素只需要搜尋根節點與一個葉節點之間的一條簡單路徑。又它如同 AVL 樹一般，插入及刪除演算法則保證根節間及一葉節點間的最長路為 O(logn)。然而，插入與刪除演算法則和 AVL 樹所用的完全不同。

　　結構上它不像二元樹，它的每個節點可以包含許多元素並可以有許多子女。因為這樣，也因為它有很好的平衡（和 AVL 樹一樣），B 樹亦提供存取非常大的元素集體時，可能達成的最短路徑。

B-Tree 的插入

　　B 樹的插入首先找出關鍵項中插入的葉，第二步，若所找到的葉並不完全的，就 insleaf 將關鍵項加進去。若所找到的葉完全時，則將完全葉拆成兩部份：一左葉和一右葉。為了簡化起見，假設 n 為奇數，則 n 個關鍵項乃是由完全葉中 n-1 個關鍵項和要插入的新關鍵項所構成且可分成三組：最低的 n/2 個關鍵項置於左葉，最高的 n/2 關鍵項置於右葉，而中間關鍵項（由於 n 為奇數，則

2*(n/2)等於 n-1，因此必然有中間關鍵項）若可能安置在父節點，亦即是若父節點爲不完全的）。插入父節點之鍵項兩邊的指標則分別設定爲指向新建立的左葉和右葉。若 n 爲偶數，則除了中間關鍵項之外的 n-1 個關鍵項就必須分成大小不等的兩組：一組大小爲 n/2 而另一組大小爲(n-1)/2（不論是奇數或偶數，第三組的大小都爲(n-1)/2 這是由於當 n 爲奇數時，(n-1)/2 等於 n/2)劃分的方式可令較大的一組在左葉或右葉，或者可採輪流的方法，這一次劃分時若右葉含較多關鍵項，則下一次劃分時左葉就含有較多的關鍵項。在實際應用時，採用哪一種技巧差異並不大。究竟要在左葉或右葉安置較多的關鍵項的一個判別方法是檢查這兩種可能作法下的關鍵項範圍。

　　B 樹還有一須注意特性是：較老的關鍵項（先插入者）由於上移的機會較大，常比年輕的關鍵項（後插入者），較接近樹根。

B-Tree 的刪除

　　若要刪除的關鍵項具空的左右子樹，則將該關鍵項刪除並把節點合併，假如是該節點中唯一的關鍵項，將節點釋放。

　　若要刪除之關鍵項的左右子樹不是空的，即先找出其後繼關鍵項（此關鍵項必有空的左子樹）；以其後繼關鍵項取代其位置，並把含此後繼關鍵項的節點合併。假若此後繼者爲該節點的唯一關鍵項，即把該節點釋放。

例 7-5.2 將下列鍵值依序插入一株空的 5 階 B 樹中：

　　1,7, 6, 2, 11, 4, 8, 13, 10, 5, 26, 9, 20, 55, 3, 12, 14, 31, 48, 15

解：(a) 1, 7, 6, 2：

1,2,6,7

(b) 11：

```
            ┌─────┐
            │  6  │
            └──┬──┘
          ┌────┴────┐
      ┌───────┐ ┌───────┐
      │  1,2  │ │  7,11 │
      └───────┘ └───────┘
```

(c) 4, 8, 13：

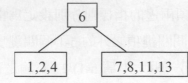

(d) 10

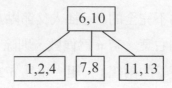

(e) 5, 26, 9, 20：

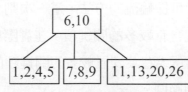

(f) 55：

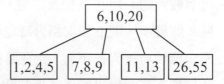

(g) 3, 12, 14, 31, 48：

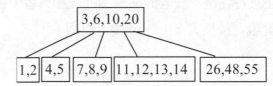

(h) 15

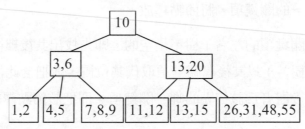

例 7-5.3 B 樹的刪除：以上題為例。

解：若刪除 "7"，則為：

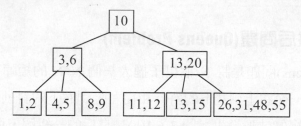

再刪除 "3"，則為：

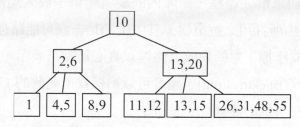

再刪除 "20"，則為：

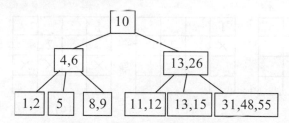

再刪除 "10"，則為：

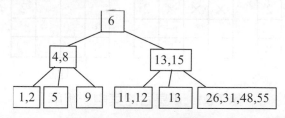

B 樹的缺點：它不好對樹內所有鍵值執行『循序式』的追蹤或拜訪。

B 樹的優點：擁有快速隨意存取的特性。

7-6 樹的應用

7-6-1 皇后問題(Queens Problem)

皇后(N-Queens)問題是將 N 個棋子擺入一個 N*N 的矩陣,並且規定每一行、每一列、每一從右上到左下的斜行和從左上到右下的斜列,均只放置一個棋子,不能有重複的情形發生。圖 7-6.1(h)是皇后的一組解,而(a)到(h)是從失敗發生到重新倒回求解之過程,矩陣內的編號是棋子放入矩陣之順序。而圖 7-6.2 是求解過程中所採用之遊戲樹,其中(i, j)是一條可能路徑,i 和 j 分別是陣列的橫座標和縱座標,對於失敗之路徑以實心節點來表示,表示此路不通,必須倒回其他路徑(Backtracking)。讀者可以繼續找出剩餘的 i = 3 和 i = 4 兩部分,即可找出所有可能的解。

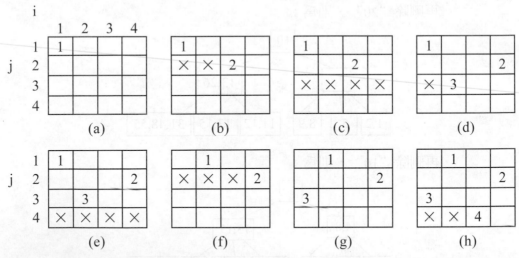

圖 7-6.1 4-皇后的其中一組解

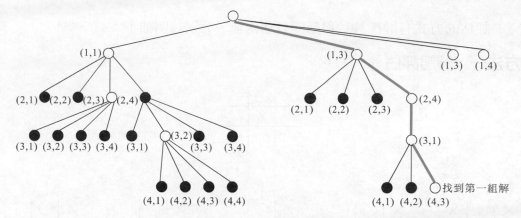

圖 **7-6.2**　**4-皇后的遊戲樹**

7-6-2　遊戲樹(Game Tree)

　　井字遊戲是以樹狀結構來決定井字遊戲中最佳的下一步。假設有一函數可由目前盤面狀況及遊戲者評估這一位置有多好，而贏的位置應產生最大可能值，輸的位置則應產生最小可能值。其評估值函數計算是以一方尚能發展的列數，行數和對角線數總和，減少對手尚能發展的總和，此函數只能就目前棋盤上做靜態評估。

　　評估函數的計算：

	×	○	×			×	○	×
× :	×1	×	×1		○ :			×
	×1		○			○1	○1	○

　　○×：為目前盤面棋局
　　○1 ×1：為未來可能發展局勢

由上圖可知：×能連成一線的總和=3，○能連成一線的總和=1

所以評估函數＝×－○＝3-1 = 2

評估的方式有靜態評估與動態評估兩種，分別說明如下：

方法一：靜態評估

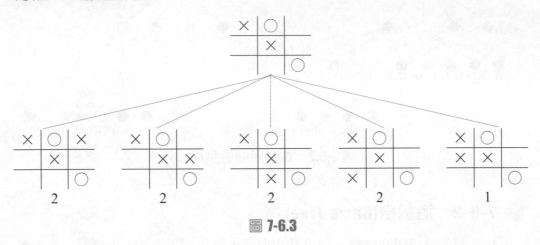

圖 7-6.3

圖 7-6.3 是針對×所畫出的樹狀圖。我們已知目前的局勢如上圖，且該×下，於是我們便把×手所能下的各種情況，分別求出其評估函數。我們發現第一個到第四個皆有最高的評估值，且其中以第四棋局是×為勝局。實際上，評估值最小的棋步並不一定比評估值大的棋步差，可能更好。因此，上述靜態評估函數實不足以預測遊戲的勝負。因為靜態評估的缺點，所以發展出一種能考慮未來棋步的稱為"預估層數"，如此由任一步棋開始可建構一未來棋局可能演變的樹稱為"遊戲樹"。

方法二：動態評估

我們以 plus(+)代表先下的人，minus(-)代表對手，當我們把子棋局的評估函數都評估出來，則 plus 顯然應選擇其中評估值最大的那個棋步，因此對 plus 而言 plus 節點的值應是其子代節點值中的最大值，另一方面，plus 下了之後，minus 應選取 plus 中評估值最小的棋步，在給定的棋局中，某方決定其最佳棋步的方式為先建立遊戲樹，再用靜態評估函數計算葉的值；然後再用極小值(minus 節點)和極大值(plus 節點)函數將這些值上移。

　　在圖 7-6.4 中，×是先手，○是後手，即×是 puls，○是 minus，所以圖中中間層的子樹，將是×要走的步，故其選擇的最佳步為評估函數的最大值，再往下看，最下面的那層子樹，將是○要走的步，故其選擇的最佳步為評估函數的最小值。因此從圖中來看，中間那個評估值最大者為×的最佳步。(事實上，棋局不止這些評估函數，由於對稱的緣故，所以只列其中一項並未全列上)

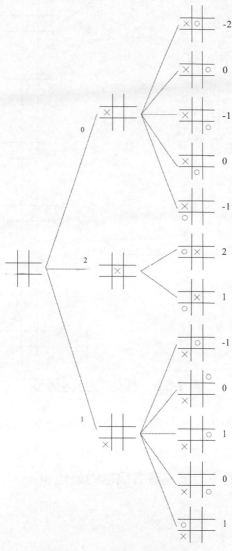

圖 **7-6.4** 評估×的最佳步

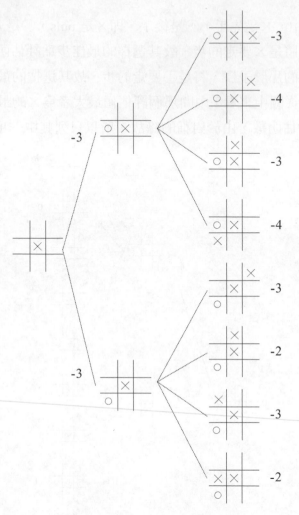

圖 **7-6.5**　評估○的回應步

　　在圖 7-6.5 中，此樹是以○為主，故其評估函數的計算是以○所能連成一線的數量來計算，即評估函數為○－×之值，其評估最佳步的方法與前者相同，評估的結果，我們得出最左邊者為○的最佳步。

7-6-3　決策樹(Decision Tree)

　　假設有八枚硬幣分別編號為 a, b, c, d, e, f, g, h，在這八枚硬幣中，其中有一枚是偽幣，其重量亦不同於其它的七枚硬幣，而我們不知道偽幣是比較輕或比較重。現在我們希望能利用一具等臂天平來找出該枚偽幣，同時我們也能準確地測出該偽幣比其它的硬幣重或是輕而且比較的次數愈少愈好，而且。圖7-6.6 是八枚硬幣找出其中一枚偽幣的決策樹，可表示一連串的決策，由此我們可找到問題的答案，故稱之為"決策樹"。

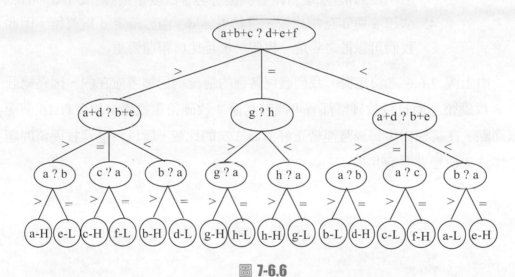

圖 7-6.6

圖形說明：

1. 圖中 a, b, c, d, e, f, g, h 表示八枚硬幣的編號。

2. 圖中最後一層葉子中(a-H)即表示 a 硬幣較真硬幣為重，(c-L)即表 c 硬幣較真硬幣輕。

3. 圖中(a+b+c？d+e+f)即表示兩堆比重量，若左邊重則往左邊發展反之則往右邊發展。

例 7-6.1 假設這八枚硬幣中偽幣是 e，且較真幣為重，下面我們就用決策樹的方法將其找出。

解： 1. 將八枚硬取其中六枚(a,b,c,d,e,f)分成二堆放於天平上秤。

2. 因為 a+b+c < d+e+f，則表示 g,h 為真幣非我們要找者，而偽幣必在前六枚中。

3. 我們拿掉 c,f 並將 b,d 掉換。經過比較可得結果 a+d < b+e，因此知道 c，f 為真幣，且 b，d 也並不是偽幣，因為若 b，d 其中之一為偽幣，那麼當兩者調換勢必會改變重量，造成 a+d > b+e。

4. 拿起 a 與 d 互相比較，得結果 a=d。由於確定 d 為真幣，因此我們可以得之 e 是一枚假幣，且比真幣還要重。

由上圖 7-6.6 之決策樹，我們發現各種的情況均已被考慮在內，因為總計有 8 枚硬幣，而且每枚硬幣都有可能較其他 7 枚硬幣重或輕，故會有 16 個端末節點。在這棵樹中每條路徑皆正好需做 3 次的比較，所以將這八枚硬幣問題看作決策樹是非常有用的。

習 題

1. 和 是否為等價的樹？是否為等價的二元樹？

2. (1) 以下列表中，第一項讀入資料 LIN 為根(root)，試繪出下表所列資料的二元樹(Binary Tree)。
   (2) 如果你所用之語言並沒有特殊表示樹的方式，應如何將下表資料依二元樹的方式加以儲存？
   (3) 用二元樹方式儲存資料有何優點與缺點？

輸入順序	姓氏	成績
1	LIN	81
2	LEE	70
3	WANG	58
4	CHEN	75
5	FAN	63
6	LI	90
7	YU	95
8	PAN	85

3. 若 d 為一含有 n 個節點的二元樹之深度，試問 d 的上限及下限為何？

4. 畫出下列二元樹之內部記憶體表示法：
   (a) 以陣列表示。
   (b) 以串列表示。

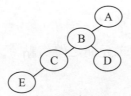

5. (a) 說明樹的特點。

   (b) 利用歸納法證明具有 n 個節點的 tree 其 edge 數為 n-1。

6. 一棵有 n 個節點的二元樹的平均深度、最小高度及最大高度為何？分別證明之。

7. (a) 寫出下圖之前序追蹤順序。

   (b) 若 t1=*，t2=+，t3=5，t4=3，t5=/，t6=8，t7=2，寫出此二元樹的表示式。

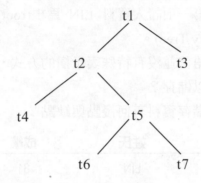

8. (a) 以中序、前序及後序方式列出下圖的樹。

   (b) 將該樹以引線樹形式表之。

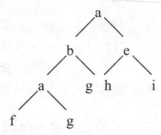

9. 有關引線二元樹：

   (a) 何謂引線二元樹？

   (b) 為何要使用引線二元樹？

   (c) 比較引線二元樹與一般二元樹之優劣點。

10. (a) 說明一般的樹樹與二元樹之不同點。

    (b) 說明為何要將一般的樹化為二元樹？

    (c) 將下圖的樹轉為二元樹。

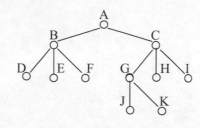

11. (a) 寫出複製一整棵二元樹的演算法。

    (b) 寫出判斷兩棵二元樹是否相同的演算法。

12. 下列何者為平衡二元樹

    (a) AVL tree

    (b) binary search tree

    (c) threaded binary tree

    (d) binary expression tree

13. 有一個二元樹之中序尋訪為 AIBHCGDFE，後序尋訪為 ABICHDGEF，試求其前序尋訪順序為何？

14. 何謂 AVL 樹、n 元樹、B-tree、2-3 tree、2-3-4 tree？舉例說明並指出有何異同點。

15. 寫一個能建立高度 h 但含有最少節點樹的 AVL 樹，並求其執行時間。

16. 寫出"Eight coins problem"的演算法。

17. 假設 a, b, c, d, e, f 出現的機率分別為 0.07, 0.09, 0.12, 0.22, 0.23, 0.27，請找出最佳 Huffman 碼並畫出其 Huffman 樹。試問其平均的編碼長度為何？

8

圖形

8-1 前言

日常生活中，常用圖形來表示一些問題或觀念，如 IC 設計、城市間交通網路規劃、作業研究、電路分析、企劃分析等。其與樹狀結構最大的差異是樹狀結構是描述節點與節點之間層次的關係，但圖形結構是討論兩個頂點之間相連與否的關係。圖形結構提供了簡單的方式來幫助我們描述一個問題、系統、或狀況等。

西元 1736 年，瑞士的數學家尤拉(Euler)為了解決 Koenigsberg bridge problem，這就是著名的七橋問題，Koenigsberg 位於蘇聯境內，分為四個地方，四周為河流包圍。四個地方由七座橋相連接，如圖 8-1.1 所示：

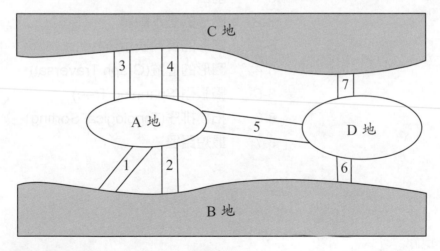

圖 8-1.1

A、B、C、D 四個地點，由編號 1，2，3，4，5，6，7 七座橋所聯繫，當時大家討論的問題：是否有人可以跨越七座橋去拜訪 4 個城市，而每座橋只能經過一次。尤拉(Euler)證明七橋問題是永遠無解，首先他以邊(Edge)代表各橋，以節點(Vertices)代表 4 個城市，也就是說七橋問題可以想像成在一圖形結構中，從任一節點出發，經過所有邊恰巧一次，再回到原出發點，此類問題我們稱爲尤拉迴路(Eulerian cycle)，如圖 8-1.2 所示：

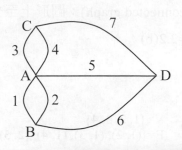

圖 8-1.2

　　尤拉對於七橋問題提出下列的結論："所有節點之分支度，均爲偶數方可完成"。從上圖我們得知 A、B、C、D 四個節點之分支度皆爲奇數，故無法從原點出發，只經過所有邊一次，就能回到原點。

8-2　圖形的基本觀念

　　一個圖形(graph)係由有限個節點(Vertices)的集合(V)及節點與節點間相連接邊(Edges)之集合(E)組合而成，我們可以將圖形表爲 G=(V, E)。一般圖形結構有四種：

1. 無方向圖形(undirected graph, 簡稱 graph)：圖形上的每一個邊都無方向，亦表示邊的兩個頂點沒有次序關係，因此(V_1, V_2)和(V_2, V_1)這兩個頂點對代表同一邊，如圖 8-2.1。

2. 有方向圖形(directed graph, 簡稱 digraph)：圖形上的每一個邊都有方向，亦表示每一個邊用一個有序對$<V_1, V_2>$表示，V_1 是該邊的尾部(tail)，V_2 是該邊的頭部(head)，因此$<V_1, V_2>$與$<V_2, V_1>$代表兩個不同的邊，如圖 8-2.3。

3. 相連圖形(connected graph)：圖形上的任何兩個節點，都有路徑相通，如圖 8-2.2(a)。

4. 不相連圖形(disconnected graph)：圖形上至少有兩個節點之間是不相連接的，如圖 8-2.2(b)。

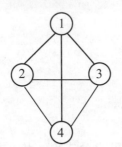

V={1, 2, 3, 4}
E={(1, 2), (1, 3), (1, 4), (2, 3), (2, 4), (3, 4)}

圖 8-2.1

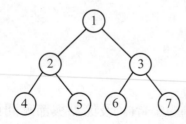

V={1, 2, 3, 4, 5, 6, 7}
E={(1, 2), (1, 3), (2, 4), (2, 5), (3, 6), (3, 7)}

圖 8-2.2(a)

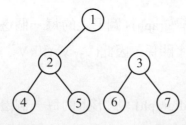

V={1, 2, 3, 4, 5, 6, 7}
E={(1, 2), (2, 4), (2, 5), (3, 6), (3, 7)}

圖 8-2.2(b)

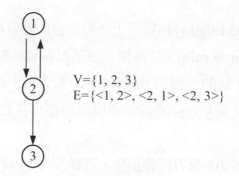

V={1, 2, 3}
E={<1, 2>, <2, 1>, <2, 3>}

圖 8-2.3

無方向圖形的一些重要術語

1. 完整圖形(Complete graph)：具有 n 個頂點的無方向圖形，若共有
   ˝n(n-1)/2˝ 條邊，則稱此無方向圖形為完整圖形(Complete graph)，
   如圖 8-2.1。

2. 相鄰(Adjacent)：在圖形的某一邊(V_1, V_2)中我們稱頂點 V_1 與頂點 V_2
   是相鄰的。但在有方向圖形中稱$<V_1, V_2>$為 V_1 是 adjacent to V_2 或 V_2
   是 adjacent from V_1，如圖 8-2.1 中 V_1 與 V_2 是 adjacent，圖 8-2.3 中
   V_2 與 V_3 也是。

3. 附著(Incident)：我們稱邊(V_1, V_2)附著在頂點 V_1 與頂點 V_2 上。我們
   可發現在圖 8-2.3 中附著在頂點 2 的 edge 有<1, 2>, <2, 1>及<2, 3>。

4. 子圖(Subgraph)：G 的 ˝子圖(Subgraph)˝ 是一個圖 G'，有 V(G')≦
   V(G)和 E(G')≦E(G)兩個性質。

5. 路徑(Path)：圖形中從頂點 V_p 到頂點 V_q 的一條路徑是指一串由頂點
   所成的連續序列 $V_p, V_{i1}, V_{i2}, ..., V_{in}, V_q$ 其中(V_p, V_{i1})，(V_{i1}, V_{i2})....，
   (V_{in}, V_q)都是 E(G)上的邊。例如：我們將路徑(1, 2)，(2, 4)，(4, 3)
   寫成 1, 2, 3, 4。在圖 8-2.1 上的兩條路徑，1, 2, 4, 3 與 1, 3, 4, 2 其長
   度為 3。

6. 路徑長度(Path length)：指路徑上所包含邊的數目稱之為路徑的長度。

7. 簡單路徑(Simple path)：指路徑上除了起點和終點可能相同外，其他的頂點都是不同的。例如：圖 8-2.1 的 1, 2, 4, 3 是一條簡單路徑。

8. 循環(Cycle)：循環(cycle)是一個簡單路徑，其起點與終點為同一個頂點。

9. 連通(Connected)：無方向圖形中，若從 V_1 到 V_2 有路徑可通，則稱頂點 V_1 和頂點 V_2 是相連的。如果每個的成對頂點 V_i, V_j 都有路徑由 V_i 通到 V_j，則稱圖形是相連的。

10. 連通單元(Connected component)：或稱單元(Component)，是指該圖形中最大的連通子圖(maximal connected subgraph)，如下圖 8-2.4 和圖 8-2.5。

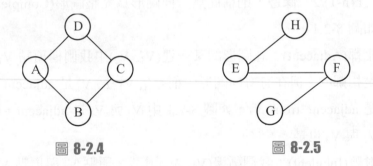

圖 8-2.4　　　　　　圖 8-2.5

例 以下是一些無方向圖形：

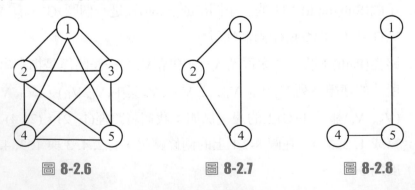

圖 8-2.6　　　　圖 8-2.7　　　　圖 8-2.8

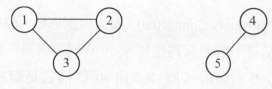

圖 **8-2.9**

A. 圖 8-2.6 是一個完整圖形。

B. 圖 8-2.6 中 V_1 與 V_2 是相鄰，圖 8-2.8 中 V_4 與 V_5 是相鄰。

C. 圖 8-2.7 中邊(V_2, V_4)是附著於 V_2 和 V_4。

　　圖 8-2.9 中邊(V_2, V_3)是附著於 V_2 和 V_3。

D. 圖 8-2.6 中(V_1, V_2)，(V_2, V_3)，(V_3,V_4)，(V_4, V_5)，(V_5, V_1)是一條路徑。

　　圖 8-2.6 中(V_1, V_2)，(V_2, V_3)，(V_3, V_1)，(V_1, V_4)，(V_4, V_5)亦是一條路徑，

　　圖 8.2_6 中(V_1, V_2)，(V_2, V_3)，(V_3, V_4)，(V_4, V_5)這條路徑長度為 4。

E. 圖 8-2.6 中(V_1, V_2)，(V_2, V_3)，(V_3, V_4)，(V_4, V_5)是一條簡單路徑。

F. 圖 8-2.6 中(V_1, V_2)，(V_2, V_3)，(V_3, V_1)，(V_1, V_4)不是一條簡單路徑。

G. 圖 8-2.7 和圖 8-2.8 都是圖 8-2.6 的子圖。

H. 圖 8-2.7 中(V_1, V_2), (V_2, V_4), (V_4, V_1)是一條循環。

I. 圖 8-2.6,圖 8-2.7 與圖 8-2.9 都是連通的，圖 8-2.8 不是連通的。

J. 圖 8-2.6 有兩個連通單元。

有方向圖形的一些重要術語

1. 完整圖形(Complete graph)：具有 n 個頂點的有方向圖形，若恰好擁有 n(n-1)條邊，則稱此有方向圖形為完整圖形(Complete graph)。

2. 路徑(Path)：有方向圖形中從頂點 V_p 到頂點 V_q 的一條路徑是指一串由頂點所組成的連續有向序列 V_p, V_{i1}, V_{i2}, ...V_{in}, V_q，其中<V_p, V_{il}>，<V_{i1}, V_{i2}>，....，<V_{in}, V_q>都是 E(G)上的有向邊。

3. 緊密連通(Strongly Connected)：有方向圖形中，如果每個相異的成對頂點 V_i, V_j 都有條直接路徑從 V_i 到 V_j 同時有另一條路徑從 V_j 到 V_i，那這個有方向圖形，圖 8-2.10 我們稱它是緊密相連的(Strongly Connected)。

圖 **8-2.10**

4. 緊密連通單元(Strongly Connected Component)：是指有方向圖形中構成緊密相連的最大子圖。如圖 8-2.11 所示，頂點 1 的內分支度為 2，外分支度為 1，全部頂點的內分支度=外分支度=圖形的總邊數。

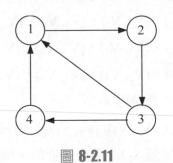

圖 **8-2.11**

5. 多重圖形(multigraph)：假如兩個頂點(vertices)間，有多條相同的邊則稱之為多重圖形，而不是圖形。如圖 8-2.14。

6. 分支度(degree)：附著在頂點的邊數。如圖 8-2.12 的頂點 1，其分支度為 4。其為內分支度與外分支度之和。

7. 內分支度(in-degree)：頂點 V 的內分支度是指以 V 為終點(即箭頭指向 V)的邊數，如圖 8-2.12 中頂點 1 的內分支度為 2。

8. 外分支度(out-degree)：頂點 V 的外分支度是指以 V 為起點的邊數，如圖 8-2.12 中頂點 1 的外分支度為 2。

例 以下是有方向圖形：

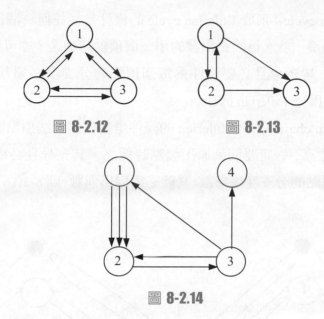

圖 **8-2.12**　　　　圖 **8-2.13**

圖 **8-2.14**

A. 圖 8-2.12 是一個完整圖形(digraph)。

B. 圖 8-2.13 中邊$<V_1, V_3>$為頂點 V_1 連接至頂點 V_3，$<V_1, V_3>$是附著於頂點 V_1 和頂點 V_3。

C. 圖 8-2.12 中$<V_1, V_2>$，$<V_2, V_3>$，$<V_3, V_2>$，$<V_2, V_1>$是一條路徑。

D. 圖 8-2.13 中$<V_1, V_2>$，$<V_2, V_3>$是一條路徑。

E. 圖 8-2.14 中$<V_1, V_2>$，$<V_2, V_3>$，$<V_3, V_4>$是一條路徑。

F. 圖 8-2.12 是緊密連通的，而圖 8-2.13 圖 8-2.14 都不是緊密連通的。

G. 圖 8-2.14 中 V_1 的內分支度為 1，外分支度為 3。

H. 圖 8-2.14 中 V_4 的內分支度為 1，外分支度為 0。

其他重要術語

1. Eulerian cycle：形成 Eulerian cycle 的條件是從任何一個頂點開始，經過每個邊一次，再回到出發的那一個頂點時稱之，亦可稱為 Eulerian Walk，其充分且必要條件為每個頂點的分支度必須都是偶數。圖 8-2.15 為一 Eulerian cycle。

2. Eulerian chain：形成 Eulerian 的條件是從任何一個頂點開始，經過每邊一次，不一定要回到原出發點時稱之，其充分且必要條件為祇有兩個頂點的分支度是奇數，其餘必須均為偶數。圖 8-2.16 為一 Eulerian chain。

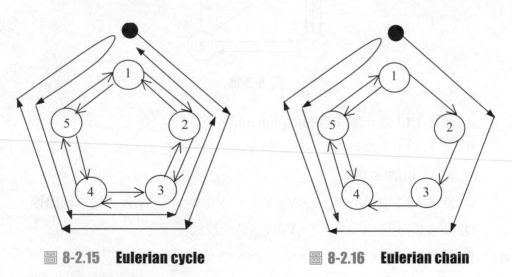

圖 8-2.15　**Eulerian cycle**　　　圖 8-2.16　**Eulerian chain**

8-3 圖形的資料表示法

圖形的資料表示方式有很多種，以下介紹較為常用的四種：

8-3-1 相鄰矩陣(Adjacency Matrix)

相鄰矩陣是將圖形中的 n 個頂點(Vertices)，以一個 n ×n 的二維矩陣來表示，其中若 A(i, j)=1，則表示 graph 中有一條邊(V_i, V_j)存在。反之，A(i, j)=0 則沒有。

例 8-3-1.1

(1)

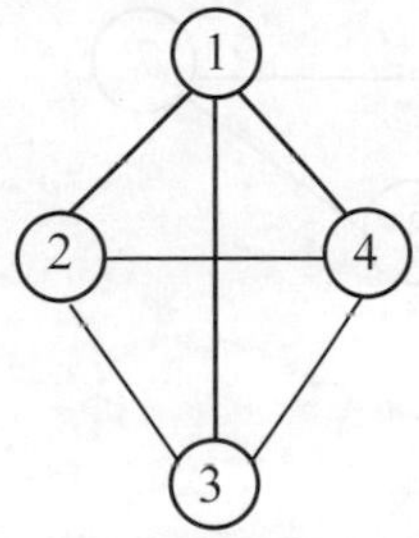

$$
\begin{array}{c@{}c}
 & \begin{array}{cccc} 1 & 2 & 3 & 4 \end{array} \\
\begin{array}{c} 1 \\ 2 \\ 3 \\ 4 \end{array} &
\left[\begin{array}{cccc}
0 & 1 & 1 & 1 \\
1 & 0 & 1 & 1 \\
1 & 1 & 0 & 1 \\
1 & 1 & 1 & 0
\end{array}\right]
\end{array}
$$

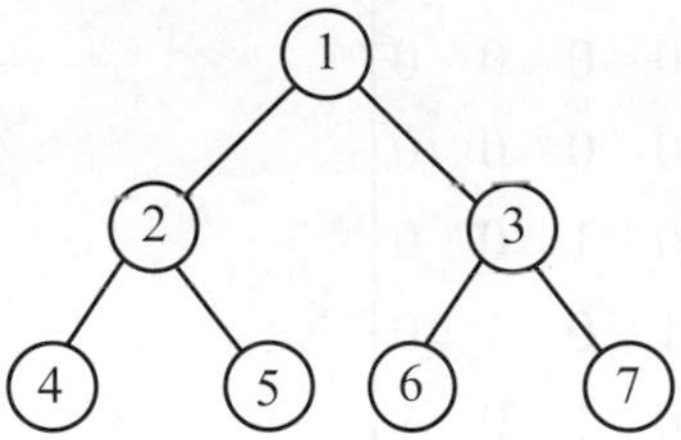

圖 8-3-1.1

(2)

$$
\begin{array}{c@{}c}
 & \begin{array}{ccccccc} 1 & 2 & 3 & 4 & 5 & 6 & 7 \end{array} \\
\begin{array}{c} 1 \\ 2 \\ 3 \\ 4 \\ 5 \\ 6 \\ 7 \end{array} &
\left[\begin{array}{ccccccc}
0 & 1 & 1 & 0 & 0 & 0 & 0 \\
1 & 0 & 0 & 1 & 1 & 0 & 0 \\
1 & 0 & 0 & 0 & 0 & 1 & 1 \\
0 & 1 & 0 & 0 & 0 & 0 & 0 \\
0 & 1 & 0 & 0 & 0 & 0 & 0 \\
0 & 0 & 1 & 0 & 0 & 0 & 0 \\
0 & 0 & 1 & 0 & 0 & 0 & 0
\end{array}\right]
\end{array}
$$

圖 8-3-1.2

(3)

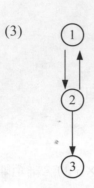

$$\begin{array}{c} \\ 1 \\ 2 \\ 3 \end{array} \begin{array}{ccc} 1 & 2 & 3 \\ \begin{bmatrix} 0 & 1 & 0 \\ 1 & 0 & 1 \\ 0 & 0 & 0 \end{bmatrix} \end{array}$$

圖 8-3-1.3

(4)

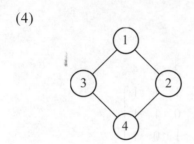 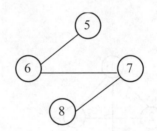

圖 8-3-1.4

$$\begin{array}{c} \\ 1 \\ 2 \\ 3 \\ 4 \\ 5 \\ 6 \\ 7 \\ 8 \end{array} \begin{array}{cccccccc} 1 & 2 & 3 & 4 & 5 & 6 & 7 & 8 \\ \begin{bmatrix} 0 & 1 & 1 & 0 & 0 & 0 & 0 & 0 \\ 1 & 0 & 0 & 1 & 0 & 0 & 0 & 0 \\ 1 & 0 & 0 & 1 & 0 & 0 & 0 & 0 \\ 0 & 1 & 1 & 0 & 0 & 0 & 0 & 0 \\ 0 & 0 & 0 & 0 & 0 & 1 & 0 & 0 \\ 0 & 0 & 0 & 0 & 1 & 0 & 1 & 0 \\ 0 & 0 & 0 & 0 & 0 & 1 & 0 & 1 \\ 0 & 0 & 0 & 0 & 0 & 0 & 1 & 0 \end{bmatrix} \end{array}$$

　　無方向圖形之相鄰矩陣是具備對稱性的，且對角線皆為零，所以在圖形中只需要儲存上三角形或下三角形即可，所需要儲存空間為 n(n-1)/2。以下兩點要注意的是：

1. 若要求無方向圖中某一頂點相鄰邊的數目(即分支度)，只要算算相鄰矩陣中某一列所有 1 的和或某一行所有 1 的和。例如要求例 8-3-1.1 中頂點 2 的相鄰邊數，可從第 2 列或第 2 行，知其頂點 2 的相鄰邊數(分支度)是 3。

2. 若要求有方向圖形的內分支度或外分支度。相鄰矩陣中列中的 1 之和便是外分支度，而行中的 1 之和，便是內分支度。

8-3-2　相鄰串列(Adjacency List)

　　相鄰串列乃是將圖形中的每個頂點皆形成串列首，而在每個串列首後的節點表示它們之間有邊相連。

例 8-3-2.1

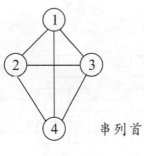

圖 8-3-2.1

　　每個節點資料結構如下：

Vertex	Link

在無向圖形中，若有 n 個頂點，m 個邊，則形成 n 個串列首，2m 個節點（對稱）。在有向圖形中，則有 n 個串列首及 m 個頂點。

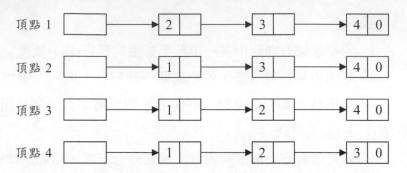

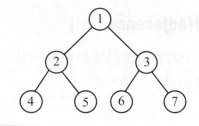

圖 8-3-2.2

串列首

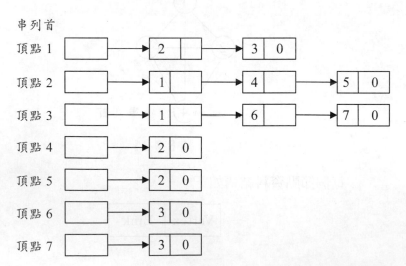

例 8-3-2.3

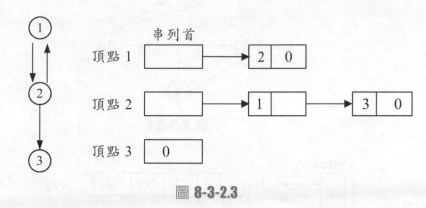

圖 8-3-2.3

8-3-3 相鄰多重串列(Adjacency Multilist)

每個邊均以一個節點表示，但這個節點可同時存在於兩個串列中，節點的結構如下：

M	V_1	V_2	LINK 1 for V_1	LINK 2 for V_2

M 為一個位元的記號欄是用來表示該邊是否已被尋找過。V_1 及 V_2 表示該邊的兩個頂點。Link1 欄是一個指標，若尚有其他頂點與頂點 V_1 相連，則 Link1 指向 "該項點與頂點 V_1 所形成的邊節點"，否則指向 0(null)。Link2 欄亦是一個指標，若尚有其他頂點與頂點 V_2 相連，則 Link2 指向 "該項點與頂點 V_2 所形成的邊節點"，否則指向 0(null)。圖形的每一個頂點依序產生一個串列首，每個串列首先分別指向第一個包含該頂點的邊所形成的節點，所需的記憶體空間比一般的相鄰串列所需的空間多個記號欄空間。以下所述為將圖 8-3-3.1 用相鄰多重串列表示法。

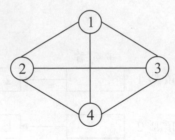

圖 8-3-3.1

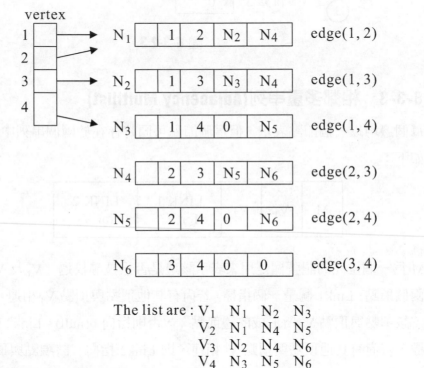

The list are : V₁ N₁ N₂ N₃
V₂ N₁ N₄ N₅
V₃ N₂ N₄ N₆
V₄ N₃ N₅ N₆

8-3-4 索引表格法(Indexed Table)

索引表格法即為一種儲存圖形的資料結構，採用一維陣列儲存頂點，建立一索引表格並且對應到相當的位置。操作方式如下：

1. 以一個一維陣列來循序儲存相鄰頂點。

2. 建立一個索引表格，n 個頂點須建立 n 個位置於索引表格中，分別對應於陣列中與第一個與該頂點相鄰的位置。

以下為圖 8-3-4.1 用索引表格法表示。

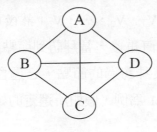

圖 8-3-4.1

索引表格法之表示方式為：

A	1
B	4
C	7
D	10

1	2	3	4	5	6	7	8	9	10	11	12
B	C	D	A	C	D	A	B	D	A	B	C

8-4 圖形的追蹤(Graph Traversal)

圖形是由有限個節點組合而成，節點與節點之間是由邊相互連接，對於每個節點之拜訪順序，也就是圖形之追蹤(Graph traversal)，主要的追蹤方式有二種：

深度優先搜尋法(Depth First Search, DFS)

在圖形中以縱向為先，首先選定一個任意節點，假設為 V_0，由拜訪 V_0 開始，假如 V_0 的相鄰節點有 V_1，V_2，…，V_i；然後拜訪 V_1，再拜訪 V_1 的相鄰節點中的某一節點，如此一直重覆，當拜訪到節點 V_n 若其所有相鄰節點均已被拜訪過，則回到上一個被拜訪過的節點，它還含有未被拜訪過的相鄰節點 V_p，就再拜訪 V_p。以圖 8-4.1 為例，假如所選定的始點為 V_1，則拜節點的順序可以是下列其中之一：

$$V_1 \; V_2 \; V_4 \; V_5 \; V_6 \; V_3$$
$$V_1 \; V_2 \; V_4 \; V_6 \; V_5 \; V_3$$
$$\vdots$$

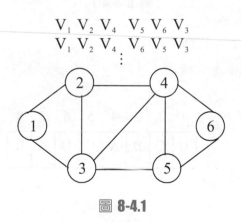

圖 8-4.1

DFS 演算法：

```
1   void Graph :: DFS()
2   {
3    visited=new Boolean [n];    //設定 visited 爲一布林變數。
4    for (int i=0; i<n; i++) visited[i]=FALSE;
5    //初始 visited 爲 flase
6     DFS(0);                        //開始深度優先搜尋
7      delete [] visited;          //釋放給於 visited 的記憶體空間
8   }
9   void Graph :: DFS (const int v)
10   {
11    visited [v]=TRUE;
12    for (each vertex w adjacent to v)
13    // actual code depends on graph  representation used
14     if (! Visited [w]) DFS(w);
15   }
```

🌐 廣度優先搜尋法(Breadth First Search, BFS)

在圖形中任意選擇某一個開始的節點，假設它爲 V_0，因此先拜訪 V_0 然後以任意的順序去拜訪 V_0 的相鄰節點。假設 V_0 的相鄰節爲 V_1，V_2，…，V_i，當這些節點都拜訪過後，再接著拜訪 V_1 的相鄰節點。假設 V_1 的相鄰節點 V_{11}，V_{12}，…，V_{ij}，當這些節點都拜訪過後，再拜訪 V_2 的相鄰節點，如此重覆直到圖形上的所有節點都被拜訪過。爲圖 8-4.1 爲例，則拜訪節點的順序可以爲下列中之一種：

$$V_1 \quad V_2 \quad V_3 \quad V_4 \quad V_5 \quad V_6$$
$$V_1 \quad V_3 \quad V_2 \quad V_4 \quad V_5 \quad V_6$$
$$V_1 \quad V_3 \quad V_2 \quad V_5 \quad V_4 \quad V_6$$
$$\vdots$$

BFS 演算法：

```
1   void Graph :: BFS (int v)
2   {
3    visited = new Boolean [n];
4    for (int i=0; i<n; i++) visited [i]=FALSE;
5    {
6    visited [v]=TRUE;
7    Queue<int> q;
8    Insert (v);while (!q.Is Empty()){
9    v=*q.Delete (v); // remove vertex v from the queue
10   for (all vertices w adjacent to v)
11    if (!visited [w])
12     visited [w]=TRUE;
13    } // end of while loop
14   delete [] visited;
15  }
```

例 8-4.1 求下圖 8-4.2 之 DFS 與 BFS 之搜尋順序。

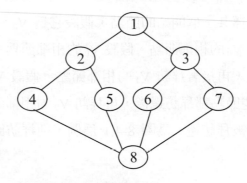

圖 8-4.2

解：DFS 搜尋順序：1→2→4→8→5→6→3→7

　　BFS 左先搜尋：1→2→3→4→5→6→7→8

　　BFS 右先搜尋：1→3→2→7→6→5→4→8

8-4.2 求下圖 8-4.3 之 DFS 與 BFS 之搜尋順序。

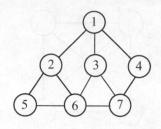

圖 8-4.3

解：DFS 搜尋順序：1→2→5→6→3→7→4

BFS 左先搜尋：1→2→3→4→5→6→7

BFS 右先搜尋：1→4→3→2→7→6→5

8-5 擴張樹(Spanning Tree)

在一個非方向圖形中以最少的邊線連結起所有頂點，而連結後卻不會形成迴圈，稱爲擴張樹(Spanning Tree)。因此，一個擴張樹中某兩點間，只有一條路徑可通。由於拜訪節點的順序不同，因此有以下兩種不同的擴張樹：

1. 深度優先搜尋法擴張樹(Depth First Search Spanning Tree)：以深度優先搜尋方式產生的擴張樹。

2. 廣度優先搜尋法擴張樹(Breadth First Search Spanning Tree)：廣度優先搜尋法方式產生的擴張樹。

例 8-5.1　繪出下圖的擴張樹。

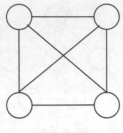

圖 8-5.1

解：可產生三個擴張樹，如下圖。

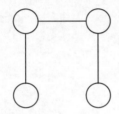 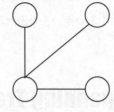 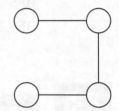

圖 8-5.2

例 8-5.2　求下圖 8-5.3 之 DFS 擴張樹和 BFS 擴張樹。

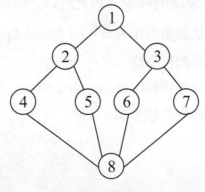

圖 8-5.3

解：DFS 擴張樹如下圖：

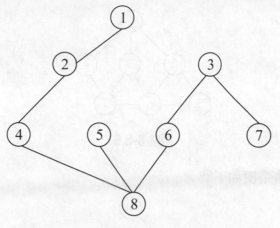

圖 **8-5.4**

DFS 爲 1→2→4→8→5→6→3→7

BFS 擴張樹如下圖：

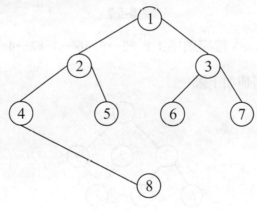

圖 **8-5.5**

BFS 爲 1→2→3→4→5→6→7→8

例 8-5.3 求下圖 8-5.6 之 DFS 擴張樹和 BFS 擴張樹。

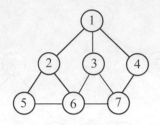

圖 8-5.6

解：DFS 擴張樹如下圖。

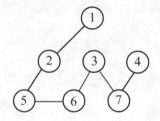

圖 8-5.7

DFS 搜尋順序：1→2→5→6→3→7→4

BFS 擴張樹如下圖。

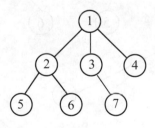

圖 8-5.8

BFS 左先搜尋：1→2→3→4→5→6→7

由於在圖形中之邊 BFS 右先搜尋：1→4→3→2→7→6→5 線往往有不同之權重(Weight)，而這些含有權重之邊線造成之擴張樹其權重總和會有所不同，經由不同邊線造成之擴張樹會有不同的成本(Cost)，所以若欲找出擴張樹時，其每邊的加權值之和是最小者，則稱為最小成本擴張樹(Minimum Cost Spanning Tree)。在建立最小成本擴張樹時，以最少成本為原則，必須滿足下列限制：

1. 只能使用這個圖裡的邊。
2. 只能使用 n-1 個邊（若有 n 個節點）。
3. 所使用的邊不能產生一個迴圈。

用來找尋最小成本擴張樹的方法有兩種：

克如斯卡(Kruskal)法

1. 將整個圖形所有邊線之權重依小到大列出一表。
2. 由權重最小者開始做連接工作，若連接結果不會造成迴圈則成立，若造成迴圈則不予採用。

克如斯卡法主要是建造一個含有 n 個頂點的花費最少擴張樹且其共有 n-1 個邊。因此只要從 G=(V, E)中挑選前面 n-1 個花費最少且不會造成迴路的邊和相關頂點加入 T 中即可。演算法如下：

1. 令花費最少擴張樹 T = ∅.。
2. 從 E 中選取花費最少的邊(V_x, V_y)。
3. 如果(V_x, V_y)不會使 T 產生迴路則將之加入 T 中，否則自 E 中刪除。
4. 重複 b 和 c 步驟，直到 T 的邊等於 n-1 為止。

例 8-5.4 利用克如斯卡法算出下圖的最小成本擴張樹

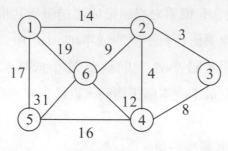

圖 8-5.9

解：首先列出整個圖形之權重表如下。

權重	連接邊線	接受否	理　　　由
3	(2,3)	是	
4	(2,4)	是	
8	(4,3)	否	會形成迴圈
9	(2,6)	是	
12	(4,6)	否	會形成迴圈
14	(1,2)	是	
16	(4,5)	是	
17	(1,5)	否	最小擴張樹已建立
31	(5,6)	否	同上

結果：

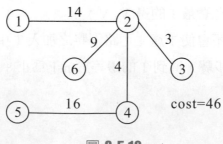

圖 8-5.10

例 8-5.5 利用克如斯卡法算出下圖 8-5.11 的最小成本擴張樹

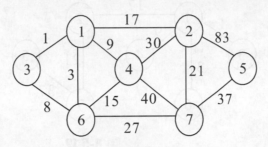

圖 **8-5.11**

解：首先列出整個圖形之權重表如下：

權重	連接邊線	接受否	理 由
1	(1,3)	是	
3	(1,6)	是	
8	(3,6)	否	會形成迴圈
9	(1,4)	是	
15	(4,6)	否	會形成迴圈
17	(1,2)	是	
21	(2,7)	是	
27	(6,7)	否	會形成迴圈
30	(2,4)	否	會形成迴圈
37	(5,7)	是	
40	(4,7)	否	最小擴張樹已建立
83	(2,5)	否	同上

結果：

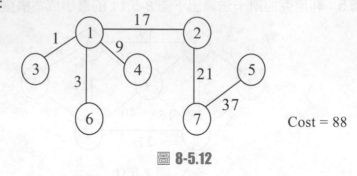

圖 8-5.12

Cost = 88

普瑞(Prim's)法

1. 從任一頂點開始，找出其權重最輕的一條邊。
2. 由此兩點向外再找，找一條權重最輕的邊線連接起來，唯這個權重次輕的邊線必須與剛才相連接的頂點相接。
3. 利用規則(2)將所有頂點相連，但不可造成迴圈。

首先令 A 是網路 G=(V, E)的所有頂點所成的集合，B 也是一個頂點集合，而(a, b)是 G 中所有可用以連接 A 和 B 的邊。接下來依照下列步驟建立起擴張樹。

1. 令 A=V，B=∅，T=∅。
2. 從 A 中任選一的頂點，將之從 A 搬移至 B，並加入 T。
3. 找出一條連接 A 和 B 的最少花費邊 E (a, b) ，其中 a∈A，b∈B，且邊(a, b)加到 T 不會造成迴路。
4. 將頂點 a 自 A 搬移到 B，並將頂點 a 與邊（a, b）加入 T。
5. 重複 c，d 直到 A=∅。

例 8-5.6 利用普瑞法求下圖之最小成本擴張樹

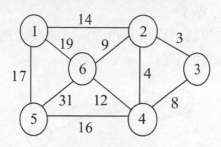

圖 8-5.13

解：

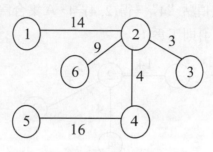

圖 8-5.14

其解題之步驟如下：

步驟一：令 A 集合為 {1, 2, 3, 4, 5, 6}，B 集合為 ∅ 則 T 為 ∅。

步驟二：取頂點 "1"，故 A 集合為 {2, 3, 4, 5, 6}，B 集合為 {1}

則 T 為：

$$①$$

步驟三：可選路徑有：(1, 2)=14，(1, 6)=19，(1, 5)=17

取頂點 "2"，得 (1, 2)=14，而故 A 集合為 {3, 4, 5, 6}，B

集合為 {1, 2}

則 T 為

$$① \overset{14}{—} ②$$

步驟四：可選路徑有：(1, 5)=17，(1, 6)=19，(2, 6)=9，(2, 4)=4，
(2, 3)=3

取頂點 "3"，得(2, 3)=3，A集合為{4, 5, 6}，B集合為{1,
2, 3}則T為

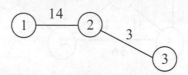

步驟五：可選路徑有：(1, 5)=17, (1, 6)=19，(2, 6)=9, (2,4)=4, (3,4)=8

取頂點 "4"，得(2, 4)=4，A集合為{ 5, 6}，B集合為{1, 2,
3, 4}則T為：

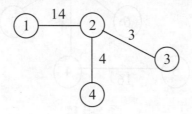

步驟六：可選路徑有：(1, 5)=17, (1, 6)=19，(2, 6)=9, (3,4)=8,
(4,5)=16, (4,6)=12，放棄路徑(3, 4)，因為已造成迴路。取
頂點 "6"，得(2, 6)=9，A集合為{ 5}，B集合為{1, 2, 3,
4, 6}則T為：

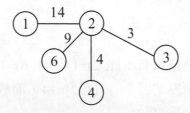

步驟七：由於步驟大都相同故省略一些小細節。取頂點 "5" ，得
(4, 5)=16，而A為∅，故結束搬移。

最後得答案T為：

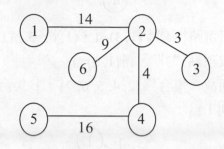

例 8-5.7　利用普瑞法求下圖 8-5.15 之最小成本擴張樹。

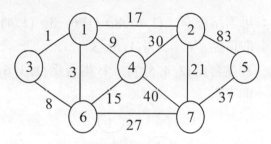

圖 **8-5.15**

解：

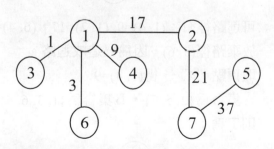

Cost = 88

解題步驟如下：

步驟一：令A集合為{1, 2, 3, 4, 5, 6, 7}。

　　　　B集合為∅，則T為∅。

步驟二：取頂點"1"，故A集合為{2, 3, 4, 5, 6, 7}
B集合為{1}，則T為：

步驟三：可選路徑有：(1, 3)=1，(1, 6)=3，(1, 4)=9，(1, 2)=17
取頂點"3"，得(1, 3)=1
而故A集合為{2, 4, 5, 6, 7}，B集合為{1, 3}
則T為：

步驟四：可選路徑有：(3, 6)=8，(1, 6)=3，(1, 4)=9，(1, 2)=17
取頂點"6"，得(1, 6)=3
A集合為{2, 4, 5, 7}，B集合為{1, 3, 6}
則T為：

步驟五：可選路徑有：(1, 4)=9, (1, 2)=17，(6, 4)=15, (6,7)=27
放棄路徑(3, 6)，因為已造成迴路。
取頂點"4"，得(1, 4)=9
A集合為{2, 5, 7}，B集合為{1, 3, 6, 4}
則T為：

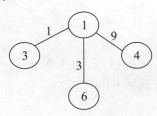

步驟六：由於步驟大都相同故省略一些小細節。

取頂點"2"，得(1, 2)=17

A為{5, 7}，則T為：

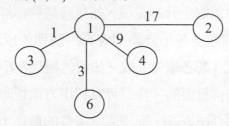

步驟七：取頂點"7"，得(2, 7)=21，A為{5}。

則T為：

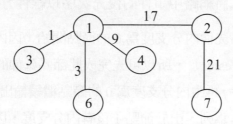

步驟八：取頂點"5"，得(5, 7)=37，而A為∅，故結束搬移。最後

得答案T則為：

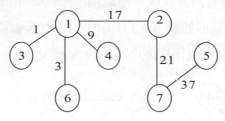

8-6 拓樸排序(Topological Sorting)

　　一般的大計劃是由數個小計劃組成，如果將這些小計劃都能一一完成，整個計劃就可以結束。問題是各小計劃間會有所關連，所以當欲進行某小計劃時，可能必須有某些小計劃必須先完成。如何能把這些小計劃執行完成的相關順序，依序的排出是非常重要的。我們可以利用方向性圖形代表整個計劃，圖形上的節點代表一個事件(Event)，而邊表示事件的順序，像這樣的網路稱為頂點工作網路(Activity on Vertices Network, AOV Network)。拓樸排序法就是用來分析整個 AOV 網路，將網路中事件的優先次序以線性方式列出來。

　　要進行拓樸排序時先從內分支度為 0 的節點開始，因內分支度為 0 表示此節點沒有先行者（Predecessor），所以可先完成此節點延伸的點，然後將此節點所延伸的工作都予以刪除，再由內分支度為 0 的節點繼續輸出拓樸順序（Topological ordering）。以圖 8-6.1 為列，由於節點 1 沒有內分支度，因為首先輸出拓樸順序為 V_1，然後將 V_1 所引出的邊刪除，刪除之後的圖形如圖 8-6.2 所示。接著在圖 8-6.3 中，由於節點 2 沒有內分支度，所以輸出拓樸順序為 V_2，然後將 V_2 所引出的邊刪除，刪除之後的圖形如圖 8-6.3 所示，重覆此步驟直到最後…（如圖 8-6.4 至圖 8-6.6 所示），所以整個拓樸順序為 V_1，V_2，V_3，V_4，V_5。

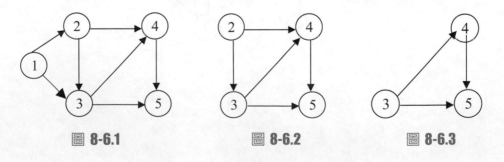

圖 8-6.1　　　　　　　圖 8-6.2　　　　　　　圖 8-6.3

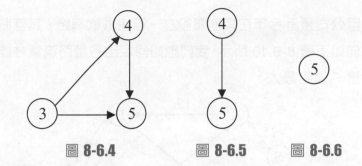

圖 8-6.4　　　　圖 8-6.5　　　圖 8-6.6

　　無法做拓樸排序的圖形如圖 8-6.7 所示，到輸出 V_2 時，此時圖形如圖 8-6.9 所示，其中已經沒有一個節點的內分支度爲 0 了，因此做拓樸排序時，網路一定不能有循環存在。

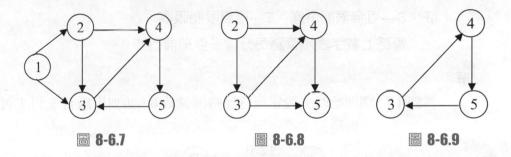

圖 8-6.7　　　　　　圖 8-6.8　　　　　　圖 8-6.9

拓樸排序演算法：

```
1    輸入 AOV network（頂點作業網路）n 爲節點數
2     for (int i=0; i<n; i++)      //輸出節點
3     {
4       if (每個節點都有先行者) return;
5          //網路中有迴路存在將無法進行拓樸排序，選一個沒有先行者的節點
6       cout<< v;
7          從網路中刪除節點 v 與所有從 v 發出的邊
8     }
```

例 **8-6.1** 甲公司預計今年在某地區設立一石油供輸網路，其管制站及管路分佈如下圖 8-6.10 所示，我們應如何定出各管路流量才能使網路總流量 F 達到最大。

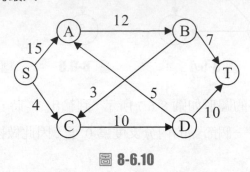

圖 **8-6.10**

註：S---可無限制供應；T---可無限制吸收

管路上數字表示管路每分鐘多少加侖石油

解：

步驟 1： 剛開始時先設定所有管路流量為 0，並列出所有 S 到 T 可走的路徑：

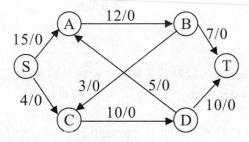

1. S→A→B→C→D→T
2. S→A→B→T
3. S→C→D→T
4. S→C→D→A→B→T

由圖可找到上列四條途徑，然後隨便指定一條路徑開始做增流工作，路徑的指定沒有限制，覺得方便就可以。

步驟 2： 依步驟 1，我們選擇路徑 3(S-C-D-T)

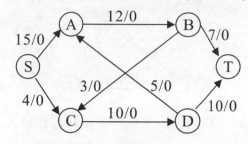

列出路徑各管路流量：

$$S \xrightarrow{4} C \xrightarrow{10} D \xrightarrow{10} T$$

以路徑中最小管路流量為此路徑流量設定依據：

$$S \xrightarrow{4} C \xrightarrow{4} D \xrightarrow{4} T$$

此路徑剩餘流量：

$$S \xrightarrow{0} C \xrightarrow{6} D \xrightarrow{6} T$$

步驟 3： 依步驟 1，我們選擇 1(S-A-B-C-D-T)

列出路徑各管路流量：

$$S \xrightarrow{15} A \xrightarrow{12} B \xrightarrow{3} C \xrightarrow{6} D \xrightarrow{6} T$$

以路徑中最小管路流量為此路徑流量設定依據：

$$S \xrightarrow{3} A \xrightarrow{3} B \xrightarrow{3} C \xrightarrow{3} D \xrightarrow{3} T$$

此路徑剩餘流量：

$$S \xrightarrow{12} A \xrightarrow{9} B \xrightarrow{0} C \xrightarrow{3} D \xrightarrow{3} T$$

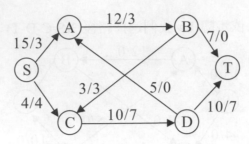

註：當路徑流量滿時，此路徑視為消失

步驟 4： 由於(S-C), (B-C)的路徑已飽和，因此只剩路徑 2(S-A-B-T)
可走。

路徑各管路流量：

$$S \xrightarrow{12} A \xrightarrow{9} B \xrightarrow{7} T$$

以路徑中最小管路流量為此路徑流量設定依據：

$$S \xrightarrow{7} A \xrightarrow{7} B \xrightarrow{7} T$$

此路徑剩餘流量：

$$S \xrightarrow{5} A \xrightarrow{2} B \xrightarrow{0} T$$

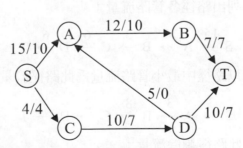

所以我們可以得到甲公司的石油輸送網路從 S 到 T 最大流量每分鐘
14 加侖。

8-7　最短路徑

　　圖形的每個邊都給予加權值，此加權值可能是成本或距離，這個圖形即可構成一個網路系統。在這個網路系統中，選擇一個起始節點叫 V_s，另外選擇一個終止節點叫 V_t，如何求出由 V_s 到 V_t 的最短距離就是最短路徑（Shortest Path）。在網路系統上，有三常用到的最短路徑：

1. 由某一個固定節點到另一個固定節點的最短路徑。
2. 由某一個固定節點到其他各節點的最短路徑。
3. 由各節點到其他各節點的最短路徑。

Dijkstra 解決最短路徑的演算法：

設 L 為 N 個位置的陣列，用來儲存由某點到各點的最短距離，B 為某一個起始點，A[B, I]表示為 B 點到 I 點的距離，V 是網路中所有項點的集合，S 亦是節點的集合。

1. 設定 L[I] = A[B,I]（I = 1, N）（B 為固定節點）
   S = [B], V = [1,2,···, N]

2. 假如 {V-S} 是空集合，則停止，否則找到一個 K 節點使得 L[K]是極小值，並把 K 放入集合 S 中。

3. 根據下列原則調整陣列 L 中之值。
   L[I] = min（L[I], L[K] + A[K,I]）（（I,K）∈ E）
   （此處 I 是指與 K 相鄰的各節點），回到步驟 2 繼續執行。

例 **8-7.1** 圖 8-7.1 表示的是台灣幾個重要的城市，邊是兩城市之間所需花費的成本，以相鄰矩陣 A 表示，如圖 8-7.2，試求台北到南投需花費的最小成本。

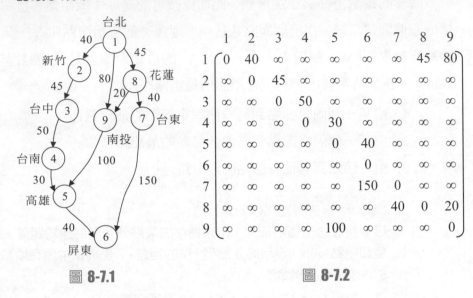

圖 **8-7.1**   圖 **8-7.2**

解：假設有一人要從台北到高雄，應如何走才最有效率，亦即是如何求出台北至高雄的最短距離。

1. 從台北出發，所以 F=1；S={1}，V={1, 2, 3, 4, 5, 6, 7, 8, 9}，L={0,40,∞,∞,∞,∞,∞,45,80}；L 陣列的 L[2]=40 表示從台北到新竹的成本為 40，L[3]=∞ 表示從台北到台中的成本為無窮大。從 L 陣列可比較出 L[2]的成本最少，因此把頂點 2 加入 S 陣列中，於是 S={1, 2}，V-S={ 3, 4, 5 ,6, 7, 8, 9}，而且與頂點 2 相鄰的頂點為頂點 3，即

  L[3]=min(L[3], L[2]+A[2,3])=min(∞, 40+45)=85

此時 L 陣列變成 L={0,40,85,∞,∞,∞,∞,45,80}。

2. 從 V-S={3, 4, 5, 6, 7, 8, 9}中找出 L 陣列成本最小的，即 L[8]=45，因此將頂點 8 加入 S 陣列，於是 S={1, 2, 8}，V-S{ 3, 4, 5, 6, 7, 9}，而且與頂點 8 相鄰的頂點為頂點 7 和頂點 9，即

$\qquad$ L[7]=min(L[7], L[8]+A[8, 7])=min(∞, 45+40)=85

$\qquad$ L[9]=min(L[9], L[8]+A[8, 9])=min(80, 45+20)=65

此時 L 陣列變成 L={0, 40, 85, ∞, ∞, ∞, 85, 45, 65}。

3. 從 V-S={ 3, 4, 5, 6, 7, 9}中找出 L 陣列成本最小的，即 L[9]=65，因此將頂點 9 加入 S 陣列，於是 S={1, 2, 8, 9}，V-S{3, 4, 5, 6, 7}，而且與頂點 9 相鄰的頂點為頂點 5，即

$\qquad$ L[5]=min(L[5], L[9]+A[9, 5])=min(∞, 65+100)=165

此時 L 陣列變成 L={0, 40, 85, ∞, 165, ∞, 85, 45, 65}。

4. 從 V-S={3, 4, 5, 6, 7}中找出 L 陣列成本最小的，即 L[3]=85，因此將頂點 3 加入 S 陣列，於是 S={1, 2, 3, 8, 9}，V-S{4, 5, 6, 7}，而且與頂點 3 相鄰的頂點為頂點 4，即

$\qquad$ L[4]=min(L[4], L[3]+A[3, 4])=min(∞, 85+50)=135

此時 L 陣列變成 L={0, 40, 85, 135, 165, ∞, 85, 45, 65}。

5. 從 V-S={4, 5, 6, 7}中找出 L 陣列成本最小的，即 L[7]=95，因此將頂點 7 加入 S 陣列，於是 S={1, 2, 3, 7, 8, 9}，V-S{4, 5, 6}，而且與頂點 7 相鄰的頂點為頂點 6，即

$\qquad$ L[6]=min(L[6], L[7]+A[7, 6])=min(∞, 85+150)=235

此時 L 陣列變成 L={0, 40, 85, 135, 165, 235, 85, 45, 65}。

6. 從 V-S={4, 5, 6}中找出 L 陣列成本最小的，即 L[4]=135，因此將頂點 4 加入 S 陣列，於是 S={1, 2, 3, 4, 7, 8, 9}，V-S{5, 6}，而且與頂點 4 相鄰的頂點為頂點 5，即

$\qquad$ L[5]=min(L[5], L[4]+A[4, 5])=min(165, 135+30)=165

此時 L 陣列變成 L={0, 40, 85, 135, 165, 235, 85, 45, 65}。

7. 從 V-S={5, 6}中找出 L 陣列成本最小的，即 L[5]=165，因此將頂點 5 加入 S 陣列，於是 S={1, 2, 3, 4, 5, 7, 8, 9}，V-S={6}，而且與頂點 5 相鄰的頂點為頂點 6，即

    L[6]=min(L[6], L[5]+A[5, 6])=min(235, 165+40)=205
    此時 L 陣列變成 L={0, 40, 85, 135, 165, 205, 85, 45, 65}。

8. 最後 V-S 陣列只剩 6，將 6 加入 S 陣列中，於是 V-S 為一空集合。此時可由 L 陣列看出頂點 1 到其它節點所花費的最小成本，台北到南投的最小成本是 65。

Warshall's 最短路徑的演算法：

設 G 是一個有 m 個節點 V_1，V_2，…，V_m 且有加權的有向圖形。亦即 G 中的每一邊 e，給予一個加權值 Q(e)。於是 G 便可以用矩陣 $Q=(Q_{ij})$ 的形式表示如下：

$$Q_{ij} = \begin{cases} Q(e) & \text{，若存在一個 } V_i \text{ 到 } V_j \text{ 的邊。} \\ \infty & \text{，沒有 } V_i \text{ 到 } V_j \text{ 的邊。} \end{cases}$$

1. 將圖形 G 以相鄰矩陣 Q_0 來表示。
2. 根據下列原則來調整矩陣 Q_k 中之值：

    $Q_k[i, j]=min(Q_{k-1}[i, j]$, $Q_{k-1}[i,k]+ Q_{k-1}[k, j])$
    其中最後一個矩陣 Q_m 就是我們所求的矩陣。

例 8-7.2　同上例，試求台北到南投需花費的最小成本。

解：　1. 將圖 8-7.1 以相鄰矩陣 Q_0 表示：

$$Q_0 = \begin{array}{c c} & \begin{array}{ccccccccc} 1 & 2 & 3 & 4 & 5 & 6 & 7 & 8 & 9 \end{array} \\ \begin{array}{c} 1 \\ 2 \\ 3 \\ 4 \\ 5 \\ 6 \\ 7 \\ 8 \\ 9 \end{array} & \left[\begin{array}{ccccccccc} 0 & 40 & \infty & \infty & \infty & \infty & \infty & 45 & 80 \\ \infty & 0 & 45 & \infty & \infty & \infty & \infty & \infty & \infty \\ \infty & \infty & 0 & 50 & \infty & \infty & \infty & \infty & \infty \\ \infty & \infty & \infty & 0 & 30 & \infty & \infty & \infty & \infty \\ \infty & \infty & \infty & \infty & 0 & 40 & \infty & \infty & \infty \\ \infty & \infty & \infty & \infty & \infty & 0 & \infty & \infty & \infty \\ \infty & \infty & \infty & \infty & 150 & 0 & \infty & \infty & \infty \\ \infty & \infty & \infty & \infty & \infty & \infty & 40 & 0 & 20 \\ \infty & \infty & \infty & \infty & 100 & \infty & \infty & \infty & 0 \end{array} \right] \end{array}$$

2. 根據下列原則來調整矩陣 Q_1 中之值：

$$Q_1[i, j] = \min(Q_0[i, j] , Q_0[i, k] + Q_0[k, j])$$

$$Q_1 = \begin{array}{c c} & \begin{array}{ccccccccc} 1 & 2 & 3 & 4 & 5 & 6 & 7 & 8 & 9 \end{array} \\ \begin{array}{c} 1 \\ 2 \\ 3 \\ 4 \\ 5 \\ 6 \\ 7 \\ 8 \\ 9 \end{array} & \left[\begin{array}{ccccccccc} 0 & 40 & \infty & \infty & \infty & \infty & \infty & 45 & 80 \\ \infty & 0 & 45 & \infty & \infty & \infty & \infty & \infty & \infty \\ \infty & \infty & 0 & 50 & \infty & \infty & \infty & \infty & \infty \\ \infty & \infty & \infty & 0 & 30 & \infty & \infty & \infty & \infty \\ \infty & \infty & \infty & \infty & 0 & 40 & \infty & \infty & \infty \\ \infty & \infty & \infty & \infty & \infty & 0 & \infty & \infty & \infty \\ \infty & \infty & \infty & \infty & \infty & 150 & 0 & \infty & \infty \\ \infty & \infty & \infty & \infty & \infty & \infty & 40 & 0 & 20 \\ \infty & \infty & \infty & \infty & 100 & \infty & \infty & \infty & 0 \end{array} \right] \end{array}$$

3. 根據下列原則來調整矩陣 Q_2 中之值：

$Q_2[i, j]=\min(Q_1[i, j]\,,\,Q_1[i, k]+Q_1[k, j])$

$$Q_2 = \begin{array}{c@{\,}c} & \begin{array}{ccccccccc} 1 & 2 & 3 & 4 & 5 & 6 & 7 & 8 & 9 \end{array} \\ \begin{array}{c} 1 \\ 2 \\ 3 \\ 4 \\ 5 \\ 6 \\ 7 \\ 8 \\ 9 \end{array} & \left[\begin{array}{ccccccccc} 0 & 40 & 85 & \infty & \infty & \infty & \infty & 45 & 80 \\ \infty & 0 & 45 & \infty & \infty & \infty & \infty & \infty & \infty \\ \infty & \infty & 0 & 50 & \infty & \infty & \infty & \infty & \infty \\ \infty & \infty & \infty & 0 & 30 & \infty & \infty & \infty & \infty \\ \infty & \infty & \infty & \infty & 0 & 40 & \infty & \infty & \infty \\ \infty & \infty & \infty & \infty & \infty & 0 & \infty & \infty & \infty \\ \infty & \infty & \infty & \infty & \infty & 150 & 0 & \infty & \infty \\ \infty & \infty & \infty & \infty & \infty & \infty & 40 & 0 & 20 \\ \infty & \infty & \infty & \infty & 100 & \infty & \infty & \infty & 0 \end{array}\right] \end{array}$$

在矩陣中 $Q_2[1,3]=\min(Q_1[1,3]\,,\,Q_1[1,2]+Q_1[2,3])=85$

4. 根據下列原則來調整矩陣 Q_3 中之值：

$Q_3[i, j]=\min(Q_2[i, j]\,,\,Q_2[i, k]+Q_2[k, j])$

$$Q_3 = \begin{array}{c@{\,}c} & \begin{array}{ccccccccc} 1 & 2 & 3 & 4 & 5 & 6 & 7 & 8 & 9 \end{array} \\ \begin{array}{c} 1 \\ 2 \\ 3 \\ 4 \\ 5 \\ 6 \\ 7 \\ 8 \\ 9 \end{array} & \left[\begin{array}{ccccccccc} 0 & 40 & 85 & 135 & \infty & \infty & \infty & 45 & 80 \\ \infty & 0 & 45 & 95 & \infty & \infty & \infty & \infty & \infty \\ \infty & \infty & 0 & 50 & \infty & \infty & \infty & \infty & \infty \\ \infty & \infty & \infty & 0 & 30 & \infty & \infty & \infty & \infty \\ \infty & \infty & \infty & \infty & 0 & 40 & \infty & \infty & \infty \\ \infty & \infty & \infty & \infty & \infty & 0 & \infty & \infty & \infty \\ \infty & \infty & \infty & \infty & \infty & 150 & 0 & \infty & \infty \\ \infty & \infty & \infty & \infty & \infty & \infty & 40 & 0 & 20 \\ \infty & \infty & \infty & \infty & 100 & \infty & \infty & \infty & 0 \end{array}\right] \end{array}$$

在矩陣中 $Q_3[1, 4]=\min(Q_2[1, 4]\,,\,Q_2[1, 3]+Q_2[3, 4])=135$

在矩陣中 $Q_3[2, 4]=\min(Q_2[2, 4]\,,\,Q_2[2, 3]+Q_2[3, 4])=95$

5. 根據下列原則來調整矩陣 Q_4 中之值：

$Q_4[i, j]=min(Q_3[i, j] , Q_3[i, k]+ Q_3[k, j])$

$$
Q_4 = \begin{array}{c} \\ 1 \\ 2 \\ 3 \\ 4 \\ 5 \\ 6 \\ 7 \\ 8 \\ 9 \end{array}
\begin{array}{ccccccccc}
1 & 2 & 3 & 4 & 5 & 6 & 7 & 8 & 9 \\
\left[\begin{array}{ccccccccc}
0 & 40 & 85 & 135 & 165 & \infty & \infty & 45 & 80 \\
\infty & 0 & 45 & 95 & 125 & \infty & \infty & \infty & \infty \\
\infty & \infty & 0 & 50 & 80 & \infty & \infty & \infty & \infty \\
\infty & \infty & \infty & 0 & 30 & \infty & \infty & \infty & \infty \\
\infty & \infty & \infty & \infty & 0 & 40 & \infty & \infty & \infty \\
\infty & \infty & \infty & \infty & \infty & 0 & \infty & \infty & \infty \\
\infty & \infty & \infty & \infty & \infty & 150 & 0 & \infty & \infty \\
\infty & \infty & \infty & \infty & \infty & \infty & 40 & 0 & 20 \\
\infty & \infty & \infty & \infty & 100 & \infty & \infty & \infty & 0
\end{array}\right]
\end{array}
$$

在矩陣中 $Q_4[1, 5]= min(Q_3[1, 5] , Q_3[1, 4]+ Q_3[4, 5])=165$

在矩陣中 $Q_4[2, 5]= min(Q_3[2, 5] , Q_3[2, 4]+ Q_3[4, 5])=125$

在矩陣中 $Q_4[3, 5]= min(Q_3[3, 5] , Q_3[3, 4]+ Q_3[4, 5])=80$

6. 根據下列原則來調整矩陣 Q_3 中之值：

$Q_5[i, j]=min(Q_4[i, j] , Q_4[i, k]+ Q_4[k, j])$

$$
Q_5 = \begin{array}{c} \\ 1 \\ 2 \\ 3 \\ 4 \\ 5 \\ 6 \\ 7 \\ 8 \\ 9 \end{array}
\begin{array}{ccccccccc}
1 & 2 & 3 & 4 & 5 & 6 & 7 & 8 & 9 \\
\left[\begin{array}{ccccccccc}
0 & 40 & 85 & 135 & 165 & 205 & \infty & 45 & 80 \\
\infty & 0 & 45 & 95 & 125 & 165 & \infty & \infty & \infty \\
\infty & \infty & 0 & 50 & 80 & 120 & \infty & \infty & \infty \\
\infty & \infty & \infty & 0 & 30 & 70 & \infty & \infty & \infty \\
\infty & \infty & \infty & \infty & 0 & 40 & \infty & \infty & \infty \\
\infty & \infty & \infty & \infty & \infty & 0 & \infty & \infty & \infty \\
\infty & \infty & \infty & \infty & \infty & 150 & 0 & \infty & \infty \\
\infty & \infty & \infty & \infty & \infty & \infty & 40 & 0 & 20 \\
\infty & \infty & \infty & \infty & 100 & \infty & \infty & \infty & 0
\end{array}\right]
\end{array}
$$

在矩陣中 $Q_5[1, 6]= min(Q_4[1, 6] , Q_4[1, 5]+ Q_4[5, 6])=205$

在矩陣中 $Q_5[2, 6]= min(Q_4[2, 6] , Q_4[2, 5]+ Q_4[5, 6])=165$

在矩陣中 $Q_5[3, 6]= \min(Q_4[3, 6] , Q_4[3, 5]+ Q_4[5, 6])=120$

在矩陣中 $Q_5[4, 6]= \min(Q_4[4, 6] , Q_4[4, 5]+ Q_4[5, 6])=70$

在矩陣中 $Q_5[9, 6]= \min(Q_4[9, 6] , Q_4[9, 5]+ Q_4[5, 6])=40$

7. 根據下列原則來調整矩陣 Q_4 中之值：

$Q_6[i, j]=\min(Q_3[i, j] , Q_3[i, k]+ Q_3[k, j])$

$$
Q_6 = \begin{array}{c} \\ 1 \\ 2 \\ 3 \\ 4 \\ 5 \\ 6 \\ 7 \\ 8 \\ 9 \end{array}
\begin{array}{ccccccccc}
1 & 2 & 3 & 4 & 5 & 6 & 7 & 8 & 9 \\
\left[\begin{array}{ccccccccc}
0 & 40 & 85 & 135 & 165 & 205 & \infty & 45 & 80 \\
\infty & 0 & 45 & 95 & 125 & 165 & \infty & \infty & \infty \\
\infty & \infty & 0 & 50 & 80 & 120 & \infty & \infty & \infty \\
\infty & \infty & \infty & 0 & 30 & 70 & \infty & \infty & \infty \\
\infty & \infty & \infty & \infty & 0 & 40 & \infty & \infty & \infty \\
\infty & \infty & \infty & \infty & \infty & 0 & \infty & \infty & \infty \\
\infty & \infty & \infty & \infty & \infty & 150 & 0 & \infty & \infty \\
\infty & \infty & \infty & \infty & \infty & \infty & 40 & 0 & 20 \\
\infty & \infty & \infty & \infty & 100 & 140 & \infty & \infty & 0
\end{array}\right]
\end{array}
$$

8. 根據下列原則來調整矩陣 Q_3 中之值：

$Q_7[i, j]=\min(Q_6[i, j] , Q_6[i, k]+ Q_6[k, j])$

$$
Q_7 = \begin{array}{c} \\ 1 \\ 2 \\ 3 \\ 4 \\ 5 \\ 6 \\ 7 \\ 8 \\ 9 \end{array}
\begin{array}{ccccccccc}
1 & 2 & 3 & 4 & 5 & 6 & 7 & 8 & 9 \\
\left[\begin{array}{ccccccccc}
0 & 40 & 85 & 135 & 165 & 205 & \infty & 45 & 80 \\
\infty & 0 & 45 & 95 & 125 & 165 & \infty & \infty & \infty \\
\infty & \infty & 0 & 50 & 80 & 120 & \infty & \infty & \infty \\
\infty & \infty & \infty & 0 & 30 & 70 & \infty & \infty & \infty \\
\infty & \infty & \infty & \infty & 0 & 40 & \infty & \infty & \infty \\
\infty & \infty & \infty & \infty & \infty & 0 & \infty & \infty & \infty \\
\infty & \infty & \infty & \infty & \infty & 150 & 0 & \infty & \infty \\
\infty & \infty & \infty & \infty & \infty & 190 & 40 & 0 & 20 \\
\infty & \infty & \infty & \infty & 100 & 140 & \infty & \infty & 0
\end{array}\right]
\end{array}
$$

在矩陣中 $Q_7[8, 6]= \min(Q_6[8, 6] , Q_6[8, 7]+ Q_6[7, 6])=190$

9. 根據下列原則來調整矩陣 Q_4 中之值：

$Q_8[i, j]=\min(Q_7[i, j] , Q_7[i, k]+ Q_7[k, j])$

$$Q_8 = \begin{array}{c} \\ 1 \\ 2 \\ 3 \\ 4 \\ 5 \\ 6 \\ 7 \\ 8 \\ 9 \end{array} \begin{array}{ccccccccc} 1 & 2 & 3 & 4 & 5 & 6 & 7 & 8 & 9 \\ \left[\begin{array}{ccccccccc} 0 & 40 & 85 & 135 & 165 & 205 & 85 & 45 & 65 \\ \infty & 0 & 45 & 95 & 125 & 165 & \infty & \infty & \infty \\ \infty & \infty & 0 & 50 & 80 & 120 & \infty & \infty & \infty \\ \infty & \infty & \infty & 0 & 30 & 70 & \infty & \infty & \infty \\ \infty & \infty & \infty & \infty & 0 & 40 & \infty & \infty & \infty \\ \infty & \infty & \infty & \infty & \infty & 0 & \infty & \infty & \infty \\ \infty & \infty & \infty & \infty & 150 & 0 & \infty & \infty \\ \infty & \infty & \infty & \infty & \infty & 190 & 40 & 0 & 20 \\ \infty & \infty & \infty & \infty & 100 & 140 & \infty & \infty & 0 \end{array}\right] \end{array}$$

在矩陣中 $Q_8[1, 7]= \min(Q_7[1, 7] , Q_7[1, 8]+ Q_7[8, 7])=85$

在矩陣中 $Q_8[1, 9]= \min(Q_7[1, 9] , Q_7[1, 8]+ Q_7[8, 9])=65$

10. 根據下列原則來調整矩陣 Q_3 中之值：

$Q_9[i, j]=\min(Q_8[i, j] , Q_8[i, k]+ Q_8[k, j])$

$$Q_9 = \begin{array}{c} \\ 1 \\ 2 \\ 3 \\ 4 \\ 5 \\ 6 \\ 7 \\ 8 \\ 9 \end{array} \begin{array}{ccccccccc} 1 & 2 & 3 & 4 & 5 & 6 & 7 & 8 & 9 \\ \left[\begin{array}{ccccccccc} 0 & 40 & 85 & 135 & 165 & 205 & 85 & 45 & 65 \\ \infty & 0 & 45 & 95 & 125 & 165 & \infty & \infty & \infty \\ \infty & \infty & 0 & 50 & 80 & 120 & \infty & \infty & \infty \\ \infty & \infty & \infty & 0 & 30 & 70 & \infty & \infty & \infty \\ \infty & \infty & \infty & \infty & 0 & 40 & \infty & \infty & \infty \\ \infty & \infty & \infty & \infty & \infty & 0 & \infty & \infty & \infty \\ \infty & \infty & \infty & \infty & 150 & 0 & \infty & \infty \\ \infty & \infty & \infty & \infty & \infty & 190 & 40 & 0 & 20 \\ \infty & \infty & \infty & \infty & 100 & 140 & \infty & \infty & 0 \end{array}\right] \end{array}$$

在矩陣中 $Q_9[8, 5]= \min(Q_8[8, 5] , Q_8[8, 9]+ Q_8[9, 5])=120$

在矩陣中 $Q_9[8, 6]= \min(Q_8[8, 6] , Q_8[8, 9]+ Q_8[9, 6])=160$

11. 最後所得到的陣列 Q_9 即是各點之間的最短路徑。如 $Q_9[1, 6]=205$ 表示為台北到屏東的最短路徑；$Q_9[8, 6]=160$ 表示為花蓮到屏東的最短路徑。台北到南投的最短路徑為 $Q_9[1, 9]=65$。

習　題

1. 下列的圖是否包含了 Euler cycle？若有請畫出其 Euler cycle。

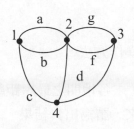 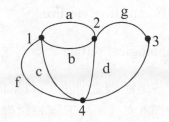

2. (a) 列出下圖之相鄰矩陣與相鄰串列
   (b) 根據相鄰串列，找出其 DFS 及 BFS。（以節點 1 開始）
   (c) 畫出(b)的擴張樹

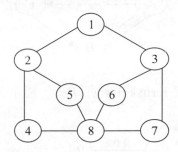

3. 找出下圖的 topological order。

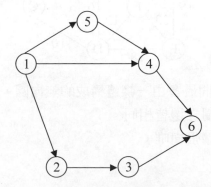

4. 一有向圖表示如下：

G=(N, A)

N(G) = | a, b, c, d |

A(G)= | <a, b>, <a, c>, <b, d>, <c, d>, <b, a>, <d, c> |

(a) 求出其相鄰矩陣。

(b) 求出其 transitive closure.

5. 什麼是 topological sorting？舉例說明其操作方法。

6. 設在註有各地距離之地圖上(有單行道)，求各地間之最短距離

(a) 利用矩陣方式，將下圖資料儲存起來，請寫出其結果。

(b) 寫出求所有各地間最短距離之執行法。

(c) 寫出最後所得之矩陣，並說明其可表示所求各地間之最短距離。

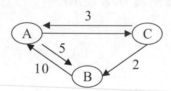

7. 試用 Prim's 演算法或 Kruskal's 演算法，將下列網路簡化成最小花費擴張樹。

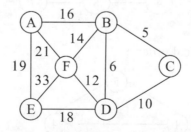

8. G 為一個任意節點間最多由一條邊構成的無向圖，下列何者為眞？

(a) G 所有的擴張樹之邊皆相同。

(b) G 的最小花費擴張樹唯一。

(c) 在 G 的最小成本擴張樹中任一兩點 A 及 B 之路徑，即為 G 中 A 到 B 之最短路徑。

(d) 任意兩個擴張樹皆有至少一個共同邊。

9. 找出下圖所有的擴張樹。

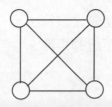

10. 以 Prim 法和 Kruskal 法找出的最小擴張樹是否相同？舉例並解釋。

11. 找出下圖的 DFS 順序。（從 A 開始）

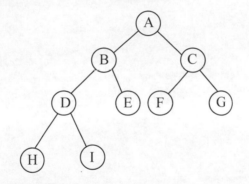

12. 請列出下圖中所有的簡單路徑。

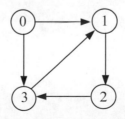

13. 一個有 n 個節點的完整圖形，證明在任意兩節點間的簡單路徑數目最多為 $O((n-1)!)$

14. 假設現在有一無向圖 G=(V,E)，試以 BFS 設計一個需線性時間的演算法，將 G 轉為一有向連通圖。

15. 有一圖如右：
    (a) 列出其相鄰矩陣。
    (b) 寫出求出各點間最短距離之演算法。
    (c) 寫出表示各地間最短距離的矩陣。

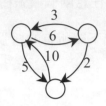

9 排序

9-1 前言

在資料結構課程中，排序與搜尋是相當重要的研究課題，經由許多調查統計結果分析顯示，計算機在處理過程中，有許多時間是用於排序和搜尋工作上，在我們日常生活也時常用到排序和搜尋，如電話簿中姓氏之安排方法，學校列隊由高排到矮，字典按照筆劃安排字的位置…等等。

排序的工作是將一些資料，依照某種特定的原則或需求安排成遞增(increment)或遞減(decrement)的順序。一般來說，排序過程是對於鍵值大小進行比較，主要會根據下列三個原則：

1. 若鍵值為數值型態（如整數、實數），則以數值大小為依據，例如 15 大於 10，-2 小於 0 等。

2. 若鍵值為非中文之字串型態，則採用鍵值資料之內碼編排順序先後來比較大小。例如電腦常用的 ASCII 及 EBCDIC 碼。舉例來說：STR1="ABC"，STR2="Abc"，比較 STR1 和 STR2 的大小時，是由左到右一個位元組接一個位元組來做比較，STR1 第一個位元為"A"與 STR2 的第一個位元組一樣皆為 ASCII 碼的十進位值 65，故比較下一位元，STR1 為"B"在 ASCII 十進位值為 66，STR2 為"b"在 ASCII 十進位值為 98，因此 STR2 大於 STR1。

3. 若鍵值為一中文字串，則如同比較字串一樣由左至右一個字接一個字比較，但非單純利用 ASCII 碼，而是採用鍵值資料所用的中文內碼的編排順序來比較大小。目前常見的中文內碼有國內常用的 BIG5 繁體碼、中國大陸的 GB 簡體碼、倚天碼、電信碼、王安碼等。這些中文內碼對於中文字的排序大都採用先筆劃，後部首。因此中文資料經過比較排序過後，同筆劃同部首會排在一起。

排序的方法可以分爲兩種：內部排序(internal sort)與外部排序(external sort)。內部排序是所有要參與的資料先放置電腦主記憶體內來執行排序的工作。而外部排序由於資料過於龐大，以致於無法全部放置在電腦主記憶體內，必需先存放在輔助記憶體上，因此外部排序需要動用到輔助儲存空間或裝置，例如：硬、軟式磁碟機或磁性光碟(magneto optical, MO)、CD-RW。

以下爲一些與排序相關的名詞和性質：

1. 記憶體空間(Memory Space)：執行排序法有些需要的額外記憶體，有些不需額外記憶體，有些只需要少數記憶體，有的則要$O(n)$的記憶體，甚至更多。

2. 效率(Efficiency)：影響效率的因素是做比較的次數或資料交換的次數。在外部排序中，因爲無法全部載入記憶體中，必須藉助輔助記憶體，所以外部排序花費最長的時間是在存取的時間。排序法的效率，當資料量是 n 個資料，排序方法的時間複雜度，可能爲 $O(n)$、$O(n^2)$，有些可達 $O(n\log n)$。

3. 穩定性(stability)：排序法的穩定性，有時也需考慮，所謂穩定性是指原先具有相同鍵值的紀錄，經過排序後依然保持原先的先後次序，鍵值不同的元素已經按照順序改變。例如：資料鍵爲 1, 2, 5, 2+, 8, 3, 8+，經過某種排序法排序後，其相同鍵值依舊有相同順序，亦即變成：1, 2, 2+, 3, 8, 8+，表示此排序法具有穩定性。若經過排序成：1, 2+, 2, 3, 8+, 8，則此種排序法不具穩定性。

9-2 內部排序法(Internal Sort)

9-2-1 交換式排序(Interchange Sort)

交換式排序的原理為：兩項資料互相比較，若符合交換原則(如第二項大於第一項)，在此列出氣泡排序法、交換線性選擇排序法、過濾排序法、快速排序法。

9-2-1-1 氣泡排序法(Bubble Sort)

氣泡排序法是屬於交換排序法(Interchange Sort)的一種。顧名思義，就是在排序的時候，讓較大的元素往下沉，或較小的元素往上浮。其排序處理程序是從元素的開始位置起，相鄰的兩個元素相比較，若第 i 個的元素大於第(i+1)的元素，則兩元素互換，比較過所有的元素後，最大的元素將會沈到最底部。

氣泡排序演算法：

```
1   Procedure Bubble_Sort(p,n)
2   flag ← 1
3    for i←0 to n-1 do
4     if flag=0 then return
5      flag←0
6      for j←0 to n-1 do
7       if p(j+1)<p(j) then
8        swap p(j),p(j+1)
9        flag←1
10     end
11    end
12   end
13   end
```

氣泡排序 C 語言：

```
1   /************************/
2   /*  名稱:氣泡排序法         */
3   /*  檔名:ex9-2-1-1.cpp     */
4   /************************/
5   #include <stdio.h>
6   /************************/
7   void Bubble_Sort(int p[],int n)
8   {
9    int i,j,temp,flag;
10   flag=1;
11   for(i=0;i<n-1;i++)
12   {
13    if(flag==0) return;
14     flag=0;
15    for(j=0;j<n-1;j++)       //依序比較
16     if(p[j+1]<p[j])
17     {
18      temp=p[j];              //交換 p[j],p[j+1]
19      p[j]=p[j+1];
20      p[j+1]=temp;
21      flag=1;
22     }
23   }
24  }
25  /************************/
26  void main() {
27   int a[]={82,16,9,95,27,75,42,69,34};
28   Bubble_Sort(a,9);
29   for(int i=0;i<9;i++)
30   printf("%d ",a[i]);
31  }
```

輸出結果

```
9 16 27 34 42 69 75 82 95
```

例 一陣列存有 82, 16, 9, 95, 27, 75, 42, 69 和 34 等 9 個值，在開始時 82 與 16 互相比較，因 82>16 所以兩元素互換，然後 82>9，82 與 9 互換，接著 82<95，所以不變，然後互換的元素有(95:27)、(95:75)、(95:42)、(95:69)、(95:34)，所以在第一個循環結束時找到最大的值是 95，把它放在最下面的位置，過程如下表：

移動次數 資料數	第一次	第二次	第三次	第四次	第五次	第六次	第七次	第八次
1	**82**	16	16	16	16	16	16	16
2	**16**	**82**	9	9	9	9	9	9
3	9	**9**	**82**	82	82	82	82	82
4	95	95	**95**	**27**	27	27	27	27
5	27	27	27	**95**	**75**	75	75	75
6	75	75	75	75	**95**	**42**	42	42
7	42	42	42	42	42	**95**	**69**	69
8	69	69	69	69	69	69	**95**	**34**
9	34	34	34	34	34	34	34	**95**

表格中粗體字表示正在比較

重覆每一個循環都會把巡視到的最大元素放在巡視範圍內最低的位置，且每次循環的巡視範圍都比前一次循環少一個元素，如此重覆至一個循環中都沒有互換產生才停止。

	Pass1	Pass2	Pass3	Pass4	Pass5
82	16	9	9	9	9
16	9	16	16	16	16
9	82	27	27	27	27
95	27	75	42	42	34

	Pass1	Pass2	Pass3	Pass4	Pass5
27	75	42	69	34	42
75	42	69	34	69	69
42	69	34	75	75	75
69	34	82	82	82	82
34	95	95	95	95	95

效率： 一般而言，每次循環結束時，都會把掃描的範圍減少一個，對於有 n 個元素的陣列，每次循環所作的比較依序是(n-1), (n-2), (n-3), ..., 2, 1，合計所需的比較次數序：(n-1) + (n-2) + … + 2 + 1 = n(n-1)/2 次。若陣列中的元素已經排序，則僅需一次循環所作的(n－1)次的比較。反之，若陣列中的元素與是所要的順序相反，則需 n-1 次循環才能完成，而每一循環所作的互換元素的次數為 (n-1), (n-2), ..., 2, 1，共需(n-1) + (n-2) + … + 2 + 1 = n(n－1)/2 的互換動作，其效率 $f(n) = O(n^2)$。

9-2-1-2 交換—線性選擇排序法(Linear Selection with Exchange Sort)

交換—線性選擇排序法就是找出陣列中最小的資料(a[lower])，然後與陣列中第一個位置上的資料(a[0])交換，接著進行另一次循環(在陣列中找出最小值)，從剩餘的資料中(a[1]~a[n-1])，找到最小的資料與最左邊的資料(a[1])互換，再繼續另一次的循環，直至整個陣列都排序好。所以，我們定義 lower 及 address 兩個變數來決定每一個循環的最小值(a[lower])及上限資料 (a[address])的位置，使每一次循環後所找到的最小值直接和上限資料互換。因此，每次循環後，都會得到一個較小資料，並藉由資料互換的動作把較小資料存入正確位置。

Address：	0	1	2	3	4	5	6	7	8
陣列 p 之原始資料：	82	95	27	75	42	69	34	16	9
Pass1 陣列 p：	9	95	27	75	42	69	34	16	82
Pass2 陣列 p：	9	16	27	75	42	69	34	95	82
Pass3 陣列 p：	9	16	27	75	42	69	34	95	82
Pass4 陣列 p：	9	16	27	34	42	69	75	95	82
Pass5 陣列 p：	9	16	27	34	42	69	75	95	82
Pass6 陣列 p：	9	16	27	34	42	69	75	95	82
Pass7 陣列 p：	9	16	27	34	42	69	75	95	82
Pass8 陣列 p：	9	16	27	34	42	69	75	82	95

交換—線性選擇排序演算法：

```
1   Procedure LSE_Sort(p,n)
2    for i←1 to n-1 do
3     lower←p(i)
4     address←i
5     for j←i+1 to n do
6      if p(j)<lower then
7       lower←p(j)
8       address←j
9      end
10    end
11   p(address)←p(i)
12   p(i)←lower
13   end
14  end
```

交換—線性選擇排序 C 語言：

```
1    /*****************************/
2    /*  名稱:交換-線性選擇排序法      */
3    /*  檔名:ex9-2-1-2.cpp        */
4    /*****************************/
5    #include <stdio.h>
6    /************************/
7    void LSE_Sort(int p[],int n)
8    {
9     int i,j,lower,address;
10    for(i=0;i<n-1;i++)          //依序尋找
11    {
12     lower=p[i];
13     address=i;
14     for(j=i+1;j<n;j++)         //尋找要交換的值
15      if(p[j]<lower)
16      {
17       lower=p[j];
18       address=j;
19      }
20     p[address]=p[i];           //交換
21     p[i]=lower;
22    }
23   }
24   /************************/
25   void main() {
26    int a[9]={82,16,9,95,27,75,42,69,34};
27    LSE_Sort(a,9);
28    for(int i=0;i<9;i++)
29     printf("%d ",a[i]);
30   }
```

輸出結果

```
9 16 27 34 42 69 75 82 95
```

效率：在 k 筆資料中循序找出最小值，共需 k-1 次比較，而利用交換－線性選擇排序法完成 n 筆資料的排序，共需重複此步驟 n 次，所以總比較次數為：

$$\sum_{k=1}^{n}(k-1)=\frac{n(n-1)}{2}$$

而資料交換的次數將不會超過 n 次，同時資料的次序與總比較數無關，卻與交換次數有關，例如資料值已由小而大排好，則總比較次數為 n*(n-1)/2，但資料卻不需交換，即 f(n)＝O(n²)。選擇排序法是所有排序法中最簡單的，設計十分容易，但相對它的效率較差，僅適用於元素較少的資料排序。

9-2-1-3　過濾排序(Sifting Sort)

過濾排序執行步驟分為兩階段：

1. 和氣泡排序一樣兩兩比較，假設 data[n]為現在指標（箭頭指向的位置）的資料，data[n+1]為下一筆資料，若 data[n+1]<data[n]則交換。

2. 交換後要從新確認 data[n]筆以前的資料是否符合由小到大的規則，若沒有，則重複第一步驟。

原資料

↓								
82	95	27	75	42	69	34	16	9

⬇ 第 1 次比較

交換後

82	95	27	75	42	69	34	16	9

82	95	27	75	42	69	34	16	9

⬇ 第 2 次比較

交換後

82	27	95	75	42	69	34	16	9

第二次交換後

27	82	95	75	42	69	34	16	9

27	82	95	75	42	69	34	16	9

⬇ 第 3 次比較

交換後

27	82	75	95	42	69	34	16	9

第三次交換後

27	75	82	95	42	69	34	16	9

27	75	82	95	42	69	34	16	9

⬇ 第 4 次比較

交換後

27	75	82	42	95	69	34	16	9

第四次交換後

27	75	42	82	95	69	34	16	9

第五次交換後

27	42	75	82	95	69	34	16	9

…

…

最後結果

9	16	27	34	42	69	75	82	95

效率： 由上例可知在最差情況下比較次數為 1+2+3+....+(n-1)=n(n-1)/2，
其複雜度為 $O(n^2)$。

9-2-1-4　快速排序法(Quick Sort)

快速排序法又稱為分割排序法(Partition Exchange Sort)，於 1960 年由 C.A.
Hoare 所發展出來的，發展至今，使用者與研究者同樣不計其數，盛行的原因
為程式易於撰寫，本身的概念也易於被應用至其它問題。快速排序法的處理原
則是利用分而治之(Divide and Conquer) 的方式。首先在所有元素中隨機或自
行設定一鍵值為基準值，依此基準值將所有的元素分割兩部份，所有較大的元
素都在一邊，然後在兩邊各設一個基準值，再分成兩邊，如此一直分到不能再
分為止。而鍵值位置的不同，如鍵值在左，鍵值在中間其處理方式又不同。快
速排序法在撰寫程式上可分成兩種不同的方式：

1. 遞迴式：程式撰寫容易，但不易除錯，由於須用及堆疊(stack)所以較
浪費記憶空間。

2. 非遞迴式：程式較遞迴方式複雜，但除錯容易。

假設有 n 個 $R_1, R_2, R_3, ..., R_n$，其鍵值分別為 $K_1, K_2, K_3, ..., K_n$，以
R.Sedgewick 的方法，也就是取第一筆資料作為比較用的鍵值，則其操作方式
如下：

1. 選取第一個之元素 K_1 為鍵值亦即是基準值 K。

2. 由左至右，一直巡視到 $K_i > K_1$ (i = 2, 3, 4, ..., n-1, n)。

3. 由右至左，一直巡視到 $K_j < K_1$ (j = n, n-1, ..., 4, 3, 2)。

4. 當 $K_j > K_i$ 時，R_i 與 R_j 互換，若 $K_i > K_j$ 後，則 R_1 與 R_i 互換。

（此時陣列分成兩個部份，一個部份是小於 R_1，另一半部份是大於 R_1）

當鍵值於最左邊之快速排序演算法：

```
1   Procedure Quick_Sort(p,left,right)
2    if left<right then
3    i←left+1;j←right;divided=left
4    ┌loop    做數值的比較與交換迴圈
5    │   repeat i←i+1 until p(i)>p(divided)
6    │   repeat j←j-1 until p(j)<p(divided)
7    │   if i<j then swap p(i),p(j)
8    │   else exit
9    └forever
10    swap p(divided),p(j)              //與鍵值更換//
11    call Quick_Sort(p,left,j-1) ┐
12    call Quick_Sort(p,j+1,right)]┘  //做左右兩半排序//
13    end
14   end
```

快速排序 C 語言：

```
1    /**********************************************/
2    /*          名稱:快速排序法                    */
3    /*          檔名:ex9-2-1-4.cpp                 */
4    /**********************************************/
5    #include <stdio.h>
6    #define MAXINT 9999
7    /**********************************************/
8    void swap(int &a,int &b)          //交換a和b
9    {
10     int temp=a;
11     a=b;
12     b=temp;
13   }
14   /***********************************************/
15   void Quick_Sort(int p[],int left,int right)
16   {
17     int divided,i,j;
18     if(left<right)
```

```
19    {
20      divided=left;
21      do
22      {
23        for(i=left+1;p[i]<p[divided]&&i<=right;i++);
24        //尋找比鍵值大者
25        for(j=right;p[j]>p[divided]&&j<=left;j--);
26        //尋找比鍵值小者
27        if(i<j)swap(p[i],p[j]);
28      }while(i<j);        //察看是否有交叉
29    swap(p[divided],p[j]);
30    Quick_Sort(p,left,j-1);
31    Quick_Sort(p,j+1,right);
32    }
33  }
34  /*************************************************/
35  void main(){
36    int a[10]={82,16,9,95,27,75,42,69,34,40},i;
37    Quick_Sort(a,0,9);
38    for(i=0;i<=9;i++)
39    printf("%d",a[i]);
40  }
```

輸出結果

```
95 75 69 42 40 34 27 16 9
```

例 例如一個陣列，存有下列 9 個數值：

[1]	[2]	[3]	[4]	[5]	[6]	[7]	[8]	[9]
82	16	9	95	27	75	42	69	34
			i					j

1. 選取 82 為鍵值。

2. j 由右至左尋找比鍵值 82 小的值，找到 34<82，j=9

3. i 由左至右尋找比鍵值 82 大的值，找到 95>82，i=4

4. i, j 尚未交叉，因 j>i(9>4)所以 R_4 與 R_9 互換，此時陣列的資料及 i , j 的位置如下：

82	16	9	34	27	75	42	69	95
			i					j

重複步驟 2 與 3，會得到下列結果：

82	16	9	34	27	75	42	69	95
						j	i	

此時 i, j 已交叉，因 i>j，所以 R_1 與 R_i 互換，也就是 82 與 69 互換，經劃分的陣列是：

69	16	9	34	27	75	42	82	95

此時陣列已被分成兩部份，鍵值 82 的左半部皆為小於 82 的，而右半部皆是大於 82 的。重覆相同的步驟，繼續對左半部及右半部劃分，便可完成排序。

鍵值在中間的操作方式如下：

1. 選取中間(n div 2)位置的元素為鍵值，當作定界值 c，亦及基準值 k_i。

2. i 由左至中間，一直巡視到 $K_i > K(i=1, 2, ..., n/2)$

3. j 由右至中間，一直巡視到 $K_j < K(j=n, n-1, ..., n/2)$

4. R_i 與 R_j 互換，繼續往下找，撿查是否需要互換，在分別對左右兩部份，直到兩指標重疊，重覆操作，直到定界點只有一個元素為止。

鍵值在中間的快速排序演算法：

```
1   Procedure Quick_Sort(p,left,right)
2   if left<right then
3    i←left;j←right;
4   divided=(right+right)/2
5    ┌loop    //做數值的比較與交換迴圈//
6    │    repeat i←i+1 until p(i)>p(divided)
7    │    repeat j←j-1 until p(i)<p(divided)
8    │    if i<j then swap p(i),p(j)
9    │    else exit
10   └forever
11   swap p(divided),p(j)              //與鍵值更換//
12   call Quick_Sort(p,left,j-1)
13   call Quick_Sort(p,j+1,right)]      //做左右兩半排序//
14   end
15   end
```

至於鍵值在中間的 C 語言程式碼在此就不再列出，讀者可自行參考前面的鍵值在左邊的 C 語言程式及上面的演算法自行修改。

效率：假設檔案的資料數量 n 是 2 的次方，並令 $n = 2^m$，使得 $m = \log_2 n$。假如每次當一個記錄移到正確位置時所分割出來的兩個左右部份檔案大小相等，那每次就可以將原來要序之檔案分割成兩個大小約為原來一半的部份檔案。在此情況中，第一次處理時需要 n 次的比較，之後檔案會被分割成兩個大小為 n/2 的子檔案，每個子檔案也需要 n/2 次的比較，並產生四個大小為 n/4 的檔案，每個檔案需要 n/4 次的比較，並產生八個大小為 n/8 的檔案...以此類推，在子檔案分割了 m 次之後，會產生 n 個大小為 1 的檔案，因此對於整個排序動作所需的比較總次數大約是

$$n + 2(\frac{n}{2}) + 4(\frac{n}{4}) + 8(\frac{n}{8}) + ... + n(\frac{n}{n})$$

$$= n + n + n + n + ... + n \quad （共有 m 項）$$

所以時間複雜度為 $O(n*m)$，也就是 $O(nlog_2n)$，是相當有效率的一種排序法。

若我們使用鍵值在左邊的快速排序法，則它的最壞情況會發生在資料陣列已經排序好的狀況。在這種狀況中，由於 p[divided]已經在正確的位置中，則原始檔案會被分成大小為 0 及 n-1 的兩個子檔案。若此程序繼續進行，則共有 n-1 個子檔案被排序，檔案大小依序為 n, n-1, n-2...，若我們假設大小為 k 的檔案需比較 k 次，則排序好整個檔案共需比較的次數為

$$n + (n-1) + (n-2) + ... + 2 = O(n^2)$$

因此，對於"完全未排序"的檔案，我們使用快速排序法可以有最佳狀況，若是檔案已經排序過，快速排序法就發揮不了作用了。這樣的現象正好與泡沫排序法相反。對於檔案大小不是 2 的整數次方的情形，其結果也是相同的，但推演過程則稍微複雜一些，在此就不再列出。

雖然快速排序法在一般況狀中有很好的效率，可是整體而論它還是具有下列缺點：

1. quicksort 是以 rccursive 本質，很難去寫一個 non-recursive 演算法。
2. quicksort 的最差情況是 $O(n^2)$，quicksort 在平均情況下是最佳的 sorting。
3. 當資料已經排序好或完全相反次序時，均需 $O(n^2)$。
4. 是一種不穩定的排序法(unstable sorting method)。所需額外空間甚多，$O(logn) \sim O(n)$。

9-2-2 插入式排序

插入式排序的運作原則是將逐一比對後的資料插入到適當的位置中，所以對一個 n 個元素的陣列，進行插入式排序法時，需具備一個與資料長度 n 相同的輔助陣列。插入式排序法包括：中心插入排序法、二元插入排序法及謝耳排序法，以下將逐一做詳細的介紹。

9-2-2-1 中心插入排序法(Centered Insertion Sort)

對一個 n 個元素的陣列，進行中心插入排序法時，需具備一個與資料長度相同的輔助陣列。開始時，把原始資料陣列中的第一個資料放入輔助陣列中間的位置 $\lceil n/2 \rceil$，並設有兩個指標 Low 和 High 指向該位置，其中 Low 和 High 分別代表陣列中的所存在資料的最低和最高位址，然後從原陣列開始，依序取出一筆資料與 Low 所指的資料相比較：

1. 若原資料較大，則再與位置 Low + 1 到 High 間的元素相比較，一直找到一個大於它的元素，才把原資料插入於該位置上，而大於此元素的元素皆往右移一位，如向右移已沒有空位，則從插入元素前的位置至 Low 的位置向左移一位，Low 再減 1。

2. 若原資料較小，則將資料放入 Low-1 的位置上，然後再將 Low 值減 1，此時若 Low 值等於 0 的話，則把 Low 至 High 之間的資料往右移動，再將原資料放入第 0 位，High 值再加 1。

中心插入排序演算法：

```
1    Procedure CI_Sort(p,q,n)
2     high←n/2
3     low←n/2
4     for i←1 to n do q(i)←MAXINT
5     q(low)←p(1)
6     for i←2 to n do
7      if p(i)>q(low) then
8       j←2
```

```
9      while high>=low+j AND p(i)>q(low+j) do j←j+1
10     hole←get a empty element index value
11    else
12     low←low-1
13     hole←low
14    end
15   q(hole)←p(i)
16   for i←0 to n-1 do p[i]←q[i]
17  end
18 end
```

中心插入排序 C 語言：

```
1    /******************************************/
2    /*          名稱:中心插入排序法                */
3    /*          檔名:ex9-2-2-1.cpp              */
4    /******************************************/
5    #include <stdio.h>
6    #define MAXINT 9999
7    /*******************************************/
8    int shift(int q[],int *low,
9            int *high,int x1,int x2,int n)
10   {
11    int i;
12    if(x2==n-1)                          //後面滿了
13    {
14     for(i=*low;i<=x1-1;i++) q[i-1]=q[i];   //往前移
15     *low-=1;
16     return(x1-1);
17    }
18    else                                 //前面滿了
19    {
20    for(i=x2;i>=x1;i--) q[i+1]=q[i];       //往後移
21     *high+=1;
22    return(x1);
23    }
24   }
25   /**********************************************/
```

```
26    void CI Sort(int p[ ],int q[ ],int n)
27    {
28     int i,j,low,high,hole;
29     high=low=n/2;
30     for(i=0;i<n;i++) q[i]=MAXINT;
31      q[low]=p[0];
32      for(i=1;i<n;i++)
33      {
34       if(p[i]>q[low])                        //比 low 大
35       {
36       j=1;
37       while(high>=low+j && p[i]>q[low+j]) j+=1;
38        //尋找插入的位置
39        hole=shift(q,&low,&high,low+j,high,n);
40       }
41      else                                    //比 low 還小
42      {
43      low--;
44      hole=low;
45      }
46      q[hole]=p[i];
47      }
48      for(i=0;i<=n-1;i++)                     //將排序後的值讀回 q[ ]
49      p[i]=q[i];
50    }
51    /*****************************************/
52    void main() {
53     int a[9]={82,16,9,95,27,75,42,69,34},b[9];
54     CI_Sort(a,b,9);
55     for(int i=0;i<9;i++)
56      printf("%d ",a[i]);
57    }
```

輸出結果

```
9  16  27  34  42  69  75  82  95
```

| 82 | 16 | 9 | 95 | 27 | 75 | 42 | 69 | 34 |

步驟 1：開始時將陣列的第一個元素放入中間，Low 及 High 指標指向 82。

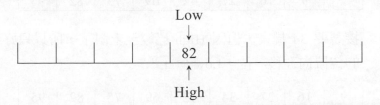

步驟 2：然後拿第二個元素 16 與 Low 指標所指的資料 82 比較：因 16<82，所以將 16 擺在緊鄰 82 的左邊的位置，且將 Low-1。

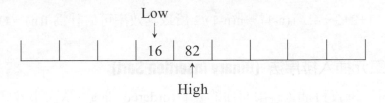

步驟 3：接著取下一個資料 9 與 Low 指標所指的資料 16 相比，因 9 < 16，所以將 9 擺在緊鄰 16 的左邊的位置，且將 Low-1。

| | | 9 | 16 | 82 | | | | |

步驟 4：接下來的結果分別是

加入 95：

| | | 9 | 16 | 82 | 95 | | | |

加入 27：

| | | 9 | 16 | 27 | 82 | 95 | | |

加入 75：

| | | 9 | 16 | 27 | 75 | 82 | 95 | |

加入 42：

		9	16	27	42	75	82	

加入 69：

	9	16	27	42	69	75	82	95

步驟 5： 接著要 34 擺入，但因 High 已經至上限了，所以只好把 9 至 27 的位置向左移一位，Low 值-1

9	16	27	34	42	69	75	82	95

效率： 中心插入法對於一個 n 元素的陣列的比較作法為 1, 2, 3, …, (n-1) 次，共需 $1 + 2 + 3 + ... +(n-1) = n(n-1)/2$。至於移動次數則可估為 $1+2+3+ ... +(n-1) = n(n-1)/2$ 所以其效率可估計為 $f(n) = O(n^2)$。

9-2-2-2　二元插入排序法 (Binary Insertion Sort)

首先將一筆資料插入一串有序的資料(ordered data：依大小做好排列的資料)$R_1, R_2, ..., R_i$ 中($R_1 \leq R_2 \leq R_3 ... \leq R_i$)，而使得這些 i + 1 比資料又成為新的一串有序資料。一開始將輸入第一筆資料於已預先設定好的陣列長度中的第一位或是最後一位，等待第二筆資料的輸入後和其做大小比較，其大小關係影響其陣列排列順序：

第一種排序： 將第一筆的資料放在陣列的第一位，此時的這一筆資料在整個一串資料中被當成是最小，下一筆資料和其比較的情形可分為比其大或小。

(a) 若下一筆資料較大：則將這一筆資料放在整個陣列中的第二位，而最小的指標依然不變。

(b) 若下一筆資料較小：則將第一筆輸入的資料移到陣列的第二個位置，而第二筆輸入的資料則放在第一個位置，而最小的指標則指向第二筆輸入的資料。若資料數超過三個時則必須一直比下去，直到每筆資料皆比過。但是若遇到前一筆資料比較大時便可停止。

第二種排序：將第一筆的資料放在陣列的最後一位，此時的這一筆資料在整個一串資料中被當成是最大，下一筆資料和其比較的情形可分為比其大或小。

(a) 若較小：則將這一筆資料放在整個陣列中的倒數第二位，而最大的指標依然不變。

(b) 若較大：則將第一筆輸入的資料移到陣列的倒數第二個位置，而第二筆輸入的資料則放在最後第一個位置，而最大的指標則指向第二筆輸入的資料。若資料數超過三個時則必須一直比下去，但是若遇到前一筆資料比較小時便可停止。

二元插入排序演算法：

```
1    Procedure BI_Sort(p,q,n)
2    {
3     q(1)←p(1)
4     for i←2 to n do
5      j←1
6      k←i-1
7     while j≤k do
8      l←(j+k)/2
9      if p(i)>q(l) then
10      k←l-1
11     else
12      j←l+1
13     end
14    end
15     for m←i to j do
16     q(m+1)←q(m)
17    end
18    q(j)←p(i)
19    end
20    end
```

二元插入排序 C 語言：

```
1   /************************************************/
2   /*         名稱:二元插入排序法               */
3   /*         檔名:ex9-2-2-2.cpp                */
4   /************************************************/
5   #include <stdio.h>
6   #define MAXINT 9999
7   /************************************************/
8   void BI_Sort(int p[],int q[],int n)
9   {
10   int i,j,k,l,m;
11   q[1]=p[1];              //放入第一個值
12   for(i=2;i<=n;i++)
13   {
14    j=1;
15    k=i;
16    while(j<=k)            //利用二元搜尋法找出插入的位置
17    {
18     l=(j+k)/2;
19     if(p[i]>q[l])
20      k=l-1;
21     else
22      j=l+1;
23    }
24   for(m=i-1;m>=j;m--) q[m+1]=q[m];
25    q[j]=p[i];
26   }
27  }
28  /************************************************/
29  void main() {
30   int a[10]={82,16,9,95,27,75,42,69,34,40},b[10],i;
31   BI_Sort(a,b,9);
32   for(i=1;i<=9;i++)
33   printf("%d ",b[i]);
34  }
```

輸出結果

```
95 75 69 42 40 34 27 16 9
```

 例

原始資料：

p	82	16	9	95	27	75	42	69	34

步驟 1：將第一筆資料存入陣列的第一個位置。

q	82								
	Min								

步驟 2：將第二筆資料與第一個位置的資料比較，因為 16 比 82 小所以將
　　　　16 放在第一個位置。

16	82							
Min								

步驟 3：依上述的方法一直比下去，其變化如下：

9	16	82						
Min								

9	16	82	95					
Min								

9	16	27	82	95				
Min								

9	16	27	75	82	95			
Min								

9	16	27	42	75	82	95		
Min								

9	16	27	42	69	75	82	95	

Min

9	16	27	34	42	69	75	82	95	←完成

效率： 由於二元插入排序法會執行 n-1 次插入的動作，所以必須對陣列中的資料做比較與交換的動作，在最差的狀況下共要做 1+2+3+…+(n-1)次，經計算 n(n-1)/2 是 $O(n^2)$，而在平均的狀況下，雖然每次插入只取用一半之資料，不必取用全部資料，但是對於時間複雜度來說，其計算結果依然為 $O(n^2)$。但另一方面，在最佳的狀況下，特別是陣列已排序好的情形，二元插入排序法每次插入新的資料只要檢查一個資料，花費 O(n)的時間，即執行時間為線性。其特性整理如下：

1. 平均時間複雜度與最差時間複雜度均為 $O(n^2)$。
2. 為一穩定的排序(stable sorting)。
3. 需要兩個額外的記錄空間，其中一個作為虛擬記錄(dummy record)，另一個作為交換時間的暫存空間。

9-2-2-3 謝耳排序法(Shell Sort)

謝耳排序法是由 D.L. Shell 所提出的，這個方法是由插入排序法演進而來，它允許所要排序的元素距離較遠，目的是減少插入排序法中元素搬移的次數，增快排序的速度。謝耳排序法是利用某一變數的間隔來比對其相間隔的元素，例如有 n 個元素的資料要進行排序，開始時的間隔是 Gap = $\lfloor n\,DIV\,2 \rfloor$(數學符號"$\lfloor\ \rfloor$"為取下限的意思，例如 $\lfloor 4.5 \rfloor$ 的結果為 4)，開始時，是第 i 個與第 Gap+i 個進行比，若第 i 個元素較大，則兩元素互換，反之則不互換。若有互換時則必需與往上數 Gap 項目去比較，以決定是否再互換，若不再互換，則繼續往下比較，直到 n-Gap 次的比較，然後再互換間隔 Gap=$\lfloor n\,DIV\,2 \rfloor$，重覆操作直到 Gap = 0 就停止，表示已經排序完成。

謝耳排序演算法：

```
1   Procedure Shell_Sort(p,n)
2    Gap←n/2
3    while Gap>0 do
4     for i←Gap+1 to n
5      j←i-Gap
6      while j>0 do
7       if p(j)>p(j+Gap) then
8        swap p(j),p(j+Gap)
9         j←j-Gap
10       else
11      exit while
12      end
13     end
14    end
15    Gap←Gap/2
16   end
17  end
```

謝耳排序 C 語言：

```
1   /**********************************************/
2   /*          名稱:謝爾排序法                      */
3   /*          檔名:ex9-2-2-3.cpp                  */
4   /**********************************************/
5   #include <stdio.h>
6   /**********************************************/
7   void shell(int p[],int n)
8   {
9     int i,j,Gap,temp;
10    Gap=n/2;
11    while(Gap>0)
12    {
13     //若此間隔值 Gap 大於 0，則變數 i 自間隔值 Gap 至 n 重複迴圈
14     for(i=Gap+1;i<n;i++)
15     {                    //變數 j 為 i 與間隔值 Gap 的距離
16      j=i-Gap;
```

```
17      while(j>0)
18      {                    //若p[j]值大於p[j+Gap]則兩數交換
19       if(p[j]>p[j+Gap])
20       {
21        temp=p[j];
22        p[j]=p[j+Gap];
23        p[j+Gap]=temp;   //變數 j 向左前進 Gap
24        j-=Gap;
25       }
26       else              // i 與間隔值的距離為 0，結束迴圈
27       break;
28      }                    // while_loop
29     }                     // for_loop
30    Gap/=2;
31   }                       //while_loop
32 }
33 /*********************************************/
34 void main() {            //主程式
35   int a[10]={82,16,9,95,27,75,42,69,34,40},i;
36   shell(a,10);
37   for(i=1;i<=9;i++)
38   printf("%d ",a[i]);
39 }
```

輸出結果

```
9  16  27  34  42  69  75  82  95
```

原始資料：

0	1	2	3	4	5	6	7	8
82	16	9	95	27	75	42	69	34

第一次交換：Gap=$\lfloor 9/2 \rfloor$=4

0	1	2	3	4	5	6	7	8
82	16	9	95	27	75	42	69	34

分成的群組有：(0, 4, 8)，(1, 5)，(2, 6)，(3, 7)。

其比較先後次序如下：先比較(0, 4)，(1, 5)，(2, 6)，(3, 7)。

再比較第二部分(4, 8)。

結果：

27	16	9	69	34	75	42	95	82

第二次交換：Gap=4/2=2

0	1	2	3	4	5	6	7	8
27	16	9	69	34	75	42	95	82

分成的群組有：(0, 2, 4, 6, 8)，(1, 3, 5, 7)。

其比較先後次序如下：(0, 2)，(1, 3)，(2, 4)，(3, 5)，(4, 6)，(5, 7)，(6, 8)

結果：

9	16	27	69	34	75	42	95	82

第三次交換：Gap=2/2=1

0	1	2	3	4	5	6	7	8
9	16	27	69	34	75	42	95	82

每個資料互相比較：(0, 1)，(1, 2)，(2, 3)，(3, 4)，(4, 5)，(5, 6)，(6, 7)，(7, 8)
結果：

9	16	27	34	42	69	75	82	95

最後一次：Gap=1/2=0　　排序完畢

效率：每個 PASS 的比較次數最少為 n-Gap 次，因此

$$C \text{ primary} = \sum_{i=1}^{p} (n - Gap)$$

$$= n(\log_2 n) - n$$

注意：一般第二次的比較，其次數約為第一次比較的一半，第三次又為第
二次的一半，即為第一次的四分之一，

所以 C = C primary + C secontary + C tertiary + …

$$= \sum_{j=0}^{k} \frac{1}{2} j (C \text{ primary})$$

其中 k = $\log_2 n$

9-2-3 選擇和樹狀排序

9-2-3-1 線性選擇排序法(Linear Selection Sort)

　　線性選擇排序法是每執行一次循環(Pass)便從陣列中選擇最小的資料，然後把它依序存入輸出陣列中。在第一循環時(Pass1)，我們先設定 Lower 為 p[0]，而 address 為 0，然後從第 1 個資料開始依序比較，直到找到較小值：(Lower：95)（註："(Lower：95)"表示 Lower 值與 95 比較，以下敘述類推），(Lower：27)，(Lower：75)，(Lower：42)，(Lower：69)，(Lower：34)，(Lower：16)，(Lower：9)，此時找到較小值 9，然後把 Lower 設定成新的較小值 9，同時將 Lower 值之位置指定給 address（即 address=8）。Lower 及 address 設定成新值後，再繼續比較取代，直到所有陣列資料都巡視過。因此在巡視一循環後，Lower 值為最小值，同時 address 為最小值之位置，我們再把 Lower 值存放入輸出陣列 q，且把 p[address]之資料設定成 MAXINT(最大整數)，不過在印出時，改印"Z"，此後在說明時，都以"Z"代表 MAXINT。

Address：	0	1	2	3	4	5	6	7	8
陣列 p 之原始資料：	82	95	27	75	42	69	34	16	9
Pass1 陣列 p：	82	95	27	75	42	69	34	16	Z
	9	Z	Z	Z	Z	Z	Z	Z	Z
Pass2 陣列 p：	82	95	27	75	42	69	34	Z	Z
陣列 q：	9	16	Z	Z	Z	Z	Z	Z	Z
Pass3 陣列 p：	82	95	Z	75	42	69	34	Z	Z
陣列 q：	9	16	27	Z	Z	Z	Z	Z	Z
Pass4 陣列 p：	82	95	Z	75	42	69	Z	Z	Z
陣列 q：	9	16	27	34	Z	Z	Z	Z	Z
Pass5 陣列 p：	82	95	Z	75	Z	69	Z	Z	Z
陣列 q：	9	16	27	34	42	Z	Z	Z	Z
Pass6 陣列 p：	82	95	Z	75	Z	Z	Z	Z	Z
陣列 q：	9	16	27	34	42	69	Z	Z	Z
Pass7 陣列 p：	82	95	Z	Z	Z	Z	Z	Z	Z
陣列 q：	9	16	27	34	42	69	75	Z	Z

Pass8 陣列 p :	Z	95	Z	Z	Z	Z	Z	Z	Z
陣列 q :	9	16	27	34	42	69	75	82	Z
Pass9 陣列 p :	Z	Z	Z	Z	Z	Z	Z	Z	Z
陣列 q :	9	16	27	34	42	69	75	82	95

線性選擇排序演算法：

```
1   Procedure LS_Sort(p,q,n)
2    for i←1 to n do q(i)←MAXINT
3     for i←1 to n do
4      lower←p(1)
5      address←1
6      counter←0
7       for j←1 to n do
8        if p(j)<lower then
9         lower←p(j)
10        address←j
11       q(i)←lower
12       counter←counter+1
13      end
14      if counter=0 then q(i)←lower
15      p(address)←MAXINT
16     end
17    end
18   end
```

線性選擇排序 C 語言：

```
1   /*********************************************/
2   /*          名稱:線性選擇排序法                 */
3   /*          檔名:ex9-2-3-1.cpp                */
4   /*********************************************/
5   #include <stdio.h>
6   #define MAXINT 9999
7   /*********************************************/
8   void LS_Sort(int p[],int q[],int n)
9   {
10   int i,j,lower,address,counter;
```

```
11    for(i=0;i<n;i++) q[i]=MAXINT;
12      //先將每個內容放入極大值
13    for(i=0;i<n;i++)
14    {
15     lower=p[0];
16     address=0;
17     counter=0;
18      for(j=1;j<n;j++)            //尋找出最大值
19       if(p[j]<lower)
20       {
21        lower=p[j];
22        address=j;
23        q[i]=lower;
24        counter++;
25       }
26      if(counter==0)
27      //若都沒有較大的表示 q[i]是最小的
28       q[i]=lower;
29       p[address]=MAXINT;         //放入極大值
30    }
31  }
32  /*******************************************/
33  void main() {
34   int a[9]={82,16,9,95,27,75,42,69,34},b[9];
35   LS_Sort(a,b,9);
36   for(int i=0;i<9;i++)
37   printf("%d ",b[i]);
38  }
```

輸出結果

```
9 16 27 34 42 69 75 82 95
```

效率：對於 n 個資料的陣列，線性選擇法共需要 n 次循環，每一次循環都包含(n-1)次的比較(包括與 MAXINT 或 Z 比較)，因此線性選擇排序法總共要 n*(n-1)次的比較。但這並不完全代表該排序的效率，因為它還包括移動較小值到 lower 及較小資料之位置到 address，而移動次數完全依陣列的排列而定，例如有一排序好的陣列，那移動次數為零，若以相反順序排(最差情況下)，則需要 n-1 次移動(每一循環)，因此 $f(n) = O(n^2)$。

9-2-3-2　二次選擇排序法（Quadratic Selection Sort）

若原始陣列具有 n 個資料，我們可以把它劃分成 $\sqrt{n}$ 部份。若 n 不是完全平方的數，我們就以緊接的完全平方數 n 來代，如 n = 26，n 就為 36，若 n=24，則 n=25。劃分好後，分別從各個部份選擇最小的資料，依次放到一輔助陣列，同時把各部份的相對資料以 Z 取代。然後再從輔助陣列的 $\sqrt{n}$ 個資料中找到最小的資料，把它置入輸出陣列，並且以 Z 代表輔助陣列的該最小資料。然後從該最小資料所屬的部份再找出一較小資料（注意：Z 代表比陣列中各資料都大的值，我們定為 MAXINT=32767），再放入輔助陣列，重覆找最小資料的動作。我們以下例說明，原始陣列為 9 個資料，因此劃分成 3 部份（$\sqrt{9}$=3）P1、P2、P3：

	P1			P2			P3		
原始資料：	82	16	9	95	27	75	42	69	34
initial：	82	16	Z	95	Z	75	42	69	Z
輔助陣列：		9			27			34	
Pass 1：	82	Z	Z	95	Z	75	42	69	Z
輔助陣列：		16			27			34	
輸出陣列：	9								
Pass 2：	Z	Z	Z	95	Z	75	42	69	Z
輔助陣列：		82			27			34	
輸出陣列：	9	16							
Pass 3：	Z	Z	Z	95	Z	Z	42	69	Z
輔助陣列：		82			75			34	
輸出陣列：	9	16	27						
Pass 4：	Z	Z	Z	95	Z	Z	Z	69	Z
輔助陣列：		82			75			42	
輸出陣列：	9	16	27	34					
Pass 5：	Z	Z	Z	95	Z	Z	Z	Z	Z
輔助陣列：		82			75			69	
輸出陣列：	9	16	27	34	42				
Pass 6：	Z	Z	Z	95	Z	Z	Z	Z	Z
輔助陣列：		82			75			Z	
輸出陣列：	9	16	27	34	42	69			
Pass 7：	Z	Z	Z	Z	Z	Z	Z	Z	Z
輔助陣列：		82			95			Z	
輸出陣列：	9	16	27	34	42	69	75		
Pass 8：	Z	Z	Z	Z	Z	Z	Z	Z	Z
輔助陣列：		Z			95			Z	
輸出陣列：	9	16	27	34	42	69	75	82	
Pass 9：	Z	Z	Z	Z	Z	Z	Z	Z	Z
輔助陣列：		Z			Z			Z	
輸出陣列：	9	16	27	34	42	69	75	82	95

最後結果：

9	16	27	34	42	69	75	82	95

效率： 如陣列劃分成 K 部份，而每一部份有 L 個資料(劃分成 K 部份時，
能排序的資料最多為每一部份 K 個，因此 L≤K)，則第一個最小資
料的選擇需要 K(L-1) + (K-1)次比較，其中 K-1 次比較乃是由輔助
陣列找出最小資料所需之比較次數。而剩下的最小資料選擇都要由
某一部份及輔助陣列決定，每一較小資料都要有(L-1) + (K-1)次比
較(包括與 Z 之比較)，因此(n-1)個資料需要(n-1)[(L-1)+(K-1)]次比
較，總共合計：

$$K(L-1) + (K-1) + (n-1) [(L-1) + (K-1)] = KL-1 + (n-1)(L+K-2)$$

而在資料最多時，L=K，而 $K=\sqrt{n}$，故 $KL-1+(n-1)(L+K-2)=(n-1)+(n-1)$
$(2\sqrt{n}-2)$，此時 n 為完全平方數。若 n 不為完全平方數，我們可估
計約為$(n-1)+(n-1)(2\sqrt{n}-2)$，因此對於任一 n 值，我們有$\sqrt{n}*n$。而
對資料的移動，次數為 $2n+\sqrt{n-1}$，因此二次選擇排序法的效率為
$f(n)=O(n^{3/2})$。

9-2-3-3　賽程排序(Tournament Sort)

賽程排序如同其名，它排序的過程像是一場競賽，以決定最佳選手。我們
假設有一筆資料如下：

82 16 9 95 27 75 42 69

將所有資料填入一個有 n^2 個節點的賽程樹(tournament tree)，而剩下的空節
點填入"*"符號，然後對節點內的值兩兩做比較，數值較大者為父節點，依照
此規則可得到下圖(a)，其中最大數值 95 為整棵樹的根，將最大者輸出，再將
樹重新整理，得圖(b)，其中-1 代表已輸出資料項，依照此規則可得到一由大到
小的數列，最後一項資料必須假設為 0 代表已輸出完畢。同理，若想要由小到
大排序，可仿照上例，將節點內的值兩兩比較，數值較小者為父節點，再逐一
將最小者輸出即可。

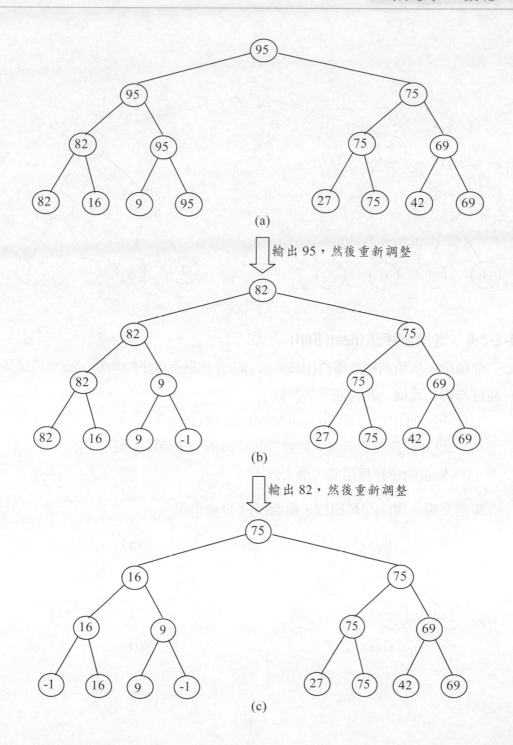

(a)

輸出 95，然後重新調整

(b)

輸出 82，然後重新調整

(c)

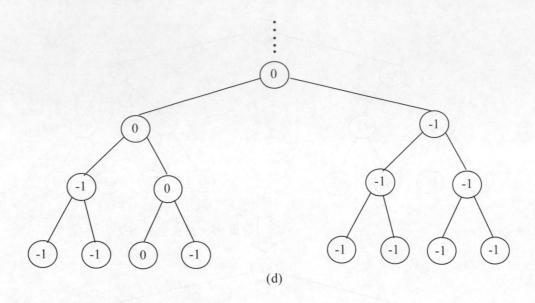

(d)

9-2-3-4　堆積排序法(Heap Sort)

堆積排序法是利用堆積樹(Heap tree)的方式進行排序的功能，而堆積樹是一種特殊的二元樹，其具備下列特性：

1. 是一棵完全二元樹(Complete Binary Tree)。

2. 每一個節點之值均大於或等於它的兩個子節點之值。

3. 樹根的值是堆積樹中最大的。

舉例來說，圖(a)是堆積樹，而圖(b)不是堆積樹。

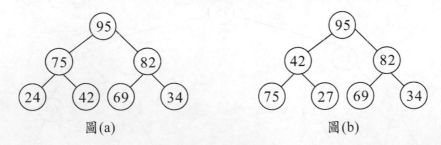

圖(a)　　　　　　　　　　　　圖(b)

要進行堆積排序法時，先將原始資料依序建立成完全二元樹，然後在依序下列的處理程序處理：

1. 將完全二元樹轉換成堆積樹。

2. 從陣列中間位置的資料為父節點，開始調整。

3. 找出此父節點中的兩個子節點中之較大者，再與父節點比較，若父節點資料較小，則交換這兩個資料。然後以交換後的子節點做為新的父節點，重覆此步驟直到沒有子節點為止。

4. 以步驟 3 中原本的父節點的所在位置往前推一個位置，做為新的父節點。繼續重覆步驟 3，直到整調到樹根完畢為止。則堆積樹已形成。

5. 有了堆積樹後，我們便開始排序。將樹根與二元樹的最後一個節點互換後，將最後一個節點輸出（即輸出的是原本的樹根）。然後比較樹根的兩個子節點，若左子節點的資料較大，則調整左子樹；反之，則調整右子樹部份，使之再成為堆積樹。

6. 重覆上一步驟，直到二元樹剩下一個節點為止。

堆積排序演算法：

```
1    producedure ADJUST(i,n)
2    //把樹根為 i 的二元樹調整為有堆積的性質，i 的左右子樹其樹根為 2i 及
3    2i+1 都有堆積的性質。樹的節點包含記錄 R，其鍵為 K。所有節點的註標
4    都不大於 n//
5     R←R(i);K←K(i);j←2i
6     while j≤n do
7      if j<n and K(j)<K(j+1) then j←j+1
8    //在左、右子樹中找尋較大的數//
9       if K≥K(j) then exit
10      R(j/2)←R(j)
11      j←2j
12     end
13    R(j/2)←R
14   end ADJUST
```

```
15  procedure Heap Sort(R,n)          //堆積排序//
16  //R=R(1),  ...  , R(n)是將要被排序的數所形成的陣列//
17  //n 是陣列內數字的個數//
18   for i←n/2 to 1 by -1 do         //將陣列 R 轉換成堆積樹//
19    call ADJUST(i,n)
20   end
21   for i←(n-1) to 1 by -1 do       //將 R 排序//
22    swap R(1),R(i+1)               //將 R(1)和 R(i+1)交換//
23    call ADJUST(1,j)               //將剩下的數再堆積//
24   end
25  end
```

堆積排序 C 語言：

```
1   /**********************************************/
2   /*          名稱:堆積樹排序法                    */
3   /*          檔名:ex9-2-3-5.cpp                 */
4   /**********************************************/
5   #include <stdio.h>
6   /**********************************************/
7   void fheap(int p[],int *son,int *father,int *m)
8   {
9    int temp;
10   if(*son+1<=*m && p[*son+1]>p[*son])      //比較左右子樹
11   *son+=1;
12   while(*son<=*m && p[*father]<p[*son])    //和父節點比較
13   {
14    temp=p[*son];
15    p[*son]=p[*father];
16    p[*father]=temp;
17    *father=*son;
18    *son=2*(*father);
19    if(*son+1<=*m && p[*son+1]>p[*son])
20     *son+=1;
21   }
22  }
23  /**********************************************/
```

```
24  void Heap Sort(int p[ ],int n)
25  {
26   int i,temp,limit,mid,son,father;
27   mid=n/2;
28   for(i=mid;i>=1;i--)        //先做出一個堆積樹
29   {
30    father=i;
31    son=2*father;
32    limit=n-1;
33    fheap(p,&son,&father,&limit);
34   }
35   for(i=n;i>=1;i--)
36   {
37    temp=p[i];          //把根交換到最外面
38    p[i]=p[1];
39    p[1]=temp;
40    father=1;               //再重新整理一次
41    son=2*father;
42    limit=i-1;
43    fheap(p,&son,&father,&limit);
44   }
45  }
46  /*******************************************/
47  void main() {
48   int i,a[10]={0,82,16,9,95,27,75,42,69,34};
49   Heap_Sort(a,9);               //a[0]不用,僅使用 a[1]~a[10]
50   for(i=1;i<10;i++)
51    printf("%d ",a[i]);
52  }
```

輸出結果

```
9 16 27 34 42 69 75 82 95
```

　　若以陣列來儲存資料，則對於任一位置 i 的位置，其父節點的位置是(i)而其兩子節點分別位於 2i 和 2i+1 的位置，若 2i 和(或 2i+1)大於總節點數則左子節點(或右子節點)不存在。假設存於陣列中的原始資料順序如下：

輸入順序	1	2	3	4	5	6	7	8	9
資料	82	16	9	95	27	75	42	69	34

用完全二元樹結構表示如圖 9-2-3-4.1 所示：

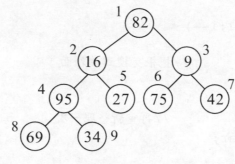

圖 **9-2-3-4.1**

　　操作開始是從 $\lfloor n\,DIV\,2 \rfloor$（數學符號"$\lfloor\ \ \rfloor$"為取下限的意思，例如 $\lfloor 9/2 \rfloor$ 的結果為 4）的位置開始，將 $\lfloor n\,DIV\,2 \rfloor$ 位置的元素與其兩個子節點中最大的元素相比，若 $\lfloor n\,DIV\,2 \rfloor$ 位置元素較大，則不必互換。反之，則與其互換，如果操作之位置為 1 時才停止。以上面的二元樹為例，開始時從 $\lfloor n\,DIV\,2 \rfloor = \lfloor 9/2 \rfloor = 4$ 開始，將節點 4 的元素 95 與其子節點 8 與 9 的兩元素 69 與 34 兩者中較大的相比，因 95>69 且 69>34 所以不需要交換。然後再檢查節點 4 的上一個節點，即節點 3，因節點 3 的元素 9 小於其子節點兩元素較大的 75(75>42)，所以節點 3 與節點 6 的兩元素互換，結果如圖 9-2-3-4.2 所示。

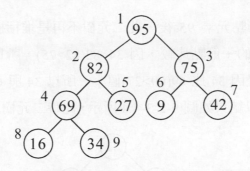

圖 **9-2-3-4.2**

因為節點 8 已經沒有子節點了，所以不必繼續再往下調整。所以從節點 3 的上一個節點，即節點 2，做為父節點，開始往下調整。結果節點 2 已經不需要再調整，所以再檢查節點 1，也是不需要再對調了，所以最後的堆積樹就如圖 9-2-3-4.2 所示。至此我們已經檢查完節點 1 了，也就是說堆積樹已經完成，可以開始排序了。假設我們要將資料由大到小排序，因為我們知道整棵堆積樹的樹根，是所有元素中最大的了，所以我們第一筆資料就是要輸出樹根。因此我們先將樹根與最後一個節點的元素互換，然後直接輸出最後一個元素，如圖 9-2-3-4.3 所示。

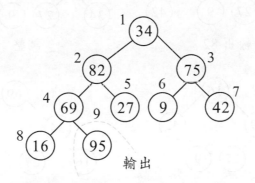

圖 **9-2-3-4.3**

輸出最後一個節點元素 95 後，此二元樹不再是堆積樹，令現為樹根的節點 34 與其後面較大的子節點比較，因 34<82(82>75)，所以調整左子樹部份。將 34 與 82 互換，又因 34 比 69(69>27)值小，所以 34 與 69 互換，34 再與 16 比較，因 34>16，所以結果如圖 9-2-3-4.4 所示，此時二元樹又被轉換成堆積樹。

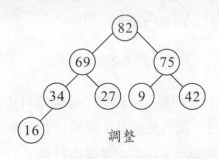

調整

圖 **9-2-3-4.4**

繼續相同步驟，各個循環後的堆積樹及輸出如圖 9-2-3-4.5 所示。

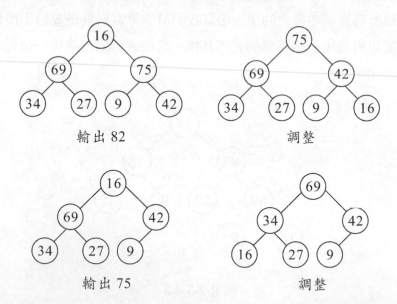

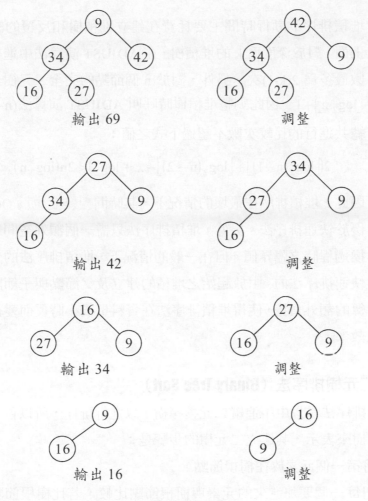

輸出 69　　　　　　　　　調整

輸出 42　　　　　　　　　調整

輸出 34　　　　　　　　　調整

輸出 16　　　　　　　　　調整

圖 9-2-3-5.5

最後只剩下樹根，故輸出 9。

由於 heap tree 是完全二元樹，可利用陣列來儲存二元樹中各節點。即節點 i 就儲存在陣列第 i 個位置上，為了滿足 heap 的性質故可以描述各陣列位置上關鍵值的關係如下：

對於節點 i 而言，其關鍵值存在陣列第 i 個位置，其父節點的關鍵值則存在於陣列的第[i/2]個位置，故 K[i] ≦ K[i/2]。

效率： 堆積排序的執行時間主要耗費在建立堆積樹和反覆的調整堆積樹上面，對於深度爲 k 的堆積樹，在 ADJUST 演算法中進行的比較次數最多爲 2(k-1)次。另外，對於 n 個節點的完全二元樹，其深度爲 $\lfloor \log_2 n \rfloor + 1$，因此調整堆積樹時呼叫 ADJUST 演算法(n-1)次，所以總共進行的比較次數不超過下式之值：

$$2\left(\lfloor \log_2(n-1) \rfloor + \lfloor \log_2(n-2) \rfloor + \ldots + \log_2 \right) < 2n(\log_2 n)$$

因此，堆積排序在最壞的情況下，其時間複雜度也爲 O(nlogn)，遠優於快速排序法。另外，堆積排序法只需一個額外空間用來保存交換過程時之臨界值。但在一般的情況下，堆積排序法的效率是不如快速排序法的。由於起始之堆積的建立及父節點與子節點位置之計算的額外負擔，使得堆積排序法在資料量很小時反而變得比較沒有效率。

9-2-3-5　二元樹排序法（Binary Tree Sort）

二元樹排序法是以中序追縱二元搜尋樹，以進行排序，所以首先是把資料以二元搜尋樹來表示，其建立二元樹的步驟是：

1. 將第一個元素放在樹根節點。
2. 把每一個要加進來的元素與樹根節點比較，若比樹根節點小，再與左子節點比較，若沒有左子樹，則把此元素放於左子樹。反之，比樹根節點大，則再與右子節點比較，若沒有右子樹，就把此元素放於右子樹。
3. 連續步驟 2 的操作，直到所有的元素皆被加入二元樹中。

二元樹排序演算法：

```
1   Procedure btree(root,val)
2    if root->data = NULL then
3     root←newnode
4    else                        // 插入非樹根節點
5     current←root
6     while current ≠ NULL do
7      back←current
8      if current->data > val then
9       current←current->left
10      else
11       current←current->right
12      end
13     end
14     if back->data > val then
15      back->left←newnode;
16     else
17      back->right←newnode;
18     end
19    end
20    return root
21   end
```

二元樹排序 C 語言：

```
1   Btree create_btree(btree root,int val)
2   //val 為第 i 個原始資料
3   {
4    btree newnode,current,back;
5    newnode = (btree)malloc(sizeof(node));
6   //向記憶體要一塊位址
7    newnode->data=val;
8    newnode->left=NULL;
9    newnode->right=NULL;
10   if(root->data==NULL)        // 插入樹根節點
11   {
12    root=newnode;
```

```
13      return root;
14    }
15    else                          // 插入非樹根節點
16    {
17     current=root;
18     while( current!=NULL )
19  // 找尋第 i 個節點的前一個節點
20      {
21       back=current;
22       if (current->data>val)
23        current=current->left;
24       else
25        current=current->right;
26      }
27     if(back->data > val)          // 決定第 i 節點的位子
28      back->left=newnode;
29     else
30      back->right=newnode;
31    }
32   return root;                    // 傳回第 i 個節點
33  }
34  //以中序方式列印二元樹
35  inorder(btree root)
36  {
37   if(root!=NULL)
38    {
39    inorder(root->left);
40     printf("%4d",root->data);     // 列印經排序後的二元樹
41     inorder(root->right);
42    }
43  }
44  perorder(btree root)             //以前序方式列印二元樹
45  {
46   if(root!=NULL)
47    {
48     printf("%4d",root->data);     // 列印經排序後的二元樹
49     perorder(root->left);
```

```
50    perorder(root->right);
51   }
52  }
53  postorder(btree root)         //以後序方式列印二元樹
54  {
55  if(root!=NULL)
56   {
57   postorder(root->left);
58   postorder(root->right);
59   print("%4d",root→data);    // 列印經排序後的二元樹
60   }
61  }
```

假設原始資料如下：

82	16	9	95	27	75	42	69	34

二元樹被建立的過程如圖 9-2-3-5.1 所示：

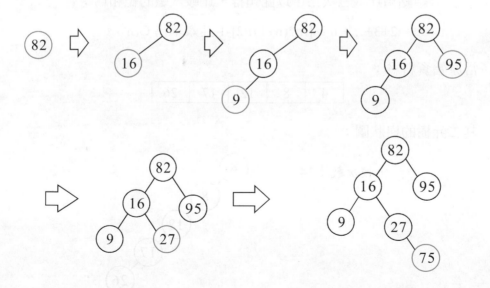

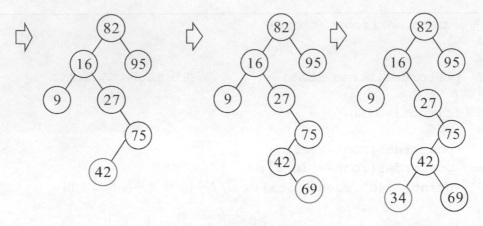

圖 **9-2-3-5.1**

效率： 此分類法的效率依各個元素的原始順序而定,若原始陣列完全分類
好(或依相反方向排好),則所得到的樹狀成為一個循序右鏈結(或
左鏈結),如圖 9-2-3-5.2 所示。在此情況下,建立樹狀時,插入
第一個節點不須比較;插入的第二個結點須比較兩次;插入第三個
結點須比較三次...,以此類推,比較次數的總和為：

$$2+3+...+ n = [(n*(n+1))/2]-1 \text{ 其效率為 } O(n^2)。$$

當原始資料為：

4	8	12	17	26

其二元樹的樹狀圖：

比較次數：14

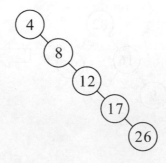

圖 **9-2-3-5.2**

換言之，若原始陣列的排序結構為第一個元素 a，其後大約有一半元素大於 a，令一半元素小於 a，則產生如圖 9-2-3-5.3 的樹狀。在此狀況下，所的二元素之高度 d 最小，其值大於或等於 log(n+1)-1。在二元樹之第 X 階層的結點數（最後階層除外）為 2 個，且欲將一元素置於階層（X=0 除外）需要 X+1 次比較。故比較的次數為：

$$d + \sum_{1}^{d-1} 2(x+1) \text{ 與 } \sum_{1}^{d} 2(x+1) \text{ 之間。}$$

可證明比較次數的總和為 O(n log n)。

假如原始資料如下：

12	8	17	4	26

其二元樹的樹狀圖：

比較次數：10

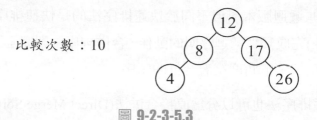

圖 **9-2-3-5.3**

這種排序法對陣列中的每個元素保留一個節點，其方法依製作樹程式的方法而定，不過皆需要指標引線的額外空間。二元樹排序法最大的缺點在於額外空間的需求和以相反順序輸入時，所造成的 $O(n^2)$ 效率，所以在建立二元樹搜尋樹時，可以考慮使用 AVL 樹的方式來建立（請參閱 7-4 節）。

9-2-4 其它排序

9-2-4-1 合併排序法(Merge Sort)

合併排序法可被應用去排序一堆沒有順序的資料或將兩個或兩個以上排序好的資料，合併成一個已排序好的資料。合併排序法也可用在外部排序上，不管處理何種方式資料，要牽涉到合併，我們便可以下列的方式來處理。合併排序法可分為：

1. 遞迴排序法：合併排序法也是屬於遞迴式的演算法，它也是應用 Divide and Conquer 的原則，只是它和快速排序法的遞迴呼叫順序有所不同。快速排序法是先進行一些處理（分割），再遞迴呼叫兩次；合併排序法則是先遞迴呼叫兩次，再進行處理（合併）。

2. 非遞迴排序法：就像快速排序法可以改成非遞迴的方式撰寫，合併也有非遞迴版本。但不同於快速排序法的是快速排序法是利用堆疊(Stack)完成類似遞迴呼叫的動作，合併排序法則完全不必用到堆疊，它是用另一個角度來看合併的順序。

另外，合併排序法也可以分為直接合併法(Direct Merge Sort)與自然合併法(Natural Merge Sort)。這兩種方法皆可以用在內部排序或外部排序，但首先我們只有先介紹直接排序法，自然合併法留待外部排序章節再加以說明。直接排序法先將資料分成左、右兩個部份，再將左半部的資料一分為二，直到長度值為 1，然後進行比較，再合併；右半部的資料也依左半部資料的處理方式，直到整個資料排好。

而合併排序法如何將兩個已經分別排序好的資料集合，合併成為一個較大且也已經排序好的資料集合？假設已經有兩個已排序好的資料集合 A 及 B，要將其合併後放入空資料集合 C，則以下敘述了合併的運作方式：

1. 每次比較 A 和 B 的第一筆資料，將較小的那一筆放入 C 中。
2. 重覆上一步驟，直到 A 或 B 其中一個變為空集合。

3. 將另一集合剩下的所有資料依序放到 C 的尾端，則合併完成。

合併排序法就是利用上述的方法，將資料細分至長度值爲 1 的集合，然後再一一合併，最後得到了一個已經排序好的資料集合，其步驟如下：

1. 直接排序法先將資料分成左、右兩個部份集合，再將左半部的資料一分爲二，直到資料長度值爲 1。

2. 將第一及第二個子資料集合合併，第三及第四個子資料集合合併，...，以此類推。

3. 重覆上一步驟，將合併後的子集合再次兩兩合併。

4. 最後，所有的子集合已合併成爲一個排序好的資料集合，即排序完成。

合併排序演算法

```
1   Procedure Merge_Sort(a,c,NUM)
2    n←1
3    while n<NUM do
4     call Merge_Pass(a,c,n,NUM)
5     n←n*2
6     call Merge_Pass(c,a,n,NUM)
7     n←n*2
8    end
9   end
10  Procedure Merge_Pass(a,c,n,NUM)
11   for i←0 to NUM-2*n by 2*n do
12    call Merge(a+i,n,a+i+n,n,c+i)
13   end
14   if i+n<NUM then
15    call Merge(a+i,n,a+i+n,n,c+i)
16   else
17    for j←i to NUM-1 do c(j)←a(j)
18   end
19  end
20  Procedure Merge(a,m,b,n,c)
```

```
21   i←0;j←0;k←0
22   while i<m AND j<n do
23    if a(i)≤b(j) then
24     c(k)←a(i)
25     k←k+1
26     i←i+1
27    else
28     c(k)←b(j)
29     k←k+1
30     j←j+1
31    end
32   end
33   if i<m then
34    while i<m do
35     c(k)←a(i)
36     k←k+1
37     i←i+1
38    end
39   else
40    while i<n do
41     c(k)←b(i)
42     k←k+1
43     i←i+1
44    end
45   end
46   end
```

合併排序 C 語言：

```
1    /*********************************************/
2    /*          名稱:合併排序法                    */
3    /*          檔名:ex9-2-4-1.cpp                 */
4    /*********************************************/
5    #include <stdio.h>
6    /*********************************************/
7    void Merge(int a[],int m,int b[],int n,int c[])
8    {
9     int i=0,j=0,k=0;
```

```
10   while(i<m && j<n)                //依序找最小的值加入空資料集合
11    if(a[i]<=b[j])
12     c[k++]=a[i++];
13    else
14     c[k++]=b[j++];
15    if(i<m)                         //把剩下的值加入資料集合中
16     while(i<m) c[k++]=a[i++];
17    else
18   while(j<n) c[k++]=b[j++];
19  }
20  /**********************************************/
21  void Merge_Pass(int a[],int c[],int n,int NUM)
22  {
23   int i,j;
24   for(i=0;i<=NUM-2*n;i+=2*n)   //以 2*n 間隔排序
25    Merge(a+i,n,a+i+n,n,c+i);
26   if(i+n<NUM)
27    Merge(a+i,n,a+i+n,NUM-(i+n)-1,c+i);
28                                     //把剩下的進行合併處理
29   else
30    for(j=i;j<NUM;j++) c[j]=a[j];
31  }
32  /**********************************************/
33  void Merge_Sort(int a[],int c[],int NUM)
34  {
35   int n=1;
36   while(n<NUM)
37   {
38    Merge_Pass(a,c,n,NUM);        //排序後加到 c
39    n*=2;
40    Merge_Pass(c,a,n,NUM);        //排序後加到 a
41    n*=2;
42   }
43  }
44  /**********************************************/
45  void main() {
```

```
46    int a[9]={82,16,9,95,27,75,42,69,34},b[9],i;
47    Merge_Sort(a,b,11);
48    for(i=0;i<9;i++)
49     printf("%d ",a[i]);
50    }
```

輸出結果

```
9  16  27  34  42  69  75  82  95
```

原始資料：

| 82 | 16 | 9 | 95 | 27 | 75 | 42 | 69 | 34 |

首先，將資料分成左、右兩部份：

| 82 | 16 | 9 | 95 | 27 | 75 | 42 | 69 | 34 |

再將左半部劃分，直到長度為1：

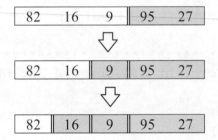

然後進行比較後，再依小至大的方式排列來進行合併：

再將[95 27]分成二部份，再進行比較合併：

| 9 | 16 | 82 | 95 | 27 |

⇩

| 9 | 16 | 82 | 27 | 95 |

再合併 [9　16　82] [27　95]，會得到經過排序後的左半部：

| 9 | 16 | 27 | 82 | 95 |

將右半部的資料依左半部資料處理的方式處理，其過程如下：

| 75 | 42 | 69 | 34 |

⇩ 左半邊分割

| 75 | 42 | 69 | 34 |

⇩ 合併左半邊

| 42 | 75 | 69 | 34 |

⇩ 右半邊分割

| 42 | 75 | 34 | 69 |

⇩ 合併右半邊，而後合併左右邊資料

| 34 | 42 | 69 | 75 |

再合併經處理的左、右兩部份，利用兩個指標來分別記錄兩組資料目前所要處理資料的位置，開始時兩個指標 i 與 j 都指向第一個位置(i=1, j=1)，然後將 A 與 B 中的元素相比，若 A 中的元素較小，將其輸出再將 A 中所用的指標指向下一個的位置，反之亦然。例如有兩堆已排序好的資料 A 與 B。

(1)：

| A | 9 | 16 | 27 | 82 | 95 |

| B | 34 | 42 | 69 | 75 |

(2)：

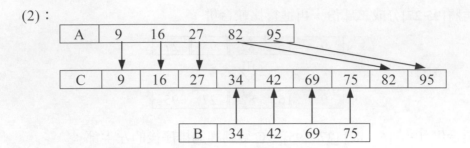

其比較過程爲：首先得到 A[i] = 9，B[j] = 34，此時 i, j 皆爲 1。兩者比較，
由於 A[i]＜B[j]，故將 A[i]的值放入 C 陣列中，並將 i+1。
繼續比較直到 i, j 皆跑至陣列最後一個位址。取出 C 陣列
中的值即爲所求結果。

最後結果如下：

9　　16　　27　　34　　42　　69　　75　　82　　95

效率：遞迴式的合併排序法不論在平均狀況或最壞狀況下，效率皆是
O(nlog n)。而非遞迴的合併排序法，共需 logn 循環，每循環約需 n
次比較，所以效率仍爲 O(nlog n)。

合併式排列法的優點與缺點如下：

優點：在平均情況(average case)或是最糟情況（worst case）下，
其效率皆爲 n log n(假設有 n 筆記錄)。就一般情形下的效率
而言，合併排序法介於快速排法和堆積排序之間。另外是
當所處理的資料爲鏈狀結構時，合併排序法非常適用。插
入排序法可視爲合併排序法的特例，其中兩個分別包含一
個元素和陣列其餘元素。選擇排序法可視爲快速排序法的
特例，其中檔案分割成兩部分，一部分只含最大元素，另
一部分由陣列其餘元素所構成。

缺點： 記憶體空間的使用，需要一個夠擺放 n 個以上元素的輔助陣列。換言之，它在進行合併的動作時，必須用到額外的記憶體空間，此空間的大小正比於 n（其實這 n 個記憶體可以避免，但會使得程式變得很複雜）。

9-2-4-2　計數排序法(Counting Sort)

計數排序法的技巧是給每項資料設置一個計數器，然後開始巡視整個陣列，巡視的方法是先從資料陣列中依序取出一筆資料，而這筆資料再分別與其他筆資料兩兩相比，並在較大（或小）資料的計數器上加 1。從第一筆資料開始與其下每一筆資料相比較，當第一筆資料與其它每一筆資料比完後，再拿第二筆資料與其下每一筆資料相比（第一筆資料不用再比），以此類推，直到全部的資料都比較過了。計數排序法的構想是對每一個值都計算關鍵值的個數，再根據計數來搬動資料的位置。

計數排序演算法：

```
1   Procedure Counting_Sort(p,n)
2    for i←1 to n do c(i)←0
3     i←0
4     j←1
5    while i≤n do
6     repeat
7     if p(i)>p(j) then
8      c(i)←c(i)+1
9     else
10     c(j)←c(j)+1
11     end
12    j←j+1
13   until j>n
14    i←i+1
15    j←i+1
16    end
17   end
```

計數排序 C 語言：

```
1    /**********************************************/
2    /*            名稱:計數排序法                    */
3    /*            檔名:ex9-2-4-2.cpp                 */
4    /**********************************************/
5    #include <stdio.h>
6    /**********************************************/
7    int c[10];
8    /**********************************************/
9    void Counting_Sort(int p[],int n)
10   {
11    int i,j;
12    for(i=0;i<n;i++) c[i]=0;          //清空陣列
13     for(i=0;i<n-1;i++)
14      for(j=i+1;j<n;j++) {            //比較大小,贏的加一點
15       if(p[i]<p[j])
16        c[i]++;
17       else
18        c[j]++;
19      }
20   }
21   /**********************************************/
22   void main() {
23    int a[10]={82,16,9,95,27,75,42,69,34,40},i;
24    Counting_Sort(a,10);
25    for(i=0;i<10;i++)
26     printf("%d ",a[c[i]]);
27    printf("\n");
28   }
```

輸出結果

```
9  16  27  34  40  42  69  75  95
```

例 一陣列存有 82, 16, 9, 95, 27, 75, 42, 69, 34 共 9 筆資料，第一次比較是 82
與其下 8 筆資料做比較，比較大的值則在其計數器上加一，其比較過程
如下：

資料 p	計數器 c	最後排序結果
82	★ ★ ★ ★ ★ ★ ★	7
16	★	1
9		0
95	★ ★ ★ ★ ★ ★ ★ ★	8
27	★ ★	2
75	★ ★ ★ ★ ★ ★	6
42	★ ★ ★ ★	4
69	★ ★ ★ ★ ★	5
34	★ ★ ★	3

得到的排序結果

9	16	27	34	42	69	75	82	95

效率： 由上表計數排序法整個比較的過程，我們可以看出第一筆資料共比
了 8 次，第二筆資料共比了 7 次，第三筆資料共比了 6 次，以此類
推，巡視的範圍減 1，因此 n 筆資料共需要比較 n-1 次，每次需要
的比較次數為陣列中剩的資料數，所以總比較次數為

$$\sum_{i=1}^{n-1} i = \frac{n(n-1)}{2}$$

這項比較次數與資料的次序並無關係，資料不一定由大到小或小到
大排列好，若無排列好就必需再做交換的動作。Counting Sort 與
Bubble Sort 的差別就在於 Counting Sort 沒有做交換動作而 Bubble
Sort 有做交換動作。一般在有關到名次的排列時，使用 Counting Sort

可以很快的對名次的排名一目了然。若要將原資料也排序好，則只需在函式的最後多加下面的程式碼即可：

```
for(i=0;i<n;i++)
q[c[k]+1]=p[k];
```

9-2-4-3　基數排序法(Radix Sort)

基數排序法又稱 Bucket sort 或 Binsort，是利用數字位數的作為排序的依據，所以不適用於字串或文字的排序，其排序的流程是將鍵值分成幾個單元，把同一單元的放在一堆，其比較方向可分為最有效鍵(Most Significant Digit, MSD)或最無效鍵(Least Significant Digit, LSD)，也就是說可由右至左或由左至右分類，而實際上，基數排序法就是逐字檢查由鍵值分成的基本單元。MSD法是從最左邊的位數開始比較，是採用分配、排序、收集三個步驟進行。LSD是從最右邊的位數開始比較，只須採用分配和收集兩個步驟。

基數排序演算法：

```
1   Procedure Radix_Sort(p,n)
2    m←2        //設有效位數為2位
3    while m>0 do
4     for i←0 to 9 do c(i)←0
5      for i←0 to 9 do
6       for j←1 to n do temp(i,j)←0
7      end
8     for i←1 to n do
9      if m=2 then
10      j←p(i) mod 10
11     else
12      j←p(i) div 10
13      end
14    c(j)←c(j)+1
15    temp(j,c(j))←p(i)
16    end
```

```
17   k←0
18   for i←0 to 9 do
19    if c(i)≠0 then
20     for j←1 to c(i) do
21      p(k)←temp(i,j)
22      k←k+1
23     end
24    end
25   end
26   m←m-1
27   end
28  end
```

基數排序 C 語言：

```
1    /***********************************************/
2    /*          名稱:基數排序法                      */
3    /*          檔名:ex9-2-4-3.cpp                   */
4    /***********************************************/
5    #include <stdio.h>
6    /***********************************************/
7    void Radix_Sort(int p[],int n)
8    {
9     int i,j,k,m;
10    int c[10],temp[10][30];
11    m=2;
12    while(m>0)
13    {
14     for(i=0;i<10;i++) c[i]=0;       //清除陣列內的值
15     for(i=0;i<10;i++)
16      for(j=0;j<n;j++) temp[i][j]=0;
17     for(i=0;i<n;i++)
18     {
19    if(m==2)                         //看看比較的是十位還是個位
20     j=p[i]%10;                      //2 代表個位,1 代表十位
21    else
22     j=p[i]/10;
```

```
23    c[j]++;
24    temp[j][c[j]]=p[i];
25    }
26    k=0;
27    for(i=0;i<10;i++)
28     if(c[i]!=0)
29     for(j=1;j<=c[i];j++)
30     {
31      p[k]=temp[i][j];
32      k++;
33     }
34    m--;
35    }
36   }
37   /*******************************************/
38   void main() {
39    int a[10]={82,16,9,95,27,75,42,69,34,40},i;
40    Radix_Sort(a,10);
41    for(i=0;i<10;i++)
42    printf("%d ",a[i]);
43    printf("\n");
44   }
```

輸出結果

```
9  16  27  34  42  69  75  82  95
```

假設原始資料如下：

82	16	9	95	27	75	42	69	34

方法 1：採用 MSD，依照十位數的大小排序，再排個位數

0	09
1	16
2	27
3	34
4	42
5	
6	69
7	75
8	82
9	95

其排序結果：

9	16	27	34	42	69	75	82	95

假設原始資料如下：

9	12	18	123	456	47	32	198	49	234

採用 MSD，依照百位數的大小排序，再排十位數，最後則是個位數

0	9, 12, 18, 47, 32, 49
1	123, 198
2	234
3	
4	456,
5	
6	
7	
8	
9	

依照百位
數的大小
排序

0	9, 12, 18, 32, 47, 49
1	123, 198
2	234
3	
4	456,
5	
6	
7	
8	
9	

依照十位
數的大小
排序

其排序結果：

9	12	18	32	47	49	128	198	234	456

方法 2： 採用 LSD，先依照個位數的大小排序，再排序十位數。

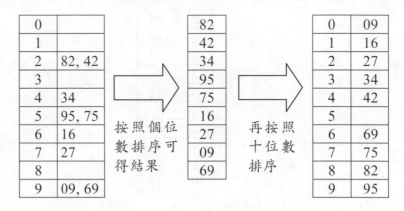

可得最後結果：

9	16	27	34	42	69	75	82	95

　　開始時，依個位數的值進行分配，例如個位是 2 的有 82 和 42，是 4 的有 34 等，第一個循環後，把所有的元素值依序的合併為：82, 42, 34, 95, 75, 16, 27, 9 與 69 第二循環時，依十位數的值進行分配，如十位數是 0 的有 9，是 1 的有 16 等...，分配完後再依序的把所有元素合併，就可得一排序的元素。經由方法 1 和方法 2 的比較，我們可以清楚知道 LSD 方法較為良好，因為 LSD 在排序過程中不需要考慮到前一個位數的排序結果。

缺點： 1. 要排序的串列必須是一個連結串列，若用基數排序法來排序陣列時，從兩方面來說是很複雜的，第一是要以元素移動來取代指標處理，若元素很大時，這是很嚴重的事。

2. 每個字元串列必須能容納整個要排序的串列，因此每個字元可能出現之值為 m，則基數排序法所需額外的記憶體大小為原來串列的 m 倍。

3. 另一個潛在的缺點是需要將字元值轉換為適當字元字串指標的工作量。

註：基數排序法與其他排序法的差異是它可不進行任何比較的動作，其可用串列與鏈結，如果以鏈結方式處理，也無須移動元素。

效率：基數排序法的時間需求很明顯的是依資料位數的數目(m)及檔案中元素的數目(n)而定。在演算法中的主要兩個迴圈，外部迴圈會被執行 m 次，內部迴圈會被執行 n 次，所以基數排序法的效率大約是 O(m*n)。因此若在鍵值中的位數個數不會太大的話，此排序法是具有不錯的有效率。但其缺點為需要的額外空間較大，需要(m*n)個儲存空間，若要改善這個缺點，則儲存空間必須改用鏈結串列的方式，但仍需要 2*n 個記憶體位置。

9-3 外部排序法(External Sort)

對於資料量非常龐大且無法全部載入記憶體中的資料進行排序,需將資料儲存在輔助記憶體,例如:磁碟,光碟,MO。因此在排序這些資料時,先將待排序資料切割成很多區段。每讀取一個區段,先將內部排序加以排序,並將排序結果暫存於磁碟,待每一區段的資料都排好後,再用合併排序法將行程排序起來,當然合併過程也是先暫存於磁碟中,繼續合併至剩下一個行程為止。

由於外部排序需大量使用機械動作(指磁碟的讀取頭移到檔案位址所需的步驟,如磁碟尋找到資料檔時間,移動機械手臂,讀取資料載入記憶體等步驟),與資料存在記憶體內比較,搬移及交換的速度相差很遠。因此,外部排序的效率比較差,但它卻是必須時常使用的排序法。以下介紹一些較常用的外部排序法。

9-3-1 直接合併排序法(Direct Merge Sort)

此法我們在內部排序法中已曾經介紹過,故於此不再贅言,請自行參考內部排序法之合併排序法的說明。

9-3-2 自然合併排序法（Natural Merge Sort）

自然合併排序法是利用原始資料中,有些資料已順序排序的特性,當巡視所有資料的過程中,發現元素的數值有減小（stepdown）的現象時,即將其分裂,待全部分裂完成後,再將其合併,如此分裂、合併交互的進行,直至所有的元素被排序。

原始資料：

82	16	9	95	27	75	42	69	34

將其分成兩組：

B：

82	9	95	42	69

C：

16	27	75	34

其分成兩組的過程：首先以將 82 填入 B 陣列，然後比較下一資料，是否有分裂現象(即是否比上筆資料小)，因為 16<82，故分裂，16 填入 C 陣列中，下一筆資料 9 直接填入 B 陣列，繼續上一步驟，檢查是否分裂，若沒有則將值填入 B 陣列；若有分裂，將值丟入 C 陣列，下一筆資料直接送入 B 陣列。一直反覆此步驟，直到原始陣列中之最後一個值。

進行合併：

A：

16	27	75	82	09	34	95	42	69

再將其分組：

B：

16	27	75	82	42	69

C：

09	34	95

合併為：

A：

9	16	27	34	75	82	95	42	69

分裂為：

B：

9	16	27	34	75	82	95

C：

42	69

合併：

| 9 | 16 | 27 | 34 | 42 | 69 | 75 | 82 | 95 |

效率： 若以遞迴式的合併排序效率分析，假設要排序的元素有 n 個，如
以遞迴的方式處理，則每次分割的長度為原來的一半，所以合併的
關係式可表示為：

$$T(n) = \begin{cases} a & n=1 \quad\quad a\ 為常數 \\ 2T(2/n)+Cn & n>1 \quad\quad c\ 為常數 \end{cases}$$

$$T(n)=2T(n/2)+Cn$$
$$=2(2T(n/4)+Cn/2)+Cn$$
$$=2^2 T(n/2^2)+2Cn$$
$$\vdots$$
$$=2^K T(n/2^K) + KCn$$
$$=nT(1)+KCn\ (當\ n \doteqdot 2^K)$$

9-3-3　k 路合併法(k-Way Merge Sort)

前面所介紹的直接合併法和自然合併法，皆採用內部排序法的例子加以介
紹，並未實際用一外部排序例子來說明，為了可以明確地了解外部排序法的功
用，下個例子將利用磁碟來作排序，藉此清楚地說明何謂 k 路合併法。

例 假設原始資料為：

| 82 | 16 | 9 | 95 | 27 | 75 | 42 | 69 | 34 |

但因為記憶體的關係，每次傳輸資料只能有兩筆資料，故使用四個磁碟，
題目要求兩個磁碟作為輸出資料用，另外兩個用來作為資料輸入用。

解：步驟如下：

步驟 1：

磁碟一	16	82			
磁碟二	9	95			
磁碟三					
磁碟四					

現在令磁碟一、二為輸入資料用，磁碟三、四為輸出資料用。因此，首先讀入兩筆資料並作排序送入磁碟一，之後，再讀入兩筆資料將之排序送入磁碟二。

步驟 2：

磁碟一	16	82	27	75	34
磁碟二	9	95	42	69	
磁碟三					
磁碟四					

重複上一步驟，直至所有原始資料全部被載入。

步驟 3：

磁碟一					
磁碟二					
磁碟三	9	16	82	95	34
磁碟四	27	42	69	75	

開始合併排序，第一次輸入資料 16, 9 進入記憶體，經排序後寫出較小的 9 至磁碟三中，同時也由磁碟二中讀入資料 95。經排序後寫出 16 至磁碟三，同時讀入磁碟一的資料 82。經排序結果依序寫出 82, 95 至磁碟三中。重複以上步驟，將第二區段的資料寫入磁碟四。

步驟 4：

磁碟一	9	16	27	42	69	75	82	95
磁碟二	34							
磁碟三								
磁碟四								

將磁碟三、四的排序結果送入磁碟一、二中，繼續二、三步驟，直到排序完整。最後結果如下表：

磁碟一								
磁碟二								
磁碟三	9	16	27	34	42	69	75	82	95
磁碟四								

若將上面這些處理過程化為一棵樹，使讀者更容易看出合併過程。從樹中我們可以輕易看出，長度為 1 的資料項，經過合併後長度變為 2，再合併一次就變為長度 4 的資料項；而在資料的總組數會由原本的 1 倍變為 1/2 倍再變為 1/4 倍，以此類推直到資料項組數變為 1，此時資料排序完畢。

原始資料：

長度為一　82　16　9　95　27　75　42　69　34

長度為二　16　82　9　95　27　75　42　69　34

長度為四　9　16　82　95　27　42　69　75　34

長度為八　9　16　27　42　69　75　82　95　34

長度為九　9　16　27　34　42　69　75　82　95

圖 9-3-3.1　以兩個磁碟輸入資料作合併排序的樹

提高處理速度有兩種方法：一、增加記憶體的容量，使每一次處理的檔案數量能增加。二、增加磁碟個數，因為磁碟的個數若是越多，則每經過依次合併排序後，其塊狀內之資料項的筆數增加的越快。如上所述的方法是利用兩個磁碟作合併排序的工作，因此每次塊狀的資料筆數皆為原先(前一回合)的兩倍。若是用四個磁碟作為輸入資料用(如圖 9-3-3.2)，則每一回合併排序完成後，其每一塊狀的資料筆數皆為上一回合的四倍。這種每次執行合併排序時，其資料提供來源數有 k 個，則稱為 k 路合併排序法。

長度為一	82	16	9	95	27	75	42	69	34
長度為四	9	16	82	95	27	42	69	75	34
長度為八	9	16	27	42	69	75	82	95	34
長度為九	9	16	27	34	42	69	75	82	95

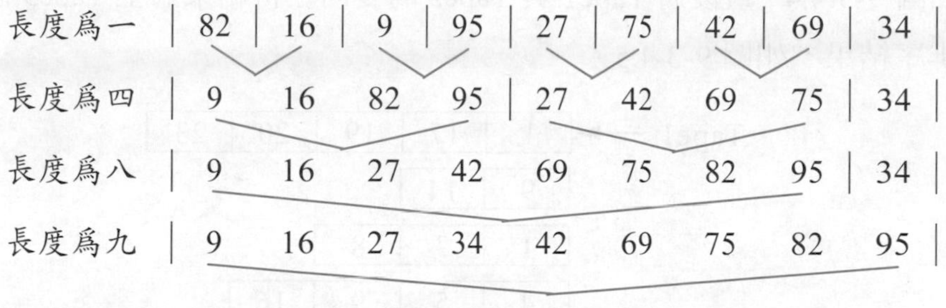

圖 **9-3-3.2**　以四個磁碟作合併排序的樹

效率：　比較上面兩個圖，若是將兩個合併排序的示意圖看成是兩棵樹，則當 k-路合併法時，k 之值越大，則樹之高度越低。假設有 n 個資料要用 k-路合併法，則其樹的高度表示為（$\log_k n$），即要執行合併排序法的次數。

9-3-4　多階段合併法(Polyphase Merge)

多階段合併法的做法是每次將行程最小的磁帶與其他磁帶中相同數目的行程作一 k 向合併，然後把結果寫至空白磁帶上，如此周而復始地重複此步驟，直到合併成一個行程為止，這種程序就稱之為"合併到無"。多階段合併法比 k 路合併排序法節省磁帶。因 k 路合併排序法需 2k 盒磁帶，而多階段合併法只需 k+1 盒磁帶。

例 假設 Tape1 有 5 個行程，Tape2 有 3 個行程，Tape3 則為空白帶，如圖 9-3-4.1
所示。第一階段合併時，Tape1 的第 1、2、3 行程與 Tape2 的第 1、2、3
行程分別作雙向合併後輸出至 Tape3，所以 Tape1 僅剩餘第 4 及 5 行程，
如圖 9-3-4.2 所示。同理，在第一階段合併中，又可 Tape1 及 Tape3 作合併，
然後寫入 Tape2，使得 Tape3 僅剩餘一個行程，如圖 9-3-4.3 所示。再經過
一次雙向合併，把 Tape3 與 Tape2 合併至 Tape1，剩餘 Tape2 一個行程，
如圖 9-3-4.4。最後將 Tape1 與 Tape2 的雙向合併結果寫至 Tape3 便可得到
排序結果，如圖 9-3-4.5。

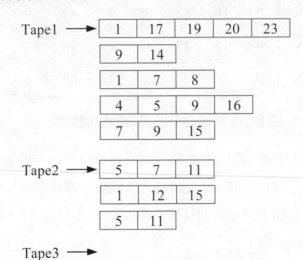

圖 9-3-4.1　多階段合併起始狀態

解：

步驟 1：將 Tape1 和 Tape2 的行程一、二、三合併至 Tape3

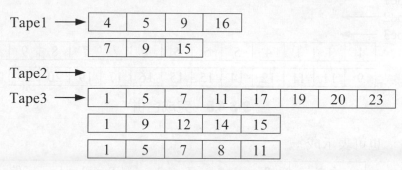

圖 **9-3-4.2** 第一階段合併

步驟 2：將 Tape1 及 Tape3 作合併，然後寫入 Tape2

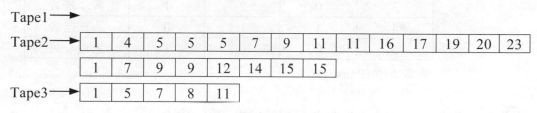

圖 **9-3-4.3** 第二階段合併

步驟 3：把 Tape3 與 Tape2 合併至 Tape1

Tape1 →

| 1 | 1 | 4 | 5 | 5 | 5 | 7 | 7 | 8 | 9 | 11 | 11 | 16 | 17 | 19 | 20 | 23 |

Tape2 →

| 1 | 7 | 9 | 9 | 12 | 14 | 15 | 15 |

Tape3 →

圖 **9-3-4.4** 第三階段合併

步驟 4：將 Tape1 與 Tape2 的雙向合併結果寫至 Tape3

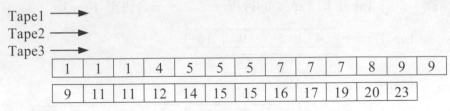

Tape1 ⟶
Tape2 ⟶
Tape3 ⟶

| 1 | 1 | 1 | 4 | 5 | 5 | 5 | 7 | 7 | 7 | 8 | 9 | 9 |

| 9 | 11 | 11 | 12 | 14 | 15 | 15 | 16 | 17 | 19 | 20 | 23 |

圖 **9-3-4.5** 完成合併

也可表示成：

次數	Tape1	Tape2	Tape3	備註
1	5	3	0	起始狀態
2	2	0	3	第一階段
3	0	2	1	第二階段
4	1	1	0	第三階段
5	0	0	1	完成合併

共需五相(Phase)

例 下表是六盒磁帶排序 253 個行程的過程，第一行(column)表示的是每一盒磁帶上的行程數，此時 Tape1 為空白磁帶，用以儲存輸出結果，在第一次合併時，以所有磁帶中最小長度的行程為基準，作五路合併，亦即每盒磁帶各取 31 個行程合併，再把結果寫入 Tape1，便可得到第二行的結果，此時 Tape6 必須倒回起始位置以便重新輸入，依此步驟，直到合併成一個行程為止，便可得到最後的結果。

	1	2	3	4	5	6	7	8
Tape1	0	31	15	7	3	1	0	1
Tape2	61	30	14	6	2	0	1	0
Tape3	59	28	12	4	0	2	1	0
Tape4	55	24	8	0	4	2	1	0
Tape5	47	16	0	8	4	2	1	0
Tape6	31	0	16	8	4	2	1	0

解：第一行：磁帶內的行程數。

　　第二行：第一行之行程數減 31，並存放於 Tape1。

　　第三行：第二行之行程數減 16，並存放於 Tape6。

　　第四行：第三行之行程數減 8，並存放於 Tape5。

　　第五行：第四行之行程數減 4，並存放於 Tape4。

　　第六行：第五行之行程數減 2，並存放於 Tape3。

　　第七行：第六行之行程數減 1，並存放於 Tape2。

　　第八行：第七行之行程數減 1，且於 Tape1 輸出資料。

效率：多階段合併排序有效率是因為給定 n 個序列，它總是在(n-1)項合併而不是(n/2)項的合併。由於所需的回次大約是 $\log_k n$ (n 是要被排序的項目個數，k 為合併運算的級數(degree)，即參與合併的序列數)，所以多階段合併排序法比起 k 路合併排序法具有重大的改進。

9-4 排序法的效益評估

　　評估一個排序法的好壞，除了用於排序的時間及空間外，尚需考慮到穩定度、最壞狀況和程式的易寫度，例如氣泡排序法，雖然效率不好，但卻常常被使用，因為程式好寫易懂。而基數排序法雖然平均效率最好但卻需要大量的額外空間，快速排序法雖然很快，但在某些時候效率卻與插入排序法差不多。以下就常用的排序法依最壞狀況所需時間、平均所花費的時間、是否屬於穩定排序、是否需交換位置、所需的額外空間及備註等以表格來表示。

排 序 法	最壞狀況 所需時間	平均所花費 的時間	是否屬於 穩定排序	是否需 交換位置	所需的 額外空間	備 註
氣泡排序法	$O(n^2)$	$O(n^2)$	YES	YES	$O(1)$	n 小較佳 程式易寫
選擇排序法	$O(n^2)$	$O(n^2)$	NO	YES	$O(1)$	
二次選擇 排序法	$O(n^{3/2})$	$O(n^{3/2})$	YES	YES	$O(1)$	
中心插入 排序法	$O(n^2)$	$O(n^2)$	YES	YES	$O(1)$	
二元插入 排序法	$O(n^2)$	$O(n^2)$	YES	NO	$O(1)$	
快速排序法	$O(n^2)$	$O(n\log_2 n)$	NO	YES	$O(\log n)$ $\sim O(n)$	
謝耳排序法	$O(n^2)$	$O(n(n\log_2 n)^2)$	YES	YES	$O(1)$	
合併排序法	$O(n\log n)$	$O(n\log_2 n)$	YES	NO	$O(n)$	
堆積排序法	$O(n\log_2 n)$	$O(n\log_2 n)$	NO	YES	$O(1)$	
二元樹 排序法	$O(n^2)$	$O(n\log_2 n)$	YES	YES	$O(1)$	
計數排序法	$O(n^2)$	$O(n^2)$	YES	YES	$O(1)$	
基數排序法	$O(n\log n)$	$O(n\log n)$ $--O(n)$	YES	YES：MSD NO：LSD	$O(n*S)$	

習　題

1. (a) 何謂內部排序？哪些排序法是內部排序？
   (b) 何謂外部排序？哪些排序法是外部排序？
   (c) 何謂 comparative sorts 與 distributive sorts？
   (d) 何謂穩定的排序法？舉例說明。

2. 有哪些排序法使用了 divide-and-conquer 的策略？

3. 將下列的數據分別用 quick sort 及 heap sort 由大到小排並列出步驟：
   6, 1, 8, 2, 4, 3, 10, 9, 7, 5。

4. 比較 quick sort 與 heap sort 之(a)穩定與否(b)平均執行時間(c)額外儲存空間。

5. 試以 merge sort 排列下列數值：35,20,14,37,51,14,7,47。

6. 在 sorting method 中經常要加速執行而使用 sentinel 的觀念。
   (a) 何謂 sentinel？
   (b) 請寫出 insertion sort 使用 sentinel 的演算法。

7. 假設準備排序的資料量十分大，試比較下列排序法的執行時間？
   merge sort 、quick sort、insertion sort、heap sort

8. 試寫出 quick sort 的非遞迴演算法。

10

搜尋

10-1 前言

　　搜尋(Search)和我們的日常生活息息相關，為了取得某一筆資料，必須掃描某一範圍的資料，這個掃描的動作就是搜尋。例如我們從電話簿中搜尋同學的電話號碼，或是從英漢字典中搜尋一個單字，這些動作都是搜尋。然而我們所搜尋的某一範圍的資料中，其資料結構型態的不同會影響搜尋的效率，例如個人的電話簿可能會依親戚、同學、同事等項目來分類，或是將全部的姓名依筆畫排序，這兩種不同的分類方式在搜尋的效率上也有所不同。即搜尋的方式可以決定資料的結構，因此我們可依不同的資料型態採用適當的搜尋方法，以獲得較高的效率。

　　搜尋和排序一樣，也分成內部與外部兩種，如果所有要搜尋的資料都存放在主記憶體內，這樣的搜尋方式就稱為內部搜尋(Internal Search)。反之，如果要搜尋的資料量相當大，無法同時全部儲存在主記憶體中，則必須利用輔助記憶體，如硬碟，這樣的搜尋方式就稱為外部搜尋(External Search)。由於外部搜尋的使用機會極少，因此在此一章節中我們所討論的將以內部搜尋為主。

　　另外，若搜尋的資料在搜尋之前，就以某種特定的方式儲存，例如由小到大排序，其資料不會再增加、刪除和修改，則稱為靜態搜尋(Static Search)，一般的搜尋皆屬於靜態搜尋；但如搜尋的資料，會經常性的增加、刪除和修改，則稱為動態搜尋(Dynamic Search)。

10-2 循序搜尋法 (Sequential Search)

　　循序搜尋法又稱為線性搜尋法(Linear Search)，是所有搜尋法中最簡單的一種，且程式設計既容易又清楚，可應用於鏈結串列或矩陣的資料結構上。

方法：是由第一筆資料開始，依序將一筆一筆資料逐次搜尋，直到搜尋到所需要的資料為止，故十分適合小檔案、矩陣與串列的搜尋。

步驟：設共有 n 筆資料的矩陣，則各資料分別為 P[1], P[2], P[3], ..., P[n] 且 n≥1，所要尋找的資料為 key，則其步驟為：

(1) i=1

(2) 比較：若 key =P[i]搜尋成功可結束搜尋。

(3) 繼續：i=i+1;

(4) 資料搜尋是否結束？若 i≦n 則回到(2)，否則查詢結束，搜尋失敗。

利用循序搜尋法來搜尋一資料時，可能有 1, 2, 3, ..., n 次的比較次數，即若該筆資料是在第一個位置時，則只需要比較一次即可。若是資料位於第二個位置時，則需搜尋兩次，因此總平均搜尋次數需要(1+n) / 2 的比較次數。由上可知循序搜尋法是從第一個資料開始搜尋起，因此將最常用的資料放在第一個位置的而後再依取用頻率高低的不同依序放在隨後的位置上，最不常用的資料則放在最後的位置。此外循序搜尋並不適合用在較大的檔案搜尋，但其有一優點，就是要搜尋的資料可以不經過排序，其餘的搜尋法則大多需要先將資料排序好。

循序搜尋演算法：

```
1   procedure SeqSrch(P,n,key)
2    i ← 1
3    while i ≤ n do
4     if P(i) = K then return('success')
5      i ← i+1
6     end
7    return('fail')
8   end SeqSrch
```

循序搜尋 C 語言：

```
1    /*********************************/
2    /*          名稱:循序搜尋           */
3    /*          檔名:ex10-2.cpp        */
4    /*********************************/
5    #include <stdio.h>
6    int SeqSrch(int P[],int n,int key)
7     {
8     int i=0;
9     while(i<n)                      //從第一個找到最後一個
10    {
11     if(P[i]==key) return(1);
12     i=i+1;
13    }
14    return(0);
15   }
16   /*********************************/
17   void main() {
18    int a[10]={2,3,5,7,11,13,17,19,23,29};
19    if(SeqSrch(a,10,29))            //尋找29
20     printf("Found~~");
21    else
22     printf("No!!");
23   }
```

輸出結果

Found!!

例 10-2.1 資料:82,16,9,95,27,75,42,69,34，欲尋找鍵值=27

解： (1) 尋找第一筆資料:82 ≠ 鍵值 27

(2) 尋找第二筆資料:16 ≠ 鍵值 27

(3) 尋找第三筆資料: 9 ≠ 鍵值 27

(4) 尋找第四筆資料:95 ≠ 鍵值 27

(5) 尋找第五筆資料:27 = 鍵值 27

效率： 根據上述的演算法，尋找任何一個鍵值 key，需要 n-i+1 次，故平均比較次數是 $\sum_{1\le i\le n}(n-i+1)/n=(n+1)/2$。所以，線性搜尋平均之比較次數是檔案之一半，即所需時間=(每次搜尋所需要次數)*(n+1)/2。time complexity 是 O(n)。當 n 很大時，線性搜尋很不實際，改進方式是我們要預估每一個 record 的頻率，計算出它的頻率，依照頻率的大小來排列，頻率大的 record 置於檔案前端，概率小的置於後端，如此一來可以減少搜尋的時間。

10-3 二分搜尋法 (Binary Search)

二分搜尋法是被用來尋找一個資料已按大小次序排列的檔案或表格的方法，搜尋時是依資料中某個鍵值，執行步驟如下：

1. 首先將在這一群資料中找出其中間項 m，其位置在(low + high) / 2，其中 low 和 high 分別代表搜尋範圍的上限及下限索引值，以中間項為分界畫分成上、下兩半部，並將要搜尋的資料值 key 和中間項 m 作比較。

2. 若 key 比中間項大則捨棄下半；若比中間項小則保留下半部。

3. 再畫分成兩部分並與第二次中間項做比較，如此依次繼續下去，直到找到所要的資料 key 為止。

4. 若 low > high 時，則表示左限和右限已經交錯了，不能再二分資料下去，便是搜尋失敗。

二分搜尋演算法：

```
1   procedure BinSrch (P, N, key)
2    low←1; high←N
3   while low≦high do
4     m← (low + high)/2   // 計算檔案中間的記錄位置 //
5     case
6     key>P(m):low←m+1   // Key 落在檔案的下半部//
7     key=P(m):return "success"        // 找到了//
8     key<P(m):high←m-1    // Key 落在檔案的上半部//
9    end
10  end
11  return "fail"
12  end
```

二分搜尋 C 語言：

```
1    /**********************************/
2    /*        名稱:二元搜尋            */
3    /*        檔名:ex10-3.cpp         */
4    /**********************************/
5    #include <stdio.h>
6    int BinSrch (int P[],int n,int key)
7    {
8     int low=0,high=n-1,m;
9     while(low<=high)
10    {
11     m=(low + high)/2;            //取中間值
12     if(key>P[m]) low=m+1;        //太大
13     else if (key==P[m]) return(1);   //找到了
14     else if (key<P[m]) high = m-1;   //太小
15    }
16   return(0);
17   }
18   /*********************************************/
19   void main() {
20    int a[10]={2,3,5,7,11,13,17,19,23,29};
```

```
21   if(BinSrch(a,10,17))        //尋找17
22    printf("Found!!");
23   else
24    printf("No!!");
25  }
```

輸出結果

```
Found!!
```

例 10-3.1 資料為 82,16,9,95,27,75,42,69,34 經過排序後所以得到下列數值：

解：9,16,27,34,42,69,75,82,95，欲取鍵值：69

其搜尋過程：

pass(1)：找出中間項 42 ≠ 鍵值 69

pass(2)：找出中間項 75 ≠ 鍵值 69

pass(3)：找出中間項 69 = 鍵值 69

搜尋過程說明：首先找出中間項即(9+1)/2=5 (n=9)，即第五項資料為 42 因 42 < 69，所以捨棄下半部留下 69, 75, 82, 95 再取中間項為 75，將 75 與 69 比較得 69 < 75 所以最後剩 69 與 75 兩項資料即搜尋結束，而中間項位址所儲放之資料，即是為搜尋所要的資料。

效率：二元搜尋每次比較，檔案皆縮小一半，由 1/2, 1/4, 1/8, 1/16, ...，在第 k 次比較時，最多只剩 $\lceil n/2^k \rceil$。最壞的情形是最後只剩下一個資料才找到，即 $n/2^k = 1$，所以 $k = \log_2 n$，亦即二元搜尋的最多比較次數為 $\log_2 n$，平均時間為 $O(\log_2 n)$。

10-4 費氏搜尋法 (Fibonacci Search)

費氏搜尋法採用和二元搜尋法相同的原則來切割範圍,不過費氏搜尋的運算只有加減,而二元搜尋則是以乘除計算分割點,以計算機運算的觀點而言,加減計算的效率要優於乘除,所以就運算的難易度及運算的速率花費時間來評估,費氏搜尋法較二元搜尋法為優。

費氏搜尋是以費氏數列來切割檔案,費氏數列的內容如下所示:0, 1, 1, 2, 3, 5, 8, 13, 21, 34, ...,費氏數列的定義是除了第一和第二元素外,所有的元素是前二個元素之和,其詳細的定義如下所示:

$$F_0=0,F_1=1$$
$$F_n=F_{n-1}+F_{n-2},n\geqq 2$$

費氏數列分割過程如同二元搜尋法一樣,首先要建立一棵樹,這棵樹就叫做費氏樹。費氏樹的特性是樹根為一個費氏數,且子節點與父節點之差的絕對值也是費氏數。

費氏二元樹的形成

1. 以資料個數 n 來決定費氏樹為 k 階(k-order)

    $j = 0$ Fib(0) = 0

    $j = 1$ Fib(1) = 1

    $j = 2$ Fib(2) = 1

    $j = 3$ Fib(3) = 2

    $j = 4$ Fib(4) = 3

    ⋮

    $j = n$ Fib(x) = Fib(x-1) + Fib(x-2)

    從中尋得一最小的 k 值,使得 Fib(k+1) ≥ n+1

2. 當 k=0 或 k=1 時，表示此費氏樹只有一個節點。

3. 當 k ≥ 2 時，則表示此費氏樹之根爲 Fib(k)，而其左子樹爲(k-1)階的費氏樹（其根爲 Fib(k-1)），右子樹（k-2）階費氏樹（其根爲 Fib(k)＋Fib(k-2)）。

上述演算法適用於 n+1 爲一費氏數，若 n+1 不爲一費氏數時，則可找出存在一個 m 使得 Fib(k+1) - m＝ n+1，即 m=Fib(k+1)-(n+1)，再依上述演算法建立費氏樹，最後把費氏樹的各節點減去 m 即可。

費氏差值原則：左子樹爲負，右子樹爲正

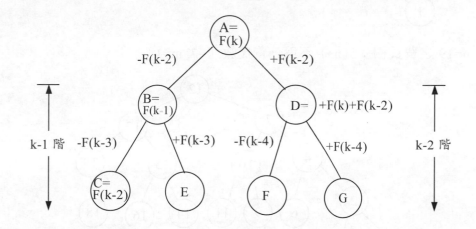

步驟：假設資料個數有 n 個且可找到一最小費氏數 F(k+1)大於 n+1，

即 F(k+1) ＞ n + 1

則 F(k)就是這棵費氏樹的樹根，而 F(k-2)則是開始的差值。

n=20 之費氏樹：（n+1 為一費氏數, k=7）

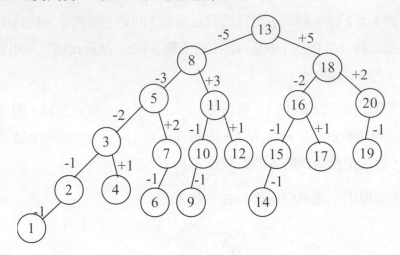

n=19 之費氏樹：（n+1 不為一費氏數, k=7, m=1）

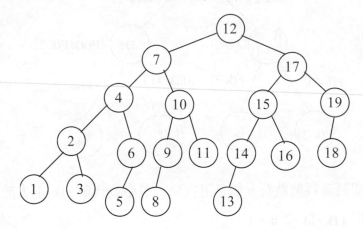

上圖 n=19 之費氏樹其 m=21-19-1=1，將 n=20 之費氏樹各個節點之值減去 m 即為 n=19 之費氏樹。

如果我們要搜尋一個值 key，首先我們比較陣列索引 F(k) 和 key，而得列下列的三種情況，如下所示：

1. 當 key 比較小，則我們搜尋 1 到 F(k) - 1 資料。

2. 當 key 比較大，則我們搜尋 F(k)+1 到 F(n)的資料。

3. 當 key 與陣列索引 F(k)的值相等，表示搜尋成功。

繼續上述的步驟直到找到鍵值或費氏差值爲零。

費氏搜尋法演算法：

```
1   procedure FIBNSRCH(G, n, k, key)
2     mid←F_k; fn1←F_{k-1}; fn2←F_{k-2}
3     m = F_{k+1} −(n+1)
4     if key > G_mid then[mid ← mid-m]
5       while mid <> 0 do
6         case key < G_mid : if fn2=0 then mid ← 0
7           else[mid←mid-fn2;temp←fn1;fn1←fn2;fn2←temp-fn2]
8         case key = G_mid : return mid
9         case key > G_mid : if fn1=1 then mid ← 0
10          else[mid ← mid+fn2;fn1 ← fn1-fn2; fn2 ← fn2-fn1]
11      end while
12    end if
13  end
```

費氏搜尋法 C 語言：

```c
1   /**********************************/
2   /*        名稱：費氏搜尋              */
3   /*        檔名：ex10-4.cpp          */
4   /**********************************/
5   #include <stdio.h>
6   int fib[10] = {0,1,1,2,3,5,8,13,21,34};
7   int fib_search(int data[],int n,int key)
8   {
9     int index,mid,fn1,fn2,temp,m;
10    for ( index = 0 ; fib[index] < n+1 ; index++) ;
11    index--;    //找出 k 值
12    m = fib[index+1]-n-1;    //找出 m 值，若 n+1 爲費氏數則 m 值爲 0
13
14    mid = fib[index]-m;      //根 F(k)
15    fn1 = fib[index-1];      //F(k-1)
16    fn2 = fib[index-2];                //F(k-2)
```

```
17
18    while ( mid ) {
19      printf("\n data[%d] = %d ",mid,data[mid-1]);
                                        //依序輸出尋訪的節點
20

21      if ( key < data[mid-1] )        //鍵值太小，往左子樹移動
22        if( fn2 <= 0  )  mid=0;       //已到樹的底部
23        else{
24          mid=mid-fn2;
25          temp=fn1;
26          fn1=fn2;
27          fn2=temp-fn2;
28        }
29      else if( key > data[mid-1] )     //鍵值太大，往右子樹移動
30        if( fn1 <= 1 )  mid=0;         //已到樹的底部
31        else{
32          mid=mid+fn2;
33          fn1=fn1-fn2;
34          fn2=fn2-fn1;
35        }
36      else return --mid;               //找到了，傳回索引位置
37    }
38    return -1;                         //沒找到
39  }
40
41  void main()
42  {
43    int a[10] = {9,16,27,34,42,75,82,95,100,105};
44
45    if( fib_search(a,10,34) != -1 )  //欲找尋 34
46      printf(" Found!");
47    else printf(" Not Found!");
48  }
```

輸出結果

```
data[6]=75
data[3]=27
data[5]=42
data[4]=34  Found!
```

例 **10-4.1** 利用費氏搜尋法找尋某一數值資料為：

16　9　34　27　42　75　95　82　100　105

解：排序後之資料：

d[1]	d[2]	d[3]	d[4]	d[5]	d[6]	d[7]	d[8]	d[9]	d[10]
9	16	27	34	42	75	82	95	100	105

演算法之規則推導過程如下：

以知資料個數 n=10，F(k+1)>n+1，則 F(6+1)=13>10+1，可求得 k=6，故樹根為 F(6)=8，又因 n+1 不為費氏數，所以 m=2(F(k+1)-(n+1)) =13-10-1=2)

故各節點索引值皆減去 2 則可建立一費氏樹如下圖所示：

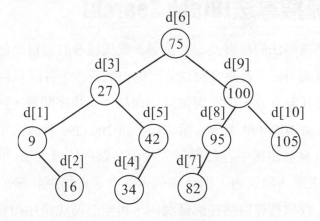

比如我們要找尋 key = 34，此時從樹根開始比較：

(1) 當 key>樹根時，往右子樹尋找

(2) 當 key<樹根時，往左子樹尋找

(3) 當 key=樹根時，表示資料找到了

過程如下：

(1) key=34<75，往左子樹尋找 → 第一次

(2) key=34>27，往右子樹尋找 → 第二次

(3) key=34<42，往左子樹尋找 → 第三次

(4) key=34，資料找到　　　　 → 第四次

共尋找四次

效率：費氏搜尋與二元搜尋的 time complexity 同為 O(logn)，在平均情況費氏搜尋優於二元搜尋；在最壞的情況則遜於二元搜尋。費氏搜尋優點是只需進行加、減運算，而二元搜尋則有除法運算；則缺點是每次必需去計算下個級數。

10-5 區塊搜尋法(Block Search)

有鑑於循序搜尋法的緩慢及二分搜尋、費氏搜尋的資料維護困難，區塊搜尋法是一種折衷的方法。若將資料以分區的方式存放，各區只存放某特定範圍的資料，區內可任意存放，但區與區間仍保持一定排序關係，例如將小於 100 者放入第一區，將 100~199 者放入第二區，將 200~299 者放入第三區等。此種資科結構單純且易於維護，在搜尋前先找出各區內的最大值(亦可在資料建立時記錄之)，將之置入陣列內，則此陣列內資料必為排序狀態，要搜尋前先至此陣列內比較，找出搜尋值應在何區塊內，再至該區塊循序搜尋即可。

例 10-5.1 假設有一筆資料為：82　16　9　95　27　35　42　69　34

將 9 筆資分割為 3 區，每區有 3 項資料

第 1 區：9　16　27

第 2 區：34　42　69

第 3 區：75　82　95

解： 首先找出其最大值依序為 27,69,95，若要搜尋 82，此值大於 69 而小於 95，故可能在第 3 區內，至第 3 區內依序搜尋，在第 3 項找到 822。這種方式為區塊搜尋法，它的比較次數為，在最大值項內比較跟在區塊內比較之和，故適當的分區塊會得到較少的比較次數，若總項數為 N，各區塊有 S 項，當 S=$\sqrt{N}$ 時會有最高效率。

區塊搜尋演算法：

```
1   procedure BlockSearch(K,n)
2    for I= 1 to n                   //先將資料以一百為單位區塊儲存
3     X=0
4     while not(Data(I)≧X and Data(I)<(X+1)*100)
5      X=X+1
6     end
7     t(X)←t(X)+1
8     block(X,t(X))←Data(I)
9    next I
10   flag=false
11   X=0                             //開始找尋資料
12   while not(K≧X and K<(X+1)*100)   //先找尋資料所在區塊
13    X=X+1
14   end
15   for I=1 to t(X)                  //在此區塊搜尋資料
16    if K=block(X,I) then
17      flag=true
18      exit for
19    end
20   next I
21   if flag=true then
```

```
22    return('you found it')
23   else
24    return('no!!')
25   end
26 end
```

區塊搜尋 C 語言：

```
1    /*******************************/
2    /*      名稱：區塊搜尋法          */
3    /*      檔名：ex10-5.cpp        */
4    /*******************************/
5    #include <stdio.h>
6    /*******************************/
7    void BlockSearch(int a[],int n,int key)
8    {
9     int block[10][30],t[10],i,flag=0,x;
10    for(i=0;i<10;i++)
11     t[i]=-1;
12    for(i=0;i<n;i++)                    //先以一百為單位儲存陣列值
13    {
14     x=0;
15     while(!(a[i]>=x && a[i]<((x+1)*100)))
16      x++;
17     t[x]++;
18     block[x][t[x]]=a[i];
19    }
20    x=0;                               //開始找尋資料
21    while(!(key>=x && key<((x+1)*100))) //先找尋資料所在區塊
22     x++;
23    for(i=0;i<(t[x]+1);i++)
24     if(block[x][i]==key)               //在此區塊搜尋資料
25      flag=1;
26     if(flag)
27      printf("found!!");
28     else
29      printf("no!!");
30 }
```

```
31  /********************************/
32  void main() {
33  int a[10]={1,115,122,225,300,335,340,450,670,799};
34   BlockSearch(a,10,335);
35  }
```

輸出結果

found!!

10-6 插補搜尋法 (Interpolation Search)

插補搜尋法不同於二元搜尋法，插補排序是一種漸漸逼近的搜尋方法，例如：我們查字典欲找尋 ball 這個字，通常會大致翻到 b 字頭附近再往前或往後翻數頁，一直以"多一點"或"少一點"來修正，直到找到爲止，但插捕搜尋法的基本條件是被搜尋檔案的記錄，必須爲經過排序過的順序性資料。假如我們事先知道鍵值是均勻分佈在資料中，所以我們可知鍵值會位在

$$m=a+((k-K(\ell))/(K(h)-K(\ell)))*(b-a)$$

其中 k 是要尋找的鍵，$K(\ell)$、$K(h)$是剩餘待尋找記錄中的最小和最大值，對於 N 筆資料進行插補的順序如下：

1. 先將記錄依照鍵值不遞減之順序排序並編號成 1.2.3...N。

2. 令 a=1，b=N。

3. 當 a≦b 時，重複四、五。

4. 令 $m=a+((k-K(\ell))/(K(h)-K(\ell)))*(b-a)$

5. 若 $k<k_m$ 且 b ≠ m-1 則令 b=m-1。

若 $k=k_m$ 則成功繼續必對 k_{m-1}、k_{m-2}、.....及 k_{m+1}、k_{m+2}、.....直到失敗爲止。若 $k>k_m$ 且 a ≠ m+1，則令 a=m+1。

插補搜尋演算法：

```
1   Procedure INTERPOLATION( n , K )
2    l←0
3    h←n+1
4    found←false
5    while h-l>1 and not found do
6       m←[l + ───────── (h-ℓ-1)]
7       case
8        K<K(m) : h←m
9        K=K(m) : found←true
10       K>K(m) : h←m
11      end
12     end
13    if found then
14     return ('success')
15    else
16     return('false')
17    end
18   end
```

行 6 中的公式為：

$$m \leftarrow [l + \frac{K-K(\ell)}{K(h)-K(\ell)} (h-\ell-1)]$$

插補搜尋 C 語言：

```
1    /**********************************/
2    /*        名稱：插補搜尋法         */
3    /*        檔名：ex10-6.cpp         */
4    /**********************************/
5    #include <stdio.h>
6    /***********************************/
7    void interpolation(int a[],int n,int key)
8    {
9     int l=0,h=n-1,found=0,m,x=-99;
10    while(h-l>1 && !found)
11    {
12     m=l+(int)
13     ((float)((float)(key-a[l])/(float)(a[h]-a[l]))
14     *(float)(h-l-1));
```

```
15   if(  (float)((float)(key-a[l])/(float)(a[h]-a[l]))
16   *(float)(h-l+1)  >0   ) m++;    //決定下一個要找的位置
17   printf("a[%d]?\n",m);
18   if(key<a[m]) h=m;               //太大
19   else if(key>a[m]) l=m;          //太小
20   else found=1;                   //找到了
21   x=m;
22   }
23   if(found)
24   printf("found!!");
25   else
26   printf("no!!");
27  }
28  /*************************************/
29  void main() {                     //主程式
30   int a[9]={9,16,27,34,42,69,75,82,95};
31   interpolation(a,9,82);
32  }
```

輸出結果

```
a[7]?
a[8]?
found!!
```

以下是插補搜尋的特性

1. 執行的快慢，與鍵值在檔案中的分佈情況有決定性的關係，因此在均勻分佈時有最好的效果。

2. 時間複雜度(time complexity)會低於 $O(\log_2 n)$。當 $n \geq 500$ 且鍵值為平均分佈時，才會比二元搜尋法要省時間。

例 10-6.1 資料：82、16、9、95、27、75、42、69、34

將資料做排序並編號

[1]	[2]	[3]	[4]	[5]	[6]	[7]	[8]	[9]
9	16	27	34	42	69	75	82	95

解：若要尋找的鍵 k=82

i	a	b	m	k 與 km	方向
1	1	9	$1+(\dfrac{82-9}{95-9})*(9-1)=7$	82>75	向右
2	8	9	$8+(\dfrac{82-82}{95-82})*(9-8)=8$	82=82	正確

10-7 基數搜尋法(Radix Search)

基數搜尋法的原理跟基數排序一樣，只不過基數搜尋是用於搜尋方面，其搜尋資料必須為數字型態，搜尋方式如下：

1. 先依據最有效鍵(MSD)的大小，加以歸類存放到一陣列中。

2. 假設資料數為 n，搜尋第 0 到(n-1)個陣列中的資料，若到第 n-1 筆找不到，則無此資料。

例 **10-7.1** 假設有一筆資料：9　16　34　27　69　82　75　95　42

解：假設尋找的鍵值 26，搜尋步驟如下：

(a) **將資料依基數大小歸類。**

(1) 將 9(可視為 09)依據最有效鍵(MSD)，MSD 為 0，結果為：

MSD				
0	9			
1				
2				
3				
4				
5				
6				
7				
8				
9				

(2) 將 16 依據最有效鍵(MSD)，MSD 為 1，結果為：

基數				
0	9			
1	16			
2				
3				
4				
5				
6				
7				
8				
9				

(3) 經過若干步驟，可得最後結果為：

基數					
0	9				
1	16				
2	27				
3	34				
4	42				
5					
6	69				
7	75				
8	82				
9	95				

(b) **到 MSD 為 2 的地方搜尋，搜尋到鍵值 26。**

MSD	資料數	陣列位置				
		0	1	2	3	4
0	1	9				
1	1	16				
2	1	27				
3	1	34				
4	1	42				
5	0					
6	1	69				
7	1	75				
8	1	82				
9	1	95				

10-8 樹狀搜尋法

10-8-1 二元搜尋樹(Binary Search Tree)

二元搜尋樹的定義是遞迴的，假設我們想要搜尋一鍵值為 k 的元素，我們由樹根開始，若樹根為空，則此樹沒有元素所以搜尋不成功，否則我們比較樹根與 k 之鍵值，若值相同則搜尋成功。如果 k 小於樹根的鍵值，那麼右子樹中不會有鍵值為 k 的元素，所以只要搜尋左子樹即可。反之若 k 大於樹根的鍵值，那麼左子樹中不會有鍵值為 k 的元素，所以只要搜尋右子樹即可。

二元搜尋樹演算法：

```
1  procedure Search(t, key)
2   if t = NULL then return "not found"
3    case
4     key = t.key : return "found"
5     key < t.key : Search(t.LeftChild, key)
6     key > t.key : Search(t.RightChild, key)
7    end
8  end Search
```

二元搜尋樹 C 語言：

```
1  tree_node *Search(tree_node *t, key_type key)
2  {
3  if(t == NULL) return NULL;
4  if(key == t->key) return t;
5  if(key < t->key) return (Search(t->LeftChild, key));
6   return (Search(t->RightChild, key));
7  }
```

效率： 搜尋一二元樹所需的時間視結構不同而在 O(n) 及 O(log n) 間。若所有的元素已排序而造成右斜樹或左斜樹，則比較次數便爲 O(n)。若所搜尋的爲一平衡的樹，則找出某一元素所需的比較次數最多只需 log n 次。

10-8-2　B 樹搜尋法(B Tree Search)

B 樹的搜尋如同二元搜尋樹一般，尋找儲存在 B 樹中的一個元素只需要搜尋根節點與一個葉節點與一葉節點之間的一條簡單路徑。結構上它不像二元樹，它的每節點可以包含許多元素並可有許多子樹，因爲這樣且它有很好的平衡，所以 B 樹提供存取非常大的元素集體時可能的最短路徑。當我們在一 B 樹中搜尋 key 的元素，假設 $K_i \leq key < K_{i+1}$，若 $key = K_i$ 則搜尋完成。若 $key \neq K_i$，可知若 key 在樹中，則其必在子樹 A_i 中，持續這個過程直到我們找到 key 或得知 key 不在樹中。

B 樹搜尋演算法：

```
1   procedure Search(t, key)
2   if t = NULL then return ('not found')
3    pos ← 0
4    for i = 1 to t.ChildNum by increment do
5    if key >= t.Key[i] and key < t.Key[i+1] then
6     pos ← i
7      exit
8    end
9   end Search
10  if key = t.Key[pos] then return ('found')
11   Search(t.Child[pos], key)
12  end
```

B 樹搜尋 C 語言：

```
1   tree_node *Search(key_type key, tree_node *p, int *k)
2   {
3    *k = p->count+1;
4    if(key < p->key[*k-1]) {
5     *k = p->count;
6    while(*k >= 1 && key < p->key[*k]) (*k)--;
7    }
8    if(*k != p->count+1 && key == p->key[*k]) return (p);
9     return Search(key, p->branch[*k], k);
10  }
```

效率：　一個 B-Tree 的根至少有兩個子節點，以後之每一個節點至少有 1/2
　　　　m 個子節點，依此往下一直到 h-2 階，(葉子都在 h-1 階)，則此樹
　　　　至少應包含：

$$1+2+\sum_{i=3}^{i-2}2*\left\lceil\tfrac{1}{2}m\right\rceil$$

　　　　　一個內部節點和至少有 $2*\left\lceil1/2m\right\rceil$ 個葉子。除了根和樹葉以外
　　　的每個節點至少應有 $\left\lceil1/2m\right\rceil-1$ 個鍵值，樹根每個葉子至少均各有
　　　一個鍵值，所以此樹最少的鍵值個數為：

$$n\geq1+(2+\sum_{i=3}^{i-2}2*\left\lceil\tfrac{1}{2}m\right\rceil)*(\left\lceil\tfrac{1}{2}m\right\rceil-1)+2\left\lceil\tfrac{1}{2}m\right\rceil$$

　　　簡化為：

$$n+1\ \geq\ 2*\left\lceil1/2m\right\rceil$$

　　　所以最大高度為：

$$h=2+\ \log\left\lceil1/2m\right\rceil((n+1)/2)\quad\text{for m}>2$$

　　　因為高度決定了搜尋的長度，所以我們知道 B-Tree 在執行直接搜
　　　尋時會有良好的績效。例如：

$$n=2*10\qquad且\ m=200，則\ h\ \longleftarrow\ 5。$$

10-8-3 B⁺樹(B⁺ Tree)

　　B 樹最大的缺點之一就是對於追蹤循序的鍵值是相當困難的，B⁺樹保留了 B 樹快速隨機存取的優點，同時增加了快速循序存取的能力。B⁺樹中所有的鍵值均儲存在樹葉中，如下圖，而有些鍵值則會重覆出現在非樹葉節點中，以用來設定搜尋個別記錄的路徑。其樹葉皆鏈結在一起，以提供一條循序路徑來追蹤樹中所有的鍵值。

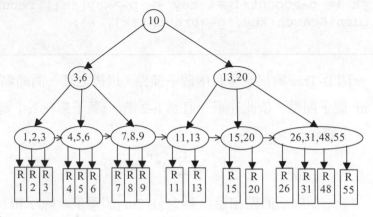

B⁺樹的插入

　　B⁺樹的插入動作，非常類似 B 樹；唯一的差別是當一個節點分裂時，中間鍵除了留在"左半"節點外，而且也被插進父親節點中。

在上圖中插入 25

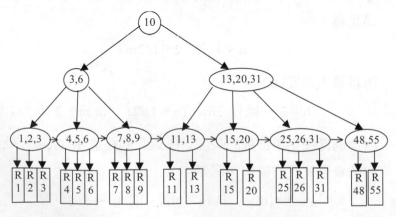

B⁺樹的刪除

若一鍵同時出現在非樹葉及樹葉節點中,我們欲將它刪除,則只需刪除樹葉節點中的鍵,而保留非樹葉節點中的鍵以作為索引之用。

在上圖中刪除 6

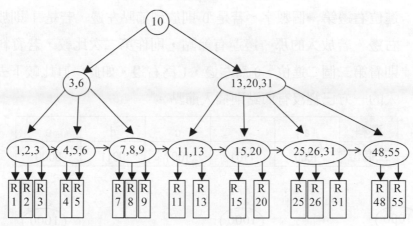

B⁺樹具有 B 樹的搜尋及插入效率,但搜尋下一筆記錄(循序處理)的效率,卻由 B 樹的 O(log n)加速到 O(1)在(在 B⁺樹中,它最多存取一個額外的樹葉)。B⁺樹的另外一個優點是記錄的指標並不需要保存在非樹葉節點中,這樣將可增加樹的階次而減短搜尋長度。

總之,B⁺樹不但可作有效率的直接(縱的)搜尋,又可做快速的循序(橫的)搜尋,使得直接搜尋的效率相當高。因此,目前很多檔案的索引,皆使用 B⁺樹的結構。

10-8-4　數位搜尋樹(Digital Search Tree)

數位搜尋樹的插入步驟如下：

1. 第一筆資料直接放入 root。

2. 第一次比較時將插入點與樹節點比較，若資料不相等則看插入點二
   進位右邊第一個數字，若是 0 則放到節點左邊，若是 1 則放到節點
   右邊。若放入的那一邊還有節點，則作第二次比較，若資料不相等
   則看第二個二進位，0 為左邊，1 為右邊。如此一直比較下去，若放
   入的一方已經沒有節點則插入節點。

資料	a	b	c	d	e
二進位	1000	1101	1001	0011	0000

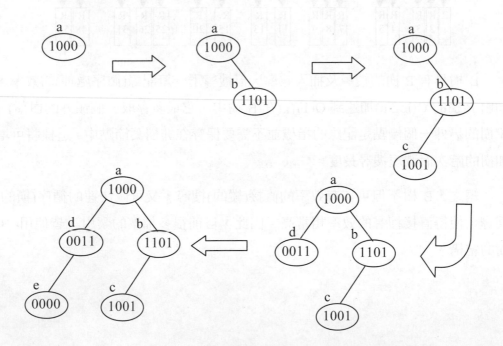

數位搜尋樹的搜尋

　　數位搜尋樹的尋找類似插入的原則。將欲尋找的鍵值與節點作比較，若不相等則看右邊第一個二進位，0 為左邊，1 為右邊。與下一節點比較時，若還是不相等，則看右邊第二個二進位，0 為左邊，1 為右邊，如此循環直到找到為止。若欲作下一次比較時，比較的一方已經無節點則此資料不存在。

例 10-8-5.1　在下圖中欲尋找 k=0001

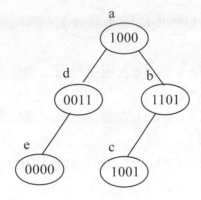

解： 1. 與 a 比較，a≠k，k 左邊第一個二進位為 0，所以將 k 和左邊節點作比較。

　　 2. 與 d 比較，d≠k，k 左邊第二個二進位為 0，所以將 k 和左邊節點作比較。

　　 3. 左邊找不到節點，k 不存在於此樹中。

例 10-8-4.1　在下圖中欲尋找 c=1001

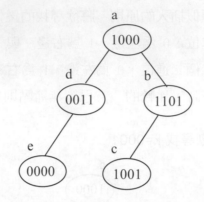

解：　1. 與 a 比較，a≠k，c 左邊第一個二進位為 1，所以將 k 和右邊節
　　　　　點作比較。

　　　2. 與 b 比較，b≠k，c 左邊第二個二進位為 0，所以將 k 和左邊節
　　　　　點作比較。

　　　3. 與 c 比較，c=k，故 k 存在於此樹中。

10-8-5　補償樹

　　補償樹是數位樹的修改版，當鍵集合是密集時，補償樹被證明有意義。表
被儲存成一個二維的陣列而不存成樹狀結構。陣列的每一列代表可能於鍵中出
現的可能符號之一，而每一行代表數位中的一個節點。陣列中每一項是一個指
標，或是指向陣列中的另一行，或是指向一紀錄。在搜尋一個鍵值 key 時，key(1)
用以指出陣列的第一行。在列數 key(1) 及行號 1 中的內容項，或是一個鍵及紀
錄指標，這種情況下表中只有一個以 key(1) 起始的鍵，或是一個指向陣列中其
他(稱為行號 x)的指標。行號 x 代表表中以 key(1) 起始的所有鍵。key(2)用來作
為一個列的數目已指示行號 x，決定或是表中唯一以 key(1) 及 key(2) 起始之鍵，
或是代表表中所有以這兩個符號起始之鍵的行號。同樣地，陣列中每一行代表
以同樣符號起始之所有鍵的集合，此陣列稱為補償樹。

例 **10-8-5.1** 將下面 4 棵樹建立一補償樹陣列

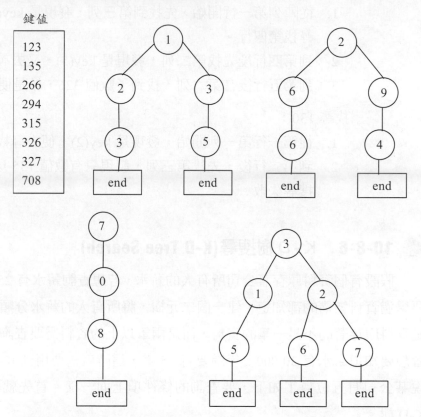

解：將上面的樹作成一陣列：

	1	2	3	4	5	6
0						
1	(2)			315		
2	(3)	123		(5)		
3	(4)	135				
4						
5						
6			266		326	
7	708				327	
8						
9			294			

尋找 326：

1. 從陣列第一行開始，先找到第三列，發現是 key(4)，然後又去尋找第四行。

2. 到第四行後先找第二列，發現是 key(5)，又去尋找第五行。

3. 到第五行後在第六列，找到了數值 326，於是便搜尋成功。

找尋 130：

1. 從第一行第一列開始，發現是 key(2)，便去尋找第二行。

2. 到第二行後，先找第三列，發現只有數值 135，但不是 130，搜尋失敗。

10-8-6　K-D樹搜尋(K-D Tree Search)

假設有個資料庫存著公司所有人的薪水，若想查詢薪水有 25,000 的人，只要學過資料結構的都知道，建一個二元樹，將所有人的薪水分類即可。但是若是資料庫存著的不是一筆的資料，而是兩筆以上的資料需要查詢，例如說使用者想要知道薪水有 30,000，年齡要有 25 歲，這時就需要用到 K-D 樹了。好比說某公司有五位員工如下，要查詢的條件項上面一樣。首先就必須要建一個 K-D 樹。

年齡	27	25	31	36	39
薪水	36,000	31,000	28,000	34,000	38,000

K-D 樹的特性為以第一鍵值分支到基數層級，第二鍵值分支到偶數層級。根點定義為基數層級。先取基數層級的中間點，如表格，即為年齡 31。分成兩堆，若是資料數不為偶數，則以右子樹多一個為原則。

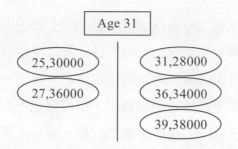

分成兩邊後，再取偶數層級將資料分成兩堆。例如左子樹，以薪水 36000
區隔分成兩堆；右子樹則以 34000 為區隔。

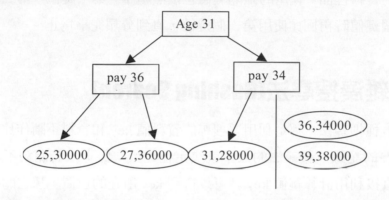

最後剩下右邊角落兩筆資料，在依基數層級區隔，年齡 39。如下，即為成
了此 K-D 樹的建置。

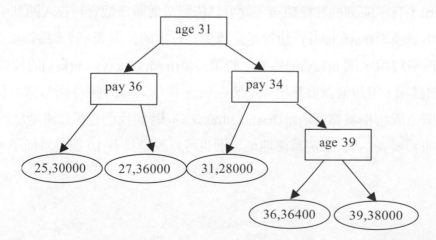

　　若是想要查詢薪水有 30,000，而且年齡有 25 歲的人，只要追蹤此樹就可以知道了。首先從根節點開始，25 小於 31，所以往左邊走。第二層，是薪水 36,000，小於要查詢的 30,000，所以再往左邊走，發現一位。雖然並不是完全符合查詢條件，但也算是最接近的一個了。相信您也不難發現，使用此建置方法製作出來的二元樹，是一個高度平衡二元樹，而且所有的資料都在樹葉節點上，所以搜尋的最壞狀況和最好狀況頂多差一個節點的時間，算是一個很有效率的搜尋樹了。實際應用的時候不僅僅只用在二維的查詢上，可以用在三維，甚至多維的資料裡面，使用的區隔鍵值也依照順序，第一鍵值，第二鍵值……到最後一個鍵值時再回頭使用第一個鍵值，直到分類完畢為止。

10-9　雜湊搜尋法(Hashing Search)

　　前面幾種搜尋法，都是利用要搜尋的資料值 key 和資料不斷作比較，直到搜尋到所要的記錄。搜尋法的效率就決定在比較次數上，若能夠不必經過比較，可以直接利用計算鍵值 key 就可以得到 key 所在的位置，那它的搜尋效率將是 O(1)。雜湊搜尋法的技巧就是如何直接將元素值轉換成儲存該元素的位置索引值。將關鍵項(key)轉換成陣列的註標值函數稱為雜湊函數(hash function)，有了陣列的註標值後，就可以依照這個關係把資料存入陣列中，此陣列稱為雜湊表(hash table)，也就是記錄資料存放的位置表。若 h 為雜湊函數，而 key 為關鍵項，則 h(key)稱為 key 的雜湊值(hash of key)。h(key)的值就是以 key 為關鍵項，用雜湊函數算出 key 值在列表中（即在陣列中）所放置的位置，所以這個位置也稱為雜湊地址(hash address)，有時候我們也稱雜湊地址為資料桶子，如雜湊表內有 10 個雜湊地址，則也可以說是具有 10 個資料桶子。

假設有一雜湊函數為 h(key) = key mod MAX，其中 MAX 為陣列的儲存空間個數，若有一陣列宣告為 a[15]，即 MAX=15，今有 5 筆資料如下：32, 14, 30, 54, 17，我們將這 5 個值代入雜湊函數：

$$h (32) = 32 \bmod 15 = 2$$
$$h (14) = 14 \bmod 15 = 14$$
$$h (30) = 30 \bmod 15 = 0$$
$$h (54) = 54 \bmod 15 = 9$$
$$h (17) = 17 \bmod 15 = 2$$

上面算出來的雜湊值就是我們要存入陣列中的位置：

[0]	[1]	[2]	[3]	[4]	[5]	[6]	[7]	[8]	[9]	[10]	[11]	[12]	[13]	[14]	[15]
30		32							54					14	
		17													

現在若假設我們欲搜尋資料 54 時，就將 54 代入雜湊函數中運算，得到 h(54)=54 mod 15=9，所以就直接到 a[9]去找尋資料即可，不必再一一搜尋了。但是我們也發現了有兩個資料 32 與 17 在經過雜湊函數的運算之後，都得到了同樣的值 2，也就是這兩個資料都要儲存在 a[2]中，但一個陣列位置只能儲存一筆資料，這樣的情形便稱為雜湊碰撞(hash collision 或 hash clash)或簡稱碰撞。也就是說若有兩個關鍵項 k1 與 k2，h(k1) = h(k2)。如何解決碰撞問題，是雜湊法的重要課題。

雜湊函數的選擇：雜湊函數接受一個即將被存入表中的元素並將之轉換成表中的位置，若此位址較可能出現，碰撞的機會就會增加，而搜尋和插入的效率就會降低。某些位址較容易出現的現象稱為主要叢集(primary clustering)。理想的雜湊函數應是均勻的(Uniform)將元素分散在表中也就是不會造成主要叢集。

因此一個好的雜湊函數,是要能盡可能的使資料均勻的分佈在陣列中,也就是要避免碰撞的發生;同時由於雜湊函數在插入及搜尋時都會用到,所以要避免太過複雜,以節省運算時間。以下將介紹一些常用的雜湊函數及使用方法。

10-9-1　直接定址法(Direct Addressing)

直接定址法為所有雜湊函數中最簡單的一種方法,即取關鍵字或關鍵字的某個線性函數值為雜湊地址。

$$H(key) = key \quad 或 \quad a \cdot key + b \quad (a 和 b 為常數)$$

例 10-9-1.1　雜湊函數為 $H(key) = 2 \cdot key + 3$,求出將下面五筆資料的雜湊值。

3, 1, 5, 4, 7

解: $H(3) = 2 \cdot 3 + 3 = 9$
$H(1) = 2 \cdot 1 + 3 = 5$
$H(5) = 2 \cdot 5 + 3 = 13$
$H(4) = 2 \cdot 4 + 3 = 11$
$H(7) = 2 \cdot 7 + 3 = 17$

10-9-2　摘取法(Extraction)

摘取法是從資料中摘取幾個最具雜湊效果的位元,然後將這些位元放在一起形成儲存此資料的位置。假設要在表中存放 8 個單字:THE, OF, AND, TO, A, IN, THAT, IS。我們直接摘取最後 3 個位元作為雜湊函數,依據最後 3 個位元將可將這 8 個單字分別放入陣列 T 中,但由於並未考慮碰撞問題,因此在放入陣列中也許會產生錯誤。因此若可以摘取從左邊來的第三個位元及最右邊兩個位元如下表所示,此時這種取法可說是將 8 個字放入 T[0],...,T[7]中的一個完美方法。當然同樣的摘取法對於 THE, FROM, THEY, ONE, DRY, TEA, GLUM 及 WE 等 8 個字將會作用得很不好;每一個字都會產生$(101)_2 = 5$ 的結果。

字	ASCII(二進位型式)	第三位元及最後兩個位元
THE	10100 01000 00101	$(101)_2=5$
OF	01111 00110	$(110)_2=6$
AND	00001 01110 00100	$(000)_2=0$
TO	10100 01111	$(111)_2=7$
A	00001	$(001)_2=1$
IN	01001 01110	$(010)_2=2$
THAT	10100 01000 00001 10100	$(100)_2=4$
IS	01001 10011	$(011)_2=3$

字	ASCII(二進位型式)	第三位元及最後兩個位元
THE	10100 01000 00101	$(101)_2=5$
FROM	00110 10010 01111 01101	$(101)_2=5$
THEY	10100 01000 00101 11001	$(101)_2=5$
ONE	01111 01110 00101	$(101)_2=5$
DRY	00100 10010 11001	$(101)_2=5$
TEA	10100 00101 00001	$(101)_2=5$
GLUM	00111 01100 10101 01101	$(101)_2=5$
WE	10111 00101	$(101)_2=5$

🌑 10-9-2　除法(Division Method)

除法的作法是不管關鍵值資料型態為何，我們皆能將位元樣式的關鍵值視為整數，並將之除以一整數 m，所得的餘數用來當做雜湊表上的位址。

$$H(key) = key \bmod m$$

如果資料量大小為 n，則 m 值最好是一個大於 n 的質數，否則所求得的雜湊值將很容易碰撞。

例 **10-9-3.1** 有 5 筆資料 57, 42, 9, 11, 3, 若取 m = 13，則我們依順求出雜湊值為：

解：H(57) = 57 mod 13 = 5

H(42) = 42 mod 13 = 3

H(9) = 9 mod 13 = 9

H(11) = 11 mod 13 = 11

H(3) = 3 mod 13 = 3

10-9-4　乘法(Multiplicative Method)

乘法的作法是選擇介於 0 和 1 之間的實數 c，h(key)定義為：

floor (m*frac(c*key))

其中：

m：陣列宣告的大小

floor(x)：取 x 的整數部份

frac(x)：取 x 的小數部份（frac(x) = x - floor(x)）

註：在 C 語言中使用這兩個函數需引入 math.h。

因此 h(key)的求法也就是說將關鍵項乘以一介於 0 和 1 間的實數，取其積的小數部份，再乘以 m 而產生 0 到 m-1 之間的註標。

例 **10-9-4.1** 取 m = 30，c = 0.6180339887，則資料 82 所存放的位置為

解：h(82) = floor(30 * frac(0.6180339887 * 82)) = 20

10-9-5 中段平方法(Midsquare Method)

中段平方法的作法是將關鍵項先自乘一次，再以此平方數的中間幾位數（確實的位數視註標所允許的位數而定）作為雜湊值。若將此平方數視為十進位數，則表格大小即須為 10 的次方；若將之規為二進位數，則表格的大小就必須為 2 的次方。

例 10-9-5.1 82 * 82 = 6724，取中間兩項，則 h(82) = 72

解：中間位數所代表的數字也可除以表格的大小，再取餘數作為雜湊值。不幸地，中段平方法不易產生均勻的雜湊值，而且效率也不如除法及乘法兩種。

10-9-6 折疊法(Folding Method)

折疊法的作法是將資料分成幾個小部分，再將這些小部分結合起來，也就是把原本的資料"折疊"起來作一些運算，以此產生資料儲存的位置。例如我們有一個 5 位數的關鍵值 key = $d_1d_2d_3d_4d_5$，將 key 值折成 5 個數字，每一位數個別相加：

$$h(key) = d_1 + d_2 + d_3 + d_4 + d_5 \qquad , 0 \leq h(key) \leq 45$$

例 10-9-6.1 82, 16, 75 所求得位置分別為：

解：h(82) = 8+2 = 10
h(16) = 1+6 = 7
h(75) = 7+5 = 12

上述方法所產生的雜湊值只會介於 0 和 45 之間，但如欲產生一個較大的雜湊表，也可以將位數予以配對相加，以產生較大的結果，如：h(key) = $d_1 + d_2d_3 + d_4d_5$，則結果將介於 0 到(9 + 99 + 99)之間。如果 key 太大的話，也可將關鍵

值拆散成數個位數較少的值，再全部相加，得出新的雜湊值。也可以再配合除法的方法，將所到的雜湊值取 m 的餘數。

例 10-9-6.2 key = 987654321

解：h'(key) = 0009 + 8765 + 4321 = 6921

h(key) = 6921 mod m(m 表雜湊表內的位置索引值)

10-9-7　解決雜湊碰撞方法

在使用雜湊的過程中，我們可以選擇適合的雜湊函數來減少碰撞的發生，然而碰撞的發生卻是無法避免的，以下就介紹幾種常用的解決方法。

1. 開放定址法(Open Addressing)

開放定址法又可分爲：線性探測、平方探測及隨機探測三種。

$$h_i = (h(key) + d_i) \bmod m，i = 1\sim k，k = m-1$$

其中：

i 爲碰撞次數。

h(key)爲雜湊函數。

m 爲雜湊表長度，即陣列大小。

d_i 爲遞增序列，可以有三種取法：

(1) $d_i = 1, 2, 3, ..., m-1$ ：稱爲線性探測。

(2) $d_i = 1^2, 2^2, 3^2, ..., k^2$ ：稱爲平方探測。(在此 k ≦ m/2)

(3) $d_i = $ 隨機數序列 ：稱爲隨機探測。

當碰撞發生時，就從發生碰撞的位址開始，依其定義的雜湊探測方式循序搜尋該雜湊表，搜尋到發現一個開放位址或該表已被搜尋殆盡爲止。

例 10-9-7.1 有 9 個數分別為 82, 16, 9, 95, 27, 75, 42, 69, 34

解：設 m(陣列大小) = 11，使用線性探測法。

利用除法求得儲存的位置如下：

$h(82) = 82 \bmod 11 = 5$

$h(16) = 16 \ 11 = 5$

結果發現 h(82)，h(16)所得存放位置都相同，此時發生碰撞，便從發生碰撞的位置開始，循序搜尋直到發現一個開放位址或雜湊表被搜尋殆盡為止，所以 h(16)的位置就變成了 6，如下圖示。

[0]	[1]	[2]	[3]	[4]	[5]	[6]	[7]	[8]	[9]	[10]
/	/	/	/	/	82	/	/	/	/	/

↑加入 16 發生碰撞

[0]	[1]	[2]	[3]	[4]	[5]	[6]	[7]	[8]	[9]	[10]
/	/	/	/	/	82	16	/	/	/	/

↑加到下一個空的位置上

接著再插入 9, 95, 27：

$h(9) = 9 \bmod 11 = 9$

$h(95) = 95 \bmod 11 = 7$

$h(27) = 27 \bmod 11 = 5$

結果 h(27)又與 h(82)碰撞，往下搜尋又與 h(16)碰撞，再往下搜尋又與 h(95)碰撞，再往下搜尋找到位置 8 為一空的開放位址，所以將 27 放入該位置中。依此類推最後的結果如下圖所示。

[0]	[1]	[2]	[3]	[4]	[5]	[6]	[7]	[8]	[9]	[10]
42	34	/	69	/	82	16	95	27	9	75

↑加到下一個空的位置上

由上面的例子我們發現，線性探測的方式有一個問題，任何關鍵值雜湊到某個位置，在此以 h 為例，若接下來的所有其它關鍵值亦同樣要雜湊到該位置 h 時，就必須跟隨著此重覆雜湊的相同樣式。我們稱此現象為**主要叢集**(primary clustering)。使用線性探測解決碰撞問題，造成主要聚集較容易發生，而降低了雜湊搜尋的效率。這時若改成平方探測，會有較好的效果。

2. 雙重雜湊法(Double Hashing)

要減少主要聚集問題的另一種方式，就是使用雙重雜湊法。雙重雜湊法是把在線性探測中每次加 1 的部分，改成用另一個函數來計算增加的數目。

例 10-9-7.2 有一個雜湊函數是 h(key) = key mod m，當發生碰撞時我們定義了一個與跳越距離有關的函數 d(key) = [key mod (m - 2)] + 1，而碰撞後的雜湊函數則改成 h(key) = (h_0 + d(key)) mod m，其中 h_0 為發生碰撞時的雜湊值，m 為陣列大小。有 9 個數分別為 82, 16, 9, 95, 27, 75, 42, 69, 34，分別求出其雜湊值。

解：設 m = 11 （m 為陣列大小）

第 1 次：h(82) = 82 mod 11 = 5

第 2 次：h(16) = 16 mod 11 = 5

結果 h(82) 與 h(16) 發生碰撞，將 16 代入 d (key) = [key mod (m - 2)] + 1：

d (16) = [16 mod (11 - 2)] + 1 = 8

再將 d(key) 的值代入 h_c(key) = (h_0 + d(key)) mod m：

h_c(16) = (5+8) mod 11 = 2

如此便算出了 h(16) 新的值。

第 3 次：h(9) = 9 mod 11 = 9

第 4 次：h(95) = 95 mod 11 = 7

第 5 次：h(27) = 27 mod 11 = 5

h(27)與 h(82)發生碰撞，將 27 代入 d (key)：

d (27) = [27 mod (11 - 20)] + 1 = 1

h(27) = (5 + 1) mod 11 = 6

第 6 次：h(75) = 75 mod 11 = 9

h(75)與 h(9)發生碰撞：

d (75) = [75 mod (11-2)] + 1 = 4

h(75) = (9 + 4) mod 11 = 2

結果新的 h(75)又與 h(16)發生碰撞，再一次代入 d (key)
公式中，並以 2 為 h_0：

h(75) = (2 + 4) mod 11 = 6

此新的 h(75)又與 h(27)發生碰撞，故再代一次 h(key) = (h_0 + d(key))
mod m：

h(75) = (6 + 4) mod 11 = 10

依此類推雜湊的結果如下所示：

[0]	[1]	[2]	[3]	[4]	[5]	[6]	[7]	[8]	[9]	[10]
34	42	16	69	/	82	27	95	/	9	75

3. 分開鏈結法(separate chaining)

前述的幾種方法都是假設表格大小是事先固定的（即陣列大小固定），也
就是我們必須假設資料量為已知，但若資料量為未知，則前述的方法就不容易
被有效的使用，因為若資料量一旦超過表格大小時，便無法再加入，要避免這
樣的方法，就是一開始就要建立一個很大的表格，但這樣又會造成空間的浪
費。另一種較有效的解決方法，就是使用分開鏈結法。

分開鏈結法是利用分離的鏈結串列來儲存當碰撞發生時的所有記錄，而雜
湊表格本身就是這些鏈結串列的起點。當碰撞發生時，就依雜湊值找到該串

列，便可以將雜湊值相同的鍵值串在同一串列。當在搜尋資料時，就沿著該鏈結串列作循序搜尋，直到找到或是鏈結串列接地為止。

例 10-9-7.3 有 9 個數分別為 82, 16, 9, 95, 27, 75, 42, 69, 34

解：h(82) = 82 mod 11 = 5

在位址 5 放入一指 key 值 82

h(16) = 16 mod 11 = 5

h(16)與 h(82)發生碰撞，則將 16 加在以 82 為首之鏈結串列尾端

h(9) = 9 mod 11 = 9

h(95) = 95 mod 11 = 7

h(27) = 27 mod 11 = 5

依此類推，最後雜湊表如下所示：

表格位址	表格內容
[0]	→ NULL
[1]	→ 34 → NULL
[2]	→ NULL
[3]	→ 69 → NULL
[4]	→ NULL
[5]	→ 82 → 16 → 27 → NULL
[6]	→ NULL
[7]	→ 95 → NULL
[8]	→ NULL
[9]	→ 9 → 75 → 42 → NULL
[10]	→ NULL

10-9-8　自雜湊表刪除項目

若雜湊表在建立的過程時使用了再雜湊，則要由表格中刪除項目並不容易。例如，假設資料 k1 位於位置 p，若要將一關鍵項 k2 雜湊為 p 加入，我們必須將 k1 及 k2 安置在 h(k1) 和 h(k1)+1 的位置中（假設碰撞的處理方式為線性探索）。則當資料 k1 被刪除而位置 p 變成空位時，搜尋程序可能會誤以為 k2 不在表格中。

解決這問題的方法是將刪除的記錄標示為"已刪除"而非"空"的，且在搜尋過程中若遇到"已刪除"的位置就跳過去，繼續進行搜尋。但這方法只在刪除數量很小時才可行；否則，由於表格中大多元素都標示為"已刪除"而非"空的"，因此一次不成功的搜尋可能須找遍整個表格。

10-9-9　雜湊法的評估

使用雜湊法的時候要注意下面各點：

1. 必須謹慎地選擇雜湊函數，也就是所選擇的雜湊函數最好具有計算簡單、碰撞發生頻率低、叢聚現象少等優點。

2. 儲存於雜湊函數中的數目最好事先預估出來，因為雜湊表的大小需要事先宣告。

3. 使用開放性位址法時，應該儘量不讓表格到達 90% 滿，因為表格九成滿，使用線性探測搜尋失敗約需 50 次探測，而雙重雜湊法也需 10 次，如果表格的填滿程度過高，最好避免使用雜湊法。

4. 一般而言如果資料量可以預估，則可採用雙重雜湊法，但如果真的無法預估資料量時，分離鏈結法將是較佳的選擇。

我們定義「工作量因素」 $\alpha = \dfrac{\text{已被佔用的陣列位置數目}}{\text{陣列的大小}}$ ，對於線性探測、

雙重探測及分離鏈結三種雜湊法，其所花費的平均搜尋時間如下。

平均比較次數	線性探測	雙重探測	分離鏈結
搜尋成功	$\dfrac{1}{2}\left(1 + \dfrac{1}{1-\alpha}\right)$	$-\dfrac{1}{\alpha}\big(\ln(1-\alpha)\big)$	$1 + \dfrac{\alpha}{2}$
搜尋失敗	$\dfrac{1}{2}\left(1 + \dfrac{1}{(1+\alpha)^2}\right)$	$\dfrac{1}{1-\alpha}$	α

習 題

1. 何謂循序搜尋？假如有 100 個不同鍵值之記錄，試問：
   (a) 採用循序搜尋法時，找到一個鍵值存在與否之平均比較次數為何？
   (b) 採用索引式循序搜尋，且索引表之大小為 10，則找到一個鍵值存在與否之平均比較次數為何？

2. 若有 100 筆資料由小到大排列，使用二分搜尋法尋找一筆資料最多需要比較多少次？

3. 存有 137 個元素的二元搜尋樹其最小深度是多少？如何在 O(n)的時間內為 n 個元素建立一棵二元搜尋樹？

4. 在何種情況下，二分搜尋法的執行效率會比插補搜尋法差？

5. 若有鍵值如下：13, 19, 26, 31, 33, 37, 42, 55, 69, 74, 88, 90
   (a) 使用二分搜尋法找 85，列出每次比較對象以及比較次數。
   (b) 使用二元樹搜尋法找 85，列出每次比較對象以及比較次數。

6. 有一串數列 1,2,3,4,5,6,7,8,9,10,11,12,13,14,15,16，分別以二分搜尋法及費式搜尋法搜尋 2,10 及 15，請分別求出其比較次數。

7. 試比較：循序搜尋法、二分搜尋法、費氏搜尋法和二元樹搜尋法之優缺點。

8. 設有 n 個資料錄，我們要在這 n 個資料錄中尋找一個特定鍵值，請問：
   (a) 若用循序搜尋，則其平均搜尋長度為何？
   (b) 若用二分搜尋，則其平均搜尋長度為何？
   (c) 什麼情況下，才能使用二分搜尋法去找出一個特定鍵值？
   (d) 若找不到鍵值，則二分搜尋法會作多少次比較？

9. 何謂雜湊搜尋法？在設計雜湊函數時要考慮那些因素？常用之雜湊函數有那幾種？

10. 如果我們事先已得知鍵值分佈的範圍極小，則應該採用那一種雜湊函數較為適當？為什麼？

11

動態記憶體管理

11-1 前言

記憶體的管理是電腦作業系統中的一項重要工作，為了改善 CPU 使用率和電腦對使用者的回應速度，系統允許許多程式在記憶體之中，而這些程式執行之初均需透過作業系統取得所需記憶體(memory)，並在執行完成後將所佔記憶體歸還作業系統。由於這些對記憶體之配置要求和歸還的發生是隨機性的，且記憶體之空間大小亦不定，因此，此項管理工作便稱為「動態記憶體管理」。

動態記憶體管理的基本工作是系統如何因應使用者提出的"記憶體分配需求"，以及如何"回收(釋放)"記憶體，以便當新的"請求"產生時，重新進行分配。在任何動態記憶體管理系統中，在剛開始時，整個記憶體是一個"空閒區段"，隨著使用者進入系統，提出記憶體分配請求，系統則依次進行分配。因此，在系統執行的初期，整個記憶體基本上分成兩大部份：

1. 位址低的區段包含若干佔用區段。
2. 位址高的區段(即分配後的剩餘部份)是一個"空閒區段"。

圖 11-1.1 為依次給 6 個使用者進行分配後的系統的記憶體之狀態，經過一段時間以後，有的使用者執行結束，它所佔用的記憶體變成空閒區段，此時，整個記憶體呈現出佔用區段和空閒區段交錯的狀態，如圖 11-1.2 所示。

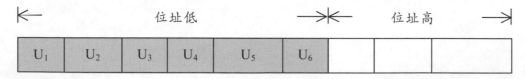

圖 **11-1.1** 系統執行初期

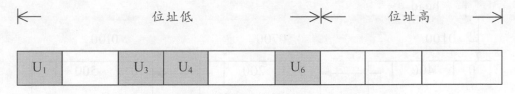

圖 **11-1.2**　系統執行若干時間之後

若有新的使用者請求分配記憶體，系統通常採用兩種做法：

1. 系統從位址高的空閒區段中進行分配，不管已分配給使用者的記憶
   體是否已空閒，直到剩餘的空閒區段不能滿足分配的請求時，系統
   才回收不再使用的空閒區段，將它們連接成為一個大的空閒區段。

2. 使用者一旦執行結束，便將它所佔用的區段釋放成為空閒區段，同
   時，每當新的使用者請求分配記憶體時，系統需要搜尋整個記憶體
   中所有之空閒區段，並從中找出一個合適的空閒區段分配之。因此，
   系統需建立一份記錄所有空閒區段的目錄。如圖 11-1.3 為某系統執
   行過程中的記憶體的分配狀態。圖 11-1.4 則是記錄圖 11-1.3 的目錄
   表。圖 11-1.5 是使用鏈結串列表示圖 11-1.3 和圖 11-1.4。

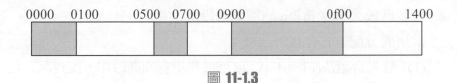

圖 **11-1.3**

起始位址	區段大小	使用情況
0100	400	空閒
0700	200	空閒
0f00	500	空閒

圖 **11-1.4**

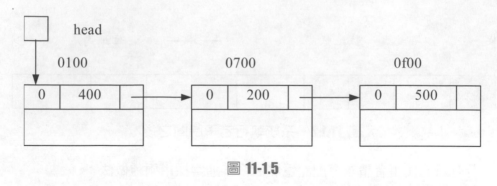

圖 11-1.5

11-2 記憶體分配方法(Memory Allocation)

　　動態記憶體分配常用的三種方法包括：最先合適法(First-Fit)、最佳合適法 (Best-Fit)、最差合適法(Worst-Fit)，若假設某使用者請求分配大小為 n 的記憶 體空間，可利用空閒區段大小為 m (m≧n)，而根據可利用空閒串列的多寡又可 分為單一區段和多區段兩種情形，其分述如下：

1. 僅有一區段大小為 m≧n 的空閒區段：

　　只需將其中大小為 n 一部份分給使用者即可

2. 有多區段大小為 m≧n 的空閒區段：

　　常用的分配方式有以下三種：

   (1) 最先合適法(First-Fit)：自可供利用空間區段中，找到第一塊大於 n 的空閒區段，將其中一部份分配給使用者；回收時，只要將釋 放的空閒區段插入在鏈結串列的開頭即可。

   (2) 最佳合適法(Best-Fit)：自可供利用空間區段中找出一塊大小最接 近 n 的空閒區段分配給使用者。為了避免每次分配時搜尋所浪費 的時間，通常先將可利用空間區段按區段自小到大排序。分配 時，只需找到第一個大於 n 的空閒區段即可分配；回收時，必須 將釋放的空閒區段插入到合適的位置上去。

(3) 最差合適法(Worst-Fit)：自可供利用空閒區段中，找出最大的空閒區段分配給使用者。為了省時，將空閒區段由大到小排序。每次分配時，只需將第一個區段的其中一部份分配給使用者即可；回收時，亦需將釋放的空閒區段插入到適當位置上去。

以下所列為比較三種分配方法的優缺點及使用時機：

項目　　　分配法	最先合適法	最佳合適法	最差合適法
適用時機	系統事先不掌握執行期間分配和回收的訊息情況。	適用於分配記憶體範圍較廣的系統。	適用在分配記憶體範圍較窄的系統。
分配方法	分配隨機，介於最佳與最差兩者之間，需查詢可利用空間區段。	進行分配時，找最接近請求的空閒區段，需搜尋鏈結串列，最費時間。	必須從記憶體最大的節點中進行分配，使得鏈結串列中節點大小趨於平衡，無需查詢鏈結串列。
回收方法	僅需插入串列開頭即可。	需先進行搜尋，將新的"空閒區段"插入鏈結串列中適當的位置。	需先進行搜尋，將新的"空閒區段"插入鏈結串列中適當的位置。
優　　　點	配置速度快。	配置後，殘餘之空間為最小，但無法供其他作業使用。	配置後，殘餘之空間為最大，尚可供其他使用者使用。

使用回收空閒區段時，需考慮"節點合併"的問題。因為在進行分配和回收的過程中，大空閒區段逐漸被分割成小的佔用區段。回收時，必須將這些小空閒區段合併成一大空閒區段，以有效地利用記憶體。下面將介紹其做法。

11-3 邊界標識法(Boundary Tag Method)

　　邊界標識法是一種作業系統中用以進行動態分區分配的記憶體管理方法,系統將所有的空閒區段鏈接在一個雙重循環鏈結串列結構的可利用空間區段中,若配合最先合適法來管理記憶體,可減少搜尋時間。系統的特點在於:每個記憶體區段的開頭部份和尾部兩個邊界上分別設有標籤,以標識該區域為占用區段或空閒區段,使得在回收使用者釋放的空閒區段時易於判別在物理位置上與其相鄰的記憶體區域是否為空閒區段,以便將所有位址連續的空閒記憶體區組合成一個盡可能大的空閒區段。下面分別就系統的可利用空間區段的結構及其分配和回收的演算法進行討論。它表示一個空閒區段。整個節點由三部份組成。其中 space 為一組位址連續的儲存單元,是可以分配給使用者使用的記憶體,它的大小由 header 中的 size 欄指示,並以開頭部份 header 和尾部 footer 作為它約兩個邊界;在 header 和 footer 中分別設有標示欄 tag,且設定空閒區段中 tag 的值為"0",占用區段中 tag 的值為"1": footer 位於節點底部,因此它的位址是隨節點中 space 空間的大小而變的。為討論簡便起見,我們假定記憶體區段的大小以"字組"為單位來計,位址也以"字組"為單位來計,節點頭部中的 size 欄的值為整個節點的大小,包括開頭部份 header 和尾部 footer 所佔空間,並假設 header 和 footer 各占一個字組的空間,但在分配時忽略不計。

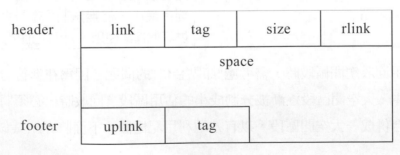

圖 11-3.1

11-3-1 可利用空間串列的結構

可利用空間串列為雙重循環鏈結串列，header 中的 llink 和 rlink 分則指向前節點和後節點。串列中不設串列開頭節點，串列開頭指標 pav 可以指向表中任一節點，即任何一個節點都可看成是鏈結串列中的第一個節點；串列開頭指標為空，則表示可利用空間串列為空。footer 中的 uplink 欄也為指標，它指向本節點，它的值即為該空間區段啟始位址。例如圖 11-3-1.1 是一個占有 100K 記憶體空間的系統在執行開始時的可利用空間串列。

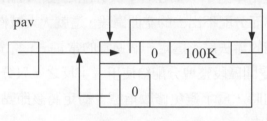

圖 **11-3-1.1** 初始狀態

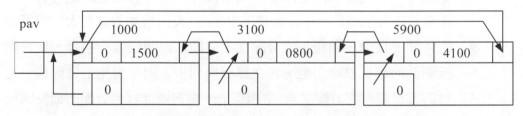

圖 **11-3-1.2** 執行若干時間後

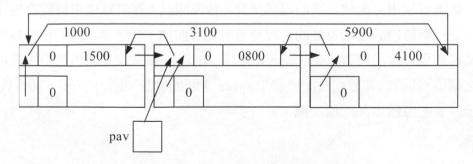

圖 **11-3-1.3** 進行再分配後的狀態

11-3-2 分配演算法

邊界標識法通常會採用最先合適法做為記憶體分配的演算法，系統只須從串列開頭指標 pav 所指節點起，在可利用空間串列中進行搜尋，找到第一個容量不小於請求分配的記憶體(n)的空閒區段時，即可進行分配。為了使整個系統更有效地運行，在邊界標識法中還做了如下兩條規定：

1. 假設所找到的空閒區段的容量為 m 個字組(包括頭部和底部)，而每次分配只是從中分配 n 個字組給使用者，剩餘 m-n 個字組大小的節點仍留在鏈結串列中，則在若干次分配之後，鏈給串列中會出現一些容量極小而分配不出去的空閒區段，這就大大減慢了分配(搜尋)的速度。彌補的辦法是：選定一個適當的常量 e，當 m-n≦e 時，將容量為 m 的空閒區段整塊分配給使用者；反之，只分配其中 n 個字的記憶體。同時，為了避免修改指標，約定將該節點中位址較大部份分配給使用者。

2. 如果每次分配都從同一個節點開始搜尋的話，勢必造成記憶體小的節點集中在開頭指標 pav 所指節點附近，反而增加查詢較大空閒區段的時間。反之，如果每次分配從不同的節點開始進行搜尋，使分配後剩餘的小區段均勻地分布在鏈結串列中，則可避免上述弊病。可行的方法是每次分配之後，令指標 pav 指向剛進行過分配的節點的後繼節點。

以下為利用分配演算法的描述語言。首先假設：在演算法中將變數視作其值為記憶體區段的起始位址的物理變數，允許作加、減運算。為了和指標型變數區別起見，借用符號 p.size 表示位址為 p 的記憶體區段其開頭部份中表示大小之欄位，其值約等於同一記憶體中 space 空間的容量。相對地，(p+p.size-1).tag 表示同一記憶體尾部的標示欄。

分配演算法：

```
1    procedure AllocBoundTag(n，pav)
2     p←pav
3     while p≠NULL and p.size<n and p.rlink≠pav
4      p←p.rlink                    //搜尋空閒空間//
5     end
6     if p=NULL or p.size<n then return NULL
7      //沒有足夠大空間//
8     else
9      if p.size-n<e then          //分配整個節點//
10      pav←p.rlink
11      if pav=p then pav←NULL
12     else                        //刪除已分配節點//
13      pav.llink←p.llink
14      p.llink.rlink←pav
15     end
16     p.tag←1                      //修改已分配節點//
17     (p+p.size-1).tag←1
18    clsc                         //分配部份節點//
19     pav←p.rlink
20     (p+p.size-1).tag←1
21     p.size←p.size-n
22     f←p+p.size-1；f.tag←0；f.uplink←p；
23     p←f+1；p.tag←1；p.size←n；
24    end
25    return p
26    end
27    end
```

11-3-3　回收演算法

當使用者釋放佔用區段，系統需立即回收以備新的請求產生時進行再分配。為了使物理位址毗鄰的空閒區段結合成一個盡可能大的節點，首先需要檢查剛釋放的佔用區段的左、右緊鄰是否為空閒區段。由於系統在每個記憶體(無論是佔用區段或空閒區段)的邊界上都設有標示值，故很容易辨明。假設使用者釋放的記憶總的起始位址為 p，則位址較低且與其緊鄰的記憶體區段的尾部位址為 p-1；而高位址緊鄰的記憶體區段的起始位址為 p+p.size，它們標示欄就表明了這兩個鄰區的使用狀況：若比(p-1).tag=0；則表明其左鄰為空閒區，若(p+p.size).tag=0 則表明其右鄰為空閒區段。

若釋放區段的左、右鄰區均為佔用區段，則只要將此空閒區段作為一個節點插入到可利用空間區段中即可；若只有左鄰區是空閒區段，則應與左鄰區合併成一個節點；若只有右鄰區是空閒區段，則應與右鄰區合併成一個節點；若左、右鄰區都是空閒區段，則應將三塊合起來成為一個節點留在可利用空間串列中，下面我們就這四種情況分別描述它們的演算法：

1. **釋放區段的左、右鄰區均為佔用區段**。只要作簡單插入即可。由於在按最先合適法進行分配時邊界標識法對可利用空間串列的結構並沒有任何要求，則新的空閒區段插入在串列中任何位置均可。簡單的做法就是插入在 pav 指標所指節點之前(或之後)。

    第 1 種情況回收演算法：

```
1   if pav=NULL then pav←p；p.llink←p；p.rlink←p
2   else              //q為pav所指節點的前區節點位址//
3    q←pav.llink
4    p.rlink←pav；p.llink←q；p.tag←0
5    q.rlink←p；pav.llink←p
6    (p-1+p.size).uplink←p；(p-1+p.size).tag←0
7    pav←p            //令剛釋放的節點為最先尋找的節點//
8   end
```

2. **釋放區段約左鄰區為空閒區段，而右鄰區為佔用區段。**由於釋放區段的開頭部份和左鄰空閒區段的尾部毗鄰，因此只要改變左鄰空閒區段的節點，增加節點 size 欄的值，且更新設置節點的尾部即可。

第 2 種情況回收演算法：

```
1    n←p.size                    //n 為釋放區段大小
2    s←(p-1).uplink              //s 為左鄰區段的起始位置
3    s.size←s.size+n
4    f←p+n-1；f.uplink←s；f.tag←0
```

3. **釋放區段的右鄰區為空閒區段，而左鄰區為佔用區段。**由於釋放區段的尾部和右鄰空閒區段的開頭部份毗鄰，因此，當串列中節點由原來右鄰空閒區段變成合併後的大空閒區段時，區段的尾部指標位置不變，但開頭的指標位置要移動，因此，鏈結串列中的指標也必須要移動。

第 3 種情況回收演算法：

```
1    t←p+p.size    //t 為右鄰空間區段的起始位置
2    p.tag←0       //s 為合併後節點起始位置
3    q←t.llink     //q 為 t 節點在可用空間鏈結串列中的前行節
     點起始位置
4    p.llink←q；q.rlink←p  //p 為 q 的前行節點
5    q1←t.rlink
6    p.rlink←q1；q1.llink←p；
7    p.size←p.size+t.size
8    (t+t.size-1).uplink←p
```

4. **釋放區段的左、右鄰區均為空閒區段**。為使三個空閒區段連接在一起成為一個大空閒區段留在可利用空間串列中，只要增加左鄰空閒區段的 space 容量，同時在鏈結串列中刪去右鄰空閒區段節點即可。

第 4 種情況回收演算法：

```
1    n←p.size                        //n 為釋放區域大小
2    s←(p-1).uplink；t←p+p.size      //s 為左鄰區段，t 為
     右鄰區段
3    s.size←s.size+n+t.size
4    q←t.llink；q1←t.rlink
5    q.rlink←q1；q1.llink←q
6    (t+t.size-1).uplink←s
```

總之，邊界標識法由於在每個節點的開頭部份和尾部設立了標識欄，使得在回收使用者釋放的記憶體區段時，很容易判別與它毗鄰的記憶體區段是否是空閒區段，且不需要查詢整個可利用空間串列便能找到毗鄰的空閒區段與其合併之；再者，由於可利用空間區段上節點既不需依節點大小排序，也不需依節點位址排序，因此釋放區段插入時也不需搜尋鏈結串列。因此，不管是哪一種情況，回收空閒區段的時間複雜度都是個常數，和可利用空間串列的大小無關。唯一的缺點是增加了節點尾部所佔用的記憶體。

在上述 2~4 種情況下，可利用空間串列的變化情況如下圖所示。

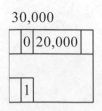

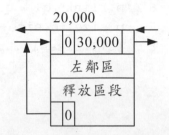

圖 **11-3-3.1**　釋放的存儲空間　　圖 **11-3-3.2**　左鄰區是空間區段的情況

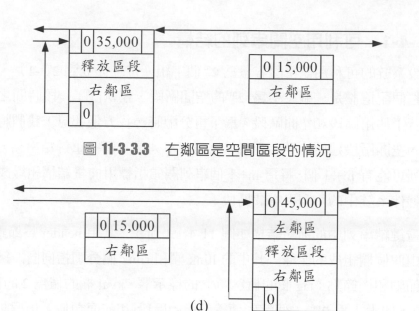

圖 11-3-3.3　右鄰區是空間區段的情況

(d)

圖 11-3-3.4　左，右鄰區是空間區段的情況

11-4　夥伴系統(Buddy System)

夥伴系統(buddy system)是作業系統中的另一種動態記憶體之管理方法。它和邊界標識法類似，在使用者提出申請時，分配一塊大小"適當"的記憶體給使用者；反之，在使用者釋放記憶體時即回收。不同的是：在夥伴系統中，無論是佔用區段或空閒區段，其大小均為 2 的次方值。當使用者申請 n 大小的記憶體時，就分配區段大小為 2^k 個字組(byte) 給它，其中 $2^{k-1} \leq n \leq 2^k$。因此，在可利用空間串列中的空閒區段大小只能是 2 的次方值。若可利用記憶體容量為 2^m，則空閒區段的大小只可能為 2^0，2^1，··，2^m。下面我們仍和上節一樣，分三個問題來介紹這個系統。

11-4-1 可利用空間串列的結構

假設系統的可利用記憶體容量為 2^m 個字組（位址從 0 到 2^m-1），開始執行時，整個記憶體是一個大小為 2^m 的空閒區段，在執行了一段時間之後，被分隔成若干佔用區段和空閒區段。為了再分配時尋找方便起見，我們將所有大小相同的空閒區段建於一子串列中。每個子串列是一個雙重鏈結串列，這樣的鏈結串列可能有 $m+1$ 個，將這 $m+1$ 個串列開頭指標用向量結構組織成一個串列就是夥伴系統中的可利用空間區段。

雙重鏈結串列中的節點結構如圖 11-4-1.1 所示，其中 header 為節點頭部，是一個由四個欄組成的記錄，其中的 llink 欄和 rlink 欄分別指向同一鏈結串列中的前節點和後節點；tag 欄的值為"0/1"的標示欄，kval 欄的值為 2 的冪次 k；space 是一個大小為 2^m-1 個字的連續記憶體區段(和前面類似，仍假設 header 佔一個字組)。

可利用空間區段的初始狀態如圖 11-4-1.2 所示，其中 m 個子串列都為字串列，只有大小為 2^m 的鏈結串列中有一個節點，即整個記憶體空閒。串列開頭向量的每個元素由兩個欄組成，除指標欄外另設 nodesize 欄表示該鏈結串列中空閒區段的大小，以便分配時尋找方便。

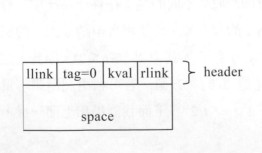

圖 **11-4-1.1** 空間區段的節點圖

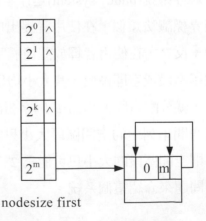

11-4-1.2 串列的初始狀態

11-4-2　分配演算法

當使用者提出記憶體大小為 n 的要求時，首先在可利用串列(nodesize 欄)上尋找節點大小與 n 相匹配的子串列，若此有大小相符的子串列，則將子串列中所指向的任一個節點分配給使用者即可；若此子串列沒有連結節點，則需從更大的子串列中尋找節點，直至找到一個有空閒區段的節點，將其中一部份分配給使用者，而將剩餘部份插入適當大小的子串列中。

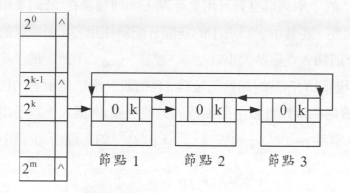

圖 **11-4-2.1**　分配前的串列

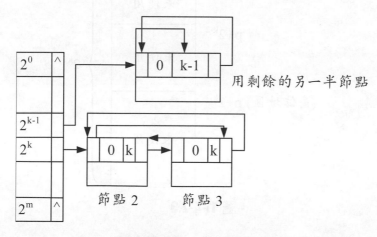

圖 **11-4-2.2**　分配前的串列

假設分配前的可利用空間區段的狀態如圖 11-4-2.1 所示。若 $2^{k-1}<n\leqq 2^k-1$，而大小為 2^k 的子串列有可用之節點，則只要刪除此鏈結串列中第一個節點並分配給使用者即可；但是若 $2^{k-2}<n\leqq 2^{k-1}-1$，由於從子串列 2^{k-1} 中找不到適合的可用之節點，則需從節點大小為 2^k 的子串列中取出一區段，將其中的一半分配給使用者，剩餘的一半作為一個新節點插入在節點大小為 2^{k-1} 的子串列中，如圖 11-4-2.2 所示。換句話說，若 $2^{k-i-2}<n\leqq 2^{k-i-1}-1$（ i 為小於 k 的整數)，並且所有節點小於 2^k 的子串列均沒有可用之節點，則同樣需從 2^k 的子串列中取出一大小為 2^k 的節點，將其中 2^{k-i} 大小的空間分配給使用者，而剩餘的部份分割成若干個節點分別插入在節點大小為 2^{k-i}、2^{k-i+1}、……，2^{k-1} 的子串列中。假設從 2^k 子串列中刪除的節點的起始位址為 p 且假設分配給使用者的佔用區段的初始位址也為 p(佔用區段為該空閒區段的低位址區)則插入上述子串列的新節點的起始位址分別為 $p+2^{k-i}$，$p+2^{k-i+1}$，...，$p+2^{k-1}$ 如下圖所示(圖中 i=3)。

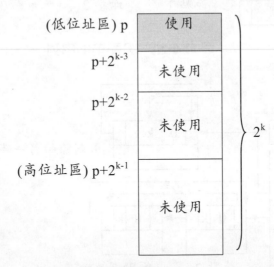

圖 11-4-2.3

分配演算法：

```
1   procedure AllocBubby(n，avail)
2   k←0 ; found←false
3    while k≤m and not found
4     if avail[k].nodesize<n+1 or avail[k].first=NULL then
5    k←k+1                           //繼續尋找
6     else
7      found←true                    //找到滿足要求分配的子串列
8     end
9   end
10  if not found then return NULL    //無空間可分配
11  else                             //進行分配
12   pa←avail[k].llink
13   pre←pa.llink ; suc←pa.rlink
14   if pa=suc then                  //子串列變空
15    avail[k].first←NULL
16   else
17    pre.rlink←suc ; suc.link←pre ; avail[k].first←suc
18   end
19   i←1
20   while avail[k-i].nodesize≥n+1
21    pi←pa+2^{k+i} ; pi.rlink←pi ; pi.link←pi
22    avail[k+i].first←pi ; i←i+
23   end                            //將剩餘空間區段插入相應子串列
24  end
25  end
```

11-4-3 回收演算法

在使用者釋放佔用區段時，系統需將此空閒區段插入到可利用空閒區段中去。在夥伴系統中同樣也有一個位址相鄰的空閒區段合併成大區段的問題，但是在夥伴系統中僅考慮"互為夥伴"的合併。

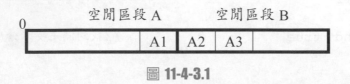

圖 11-4-3.1

在分配時經常需要將一個大的空閒區段分裂成兩個大小相等的記憶體，這兩個由同一大區段分裂出來的小區段就稱之為夥伴，若有兩個空閒區段，即使大小相同且位址相鄰，但不是由同一大塊分裂出來的，則不算是夥伴。例如圖 11-4-3.1 A1、A2 不是同一區段故不是夥伴；A2、A3 是同一區段，故互為夥伴。因此，在回收空閒區段時，應首先判別其夥伴是否為空閒區段，若不是，則只要將釋放的空閒區段簡單插入在相應子串列中即可；若是，則需在相應子串列中找到其夥伴並刪除之，然後再判別合併後的空閒區段的夥伴是否是空閒區段。依此重覆，直到合併所得空閒區段的夥伴不是空閒區段時，再插入到相應的子串列中去。綜合上述，夥伴系統的優缺點如下：

優點：演算法較簡單、速度快。

缺點：由於只合併伙伴，容易產生碎片。

11-5 費氏夥伴系統(Fibonacci Buddy System)

記憶體配置區塊大小中，夥伴系統是以 2 的次方為單位，如：1，2，4，8，16，32……等等；而在費氏夥伴系統中的區塊則是費氏數列為單位，如：1，1，2，3，5，8，13……等等。實際上，我們也可以樹的方式表示費氏系統每一塊區域連接的情況，如下圖 11-5.1 是個費氏分配系統。

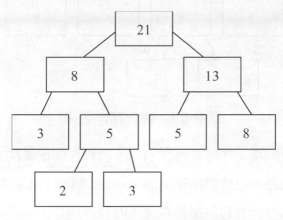

圖 11-5.1 費氏分配系統

費氏夥伴系統的重點不在分配記憶體的區塊，而是兩個具有共同父節點的相鄰區塊，如何合併成較大的區塊。另外，為了使費氏記憶體釋回工作操作順利，我們設定一變數 counter 用以記錄區塊的分裂關係，並進行以下的步驟：

1. 使用區塊中最大者，即節點 counter = 0
2. 當區塊分裂為二時，以遞迴方式定義 counter 的值：

   左區塊的 counter = counter+1。

   右區塊的 counter = 0 (歸零)。

依上述的方法將圖 11-5.1 中的每個區塊填上 counter 數字,其結果如下:

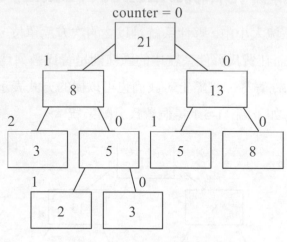

圖 **11-5.2** 費氏夥伴系統

經由上述的處理後,可得到如圖 11-5.2 的費氏夥伴系統,當我們欲檢驗任意的兩區塊是否相連,只要將兩區塊的 counter 相減,其結果若等於 1 則表示是相連的區塊。此方法有利於記憶體空間的釋放操作。

11-6 廢置單元收集

"廢置單元"是指使用者不再使用而沒有回收的記憶體區段。前面幾節討論的都是如何利用可利用空間串列來進行動態記憶體之管理。它的特點在於:使用者請求記憶體時進行分配;在使用者釋放記憶體時進行回收,因此,在這類記憶體管理系統中,使用者必須明確給出"請求"和"釋放"的訊息。但有時會因為使用者的疏漏或某些因素致使系統在不恰當的時候回收或沒有進行,因而產生"廢置單元"或"懸掛訪問"的問題。

　　如圖 11-6.1 所示，P1、P2 和 P3 分別為它們的串列開頭指標，P3 是 P1 和 P2 共用的串列。在這種情況下，串列節點的釋放就成為一個問題。假設串列 P1 不再使用，而串列 P2 和 P3 尚在使用，若釋放串列 P1，即自 P1 指標起，依鏈結將所有串列回收，其中包括 P3 及 P3 的所有子串列，如此一來便破壞了串列 P2，產生了"懸掛訪問"；反之，若不將串列 P1 中節點釋放，則當 P2 和 P3 兩個串列也不被使用時，這些節點由於未被"釋放"，無法再被利用而成為"廢置單元"。

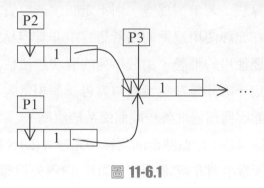

圖 **11-6.1**

解決問題的方式有以下兩種：

1. 參考計數法(Reference Count Method)：在所有子串列或一般化串列上增加一個串列開頭節點，並設立一個"計數器"，每當有一指標指向此節點則計數器加 1 直到計數器為 0 時，節點才被釋放。

2. 收集廢置單元(Garbage Collection)：在程式執行的過程中，對所有的鏈結串列節點，不管它是否還有用，都不回收，直到整個記憶體用完。當記憶體用完時，才暫時中斷執行程式，將之前釋放的記憶體空間回收當作使用者使用的空間，當記憶體用完時，再度執行此動作。而收集廢置單元的方式應分兩階段進行

(1) 標示階段(marking phase)：

對所有佔用節點加上標示，可在每個節點上再加設一個標示(mark)，以區別是否為正在作用中的區段

(2) 階段(collection phase)：

當記憶體不夠時收集標示為非在作用區段的記憶體

由於第 2 階段的執行時機是在記憶體幾乎已耗盡的情況下執行，所以標示的階段格外重要，主要有兩種標示的演算法：

1. 遞迴的演算法：若串列為空，則不走訪；若有資料，則作標示。這個演算法在允許使用遞迴的高階語言中非常容易撰寫。但是，它需要遞迴所要使用的堆疊，由於串列的層次無法估計，使得堆疊的容量不易確定，除非是在記憶體中宣告一個相當大堆疊空間，否則標示時，可能因為超過堆疊空間而使系統癱瘓。

2. 非遞迴的演算法：類似圖形的兩種優先搜尋(DFS 和 BFS)，可分為縱向或橫向。當串列非空時，使用橫(縱)向優先搜尋走訪時，在對串列節點加標示後，先順串列開頭指標逐層向下對串列開頭加標示，同時將同(下)層非空且未加標示的串列尾端指標依次推入堆疊，直到串列開頭為空串列或為元素節點時停止，然後退出堆疊取出上一層的串列尾端指標。反覆上述程序，直到堆疊空為止。同樣，這兩個演算法和二元樹或圖的走訪極為相似，不再贅述。在這兩種非遞迴演算法中，和遞迴演算法有同樣的問題仍需要一個不確定量的記憶體，因此也不算是一個好方法。

廢置單元收集演算法：

```
1   Procedure mark_list(Is)
2   t←NULL ; p←Is
3   repeat
4   while p.mark=0
5    p.mark←1 ; q←p.hp ;                //q指向p的串列開頭
6    if q≠NULL and q.mark=0 then
7     if q.tag=0 then q.mark←1          //串列開頭為原子節點
8    else                              //繼續走訪子串列
9     p.hp←t ; p.tag←0 ; t←p ; p←q
10   end                               //為成串裂開頭的標誌
11  end
12  q←p.tp
13  if q≠NULL and t.tag=1 then          //繼續走訪串列尾端
14   p.tp←t ; t←p ; p←q
15  else
16   while t≠NULL and t.tag=1
17  p←t ; p←q.tp ; q.tp←p ; p←q        //從串列尾端回溯
18   if t=NULL then
19    MarkFinished←true
20   else
21    q←t ; t←q.hp ; q.hp←p ; p←q ; p.tag←1
22   end                               //從串列開頭回溯繼續走訪串列尾端
23  end
24  until MarkFinished
25  end
```

11-7 廢置單元收集的改良

在前節幾章中我們討論廢置單元收集這些動作，其必須將實行中的程式停止直到廢置單元收集完成為止才繼續從被中斷的地方開始執行。但這種情形在即時系統中(如監視一快速的化學反應)不能被允許，即當系統在執行廢置單元收集時，並不能把應用程式暫停。在這些環境裡，通常需要一特定的分別處理程式，用來分開做廢物收集的工作，但要避免此一問題並不是一件簡單的事，有一種允許應用程式和廢置單元收集同時進行的系統稱為"同時廢置單元收集法 ("On-the-fly" garbage collection) "。

此外，另一值得討論的主題為有關於重新收回不用空間之最小成本的問題。在我們已討論過的方法中，是"假設"收回任意一部份的記憶體的時間都是相同的。值得注意的是，在記憶體中"某部份"的執行時間較其它部份的執行時間較短，其中前者的情況較常發生。因此，我們可以借用此種方法來減少廢置單元收集的時間成本，因此部份為較深入的學問，在此我們僅介紹其簡單觀念，不詳加討論其原理。

廢物收集的過程也可應用到重新收回硬碟的不用空間。雖然配置及釋放空間的觀念是一樣的但不能將處理主記憶體的演算法直接套用在硬碟上，因為硬碟的構造和記憶體並不相同硬碟存取時間必須視來源位置和目的位置而定當兩位置再同一區段時才能達到有效率的存取。

11-8 記憶體壓縮

前面幾節討論的記憶體管理方法，都是將斷斷續續的記憶體組成一個較大的記憶體。現在要介紹另一種動態記憶體管理方法，此方法的記憶體管理過程中，不管那個時刻，記憶體空間都是一個位址連續的記憶體，在編譯程式中稱之為"區塊"，每次分配都是從這個可利用空間中劃出一區塊。其完成辦法是設立一個指標，稱之為"區塊指標"，區塊指標始終指向區塊的最低(或最高)位址。當使用者申請 n 個單位的記憶體時，區塊指標向低位址 (或高位址)移動 n 個記憶抵單位，而移動之前的區塊指標的值就是分配給使用者的初始位址。例如，某個字串處理系統中有 A、B、C、D 四個字串，其字串值長度分別為 12、6、10 和 8。假設區塊指標 pointer 的初值為零，則分配給這四個字串值的記憶體空間的初始位址分別為 0、12、18、28 和 36，如下圖所示，分配後的區塊指標的值為 36。因此，這種區塊結構的記憶體分配演算法非常簡單；反之，回收使用者釋放的空閒區段就比較麻煩。由於系統的可利用空間始終是一個位址連續的記憶體，因此回收時必須將所釋放的空閒區段合併到整個區塊上去才能重新使用，這就是"記憶體壓縮"的任務。通常有兩種做法：

1. 當有使用者釋放記憶體即進行回收壓縮，例如，下圖 11-8.1 的區塊，在 C 字串釋放記憶體時即回收壓縮成為下圖 11-8.3 的區塊，同時修改字串的儲存配置關係成下圖 11-8.4 的狀態。

2. 在程式執行過程中不回收使用者隨時釋放的記憶體，直到可利用空間不夠分配或區塊指標指向最高位址時才進行記憶體壓縮。此時壓縮的目的是將區塊中所有的空閒區段連成一片，即將所有的佔用區段都集中到可利用空間的低位址區，而剩餘的高位址區成為一整個位址連續的空閒區段，如下圖所示，其中圖 11-8.1 為壓縮前的狀態，圖 11-8.2 為壓縮後的狀態。

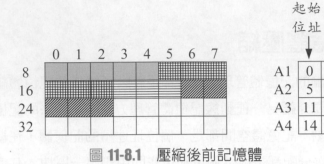

圖 **11-8.1** 壓縮後前記憶體

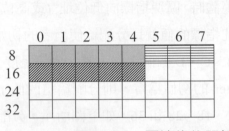

圖 **11-8.2** 壓縮後的記憶體

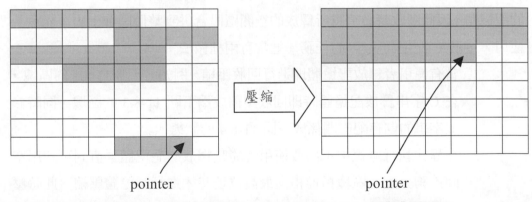

pointer   pointer

圖 **11-8.3** 記憶體壓縮前   圖 **11-8.4** 記憶體壓縮後

　　記憶體壓縮法不僅要傳送資料(進行佔用區段遷移)而且要修改所有佔用區段中的指標值,比廢置單元收集法更為複雜,因此並不建議使用此方式進行收回空間的工作。

習　題

1. 請論述動態記憶體配置的目的。

2. 請列表比較最佳合適法、最先合適法和最差合適法的優缺點，以及適用的時機和回收方法？

3. 作業系統中用以進行動態分區分配的記憶體管理方法有哪些？

4. 請詳述邊界標識法的分配和回收方法？並寫出它們的演算法

5. 什麼是夥伴系統和費氏夥伴系統？請詳述夥伴系統和費氏夥伴系統的分配法、回收方法及其優點。

6. 試寫出收集階段(collection phase)之遞迴與非遞迴的演算法？

7. 解決解決廢置單元的方法有哪幾種？請詳述之？

8. (a) 若釋放的記憶體空間不立刻回收有何優缺點？適用時機為何？
   (b) 若釋放的記憶體空間會立刻回收有何優缺點？適用時機為何？

9. "記憶體壓縮"的任務為何？要如何實行？請繪圖說明並寫出演算法。

A

ACSII CODE

10 進位	16 進位	8 進位	ASCII
0	0	0	
1	1	1	☺
2	2	2	☻
3	3	3	□
4	4	4	♦
5	5	5	□
6	6	6	□
7	7	7	●
8	8	10	▫
9	9	11	○
10	a	12	◉
11	b	13	♂
12	c	14	♀
13	d	15	□
14	e	16	♫
15	f	17	☼
16	10	20	►
17	11	21	◄
18	12	22	↕
19	13	23	‼
20	14	24	¶
21	15	25	§
22	16	26	_
23	17	27	□
24	18	30	↑
25	19	31	↓
26	1a	32	→
27	1b	33	←
28	1c	34	└
29	1d	35	□

10 進位	16 進位	8 進位	ASCII
30	1e	36	▲
31	1f	37	▼
32	20	40	
33	21	41	!
34	22	42	"
35	23	43	#
36	24	44	$
37	25	45	%
38	26	46	&
39	27	47	'
40	28	50	(
41	29	51	)
42	2a	52	*
43	2b	53	+
44	2c	54	'
45	2d	55	-
46	2e	56	.
47	2f	57	/
48	30	60	0
49	31	61	1
50	32	62	2
51	33	63	3
52	34	64	4
53	35	65	5
54	36	66	6
55	37	67	7
56	38	70	8
57	39	71	9
58	3a	72	:
59	3b	73	;

10 進位	16 進位	8 進位	ASCII	10 進位	16 進位	8 進位	ASCII
60	3c	74	<	90	5a	132	Z
61	3d	75	=	91	5b	133	[
62	3e	76	>	92	5c	134	\
63	3f	77	?	93	5d	135	]
64	40	100	@	94	5e	136	^
65	41	101	A	95	5f	137	_
66	42	102	B	96	60	140	`
67	43	103	C	97	61	141	a
68	44	104	D	98	62	142	b
69	45	105	E	99	63	143	c
70	46	106	F	100	64	144	d
71	47	107	G	101	65	145	e
72	48	110	H	102	66	146	f
73	49	111	I	103	67	147	g
74	4a	112	J	104	68	150	h
75	4b	113	K	105	69	151	i
76	4c	114	L	106	6a	152	j
77	4d	115	M	107	6b	153	k
78	4e	116	N	108	6c	154	l
79	4f	117	O	109	6d	155	m
80	50	120	P	110	6e	156	n
81	51	121	Q	111	6f	157	o
82	52	122	R	112	70	160	p
83	53	123	S	113	71	161	q
84	54	124	T	114	72	162	r
85	55	125	U	115	73	163	s
86	56	126	V	116	74	164	t
87	57	127	W	117	75	165	u
88	58	130	X	118	76	166	v
89	59	131	Y	119	77	167	w

10 進位	16 進位	8 進位	ASCII	10 進位	16 進位	8 進位	ASCII
120	78	170	x	150	96	226	û
121	79	171	y	151	97	227	ù
122	7a	172	z	152	98	230	ÿ
123	7b	173	{	153	99	231	Ö
124	7c	174	|	154	9a	232	Ü
125	7d	175	}	155	9b	233	¢
126	7e	176	~	156	9c	234	£
127	7f	177	△	157	9d	235	¥
128	80	200	Ç	158	9e	236	P$_{ts}$
129	81	201	ü	159	9f	237	*f*
130	82	202	é	160	a0	240	á
131	83	203	â	161	a1	241	í
132	84	204	ä	162	a2	242	ó
133	85	205	à	163	a3	243	ú
134	86	206	å	164	a4	244	ñ
135	87	207	ç	165	a5	245	Ñ
136	88	210	ê	166	a6	246	
137	89	211	ë	167	a7	247	
138	8a	212	è	168	a8	250	?
139	8b	213	ï	169	a9	251	⌐
140	8c	214	î	170	aa	252	¬
141	8d	215	ì	171	ab	253	
142	8e	216	Ä	172	ac	254	
143	8f	217	Å	173	ad	255	
144	90	220	É	174	ae	256	«
145	91	221	æ	175	af	257	»
146	92	222	Æ	176	b0	260	▒
147	93	223	ô	177	b1	261	□
148	94	224	ö	178	b2	262	■
149	95	225	ò	179	b3	263	|

10 進位	16 進位	8 進位	ASCII	10 進位	16 進位	8 進位	ASCII
180	b4	264	┤	209	d1	321	╤
181	b5	265	╡	210	d2	322	╥
182	b6	266	╢	211	d3	323	╙
183	b7	267	╖	212	d4	324	╘
184	b8	270	╕	213	d5	325	╒
185	b9	271	╣	214	d6	326	╓
186	ba	272	║	215	d7	327	╫
187	bb	273	╗	216	d8	330	╪
188	bc	274	╝	217	d9	331	┘
189	bd	275	╜	218	da	332	┌
190	be	276	╛	219	db	333	█
191	bf	277	┐	220	dc	334	▄
192	c0	300	└	221	dd	335	▌
193	c1	301	┴	222	de	336	▐
194	c2	302	┬	223	df	337	▀
195	c3	303	├	224	e0	340	α
196	c4	304	─	225	e1	341	β
197	c5	305	┼	226	e2	342	Γ
198	c6	306	╞	227	e3	343	π
199	c7	307	╟	228	e4	344	Σ
200	c8	310	╚	229	e5	345	σ
201	c9	311	╔	230	e6	346	μ
202	ca	312	╩	231	e7	347	τ
203	cb	313	╦	232	e8	350	Φ
204	cc	314	╠	233	e9	351	θ
205	cd	315	═	234	ea	352	Ω
206	ce	316	╬	235	eb	353	δ
207	cf	317	╧	236	ec	354	∞
208	d0	320	╨	237	ed	355	φ

10 進位	16 進位	8 進位	ASCII	10 進位	16 進位	8 進位	ASCII
238	ee	356	ε	247	f7	367	≈
239	ef	357	∩	248	f8	370	°
240	f0	360	≡	249	f9	371	·
241	f1	361	±	250	fa	372	·
242	f2	362	≥	251	fb	373	√
243	f3	363	≤	252	fc	374	η
244	f4	364	⌠	253	fd	375	²
245	f5	365	⌡	254	fe	376	■
246	f6	366	÷	255	ff	377	blank

B

名詞索引

資 料 結 構

資料結構

資料結構

資 料 結 構

資 料 結 構

常用 C 語言指令集

函數原形	函數作用	表頭檔
int **abs** (int n);	計算整數 n 的絕對值(取正值)。	\<stdlib.h>或\<math.h>
double **fabs** (double x)	計算雙浮點數的絕對值(取正值)。	\<math.h>
long **labs** (long n)	計算長整數 n 的絕對值(取正值)。	\<stdlib.h>或\<math.h>
double **sqrt** (double x)	計算雙浮點數 x 的平方跟值。	\<math.h>
double **pow**(double x ,double y)	計算 x 的 y 次方值。	\<math.h>
type_**max**(type a,type b)	傳回 a 和 b 中數值較大者，可以是任何型態的數值，特別注意的是 max 前面的底線有兩個。	\<stdlib.h>
type_**min**(type a,type b)	和_max 相反，_min 傳回 a 和 b 中數值較小者。	\<stdlib.h>
double **floor**(double x)	傳回不大於 x 的最大整數，如 floor(2.8)會傳回 2.0:floor(-2.8) 傳回-3	\<math.h>
double **ceil**(double x)	傳回不小於 x 的最小整數，如 ceil (2.8)會傳回 3.0: ceil (-2.8) 傳回-2	\<math.h>
double **log**(double x)	傳回 x 的自然對數值 (natural logarithm)，如 log(9000.0)=9.104980	\<math.h>
double **log10**(double x)	傳回 x 的 10 為底的對數值 (base-10 logarithm)，如 log(9000.0)= 3.954243	\<math.h>
double **sin**(double x)	求 x 三角函數 sin 值(正弦)，x 是一個徑度值，如 x =3.14159，sin(x/2)=1。	\<math.h>
double **cos**(double x)	求 x 三角函數 cos 值(餘弦)，x 是一個徑度值，如 x =3.14159，cos(x/2)=0。	\<math.h>

函數原形	函數作用	表頭檔
double **tan**(double x)	求 x 三角函數 tan 值(正切)，x 是一個徑度值，如 x =3.14159，tan(x/4)=1。	<math.h>
double **asin**(double x)	求 x 的反正弦值，如 asin(0.5)= 0.523599	<math.h>
double **acos**(double x)	求 x 的反餘弦值，如 acos(0.5)= 1.0472。	<math.h>
double **atan**(double x)	求 x 的反正切值，如 atan(0.5)= 0.463648。	<math.h>
int **rand**(void)	呼叫後會傳回 0~32767 之間的任意一數。	<stdlib.h>
void **srand**(unsigned int seed)	seed 是可以設定 rand 函數所用之亂數產生演算法的種子值。	
int **atoi**(const char*string)	將字串 string 轉換成整數。	<stdlib.h>
long **atol**(const char*string)	將字串 string 轉換成長整數。	<stdlib.h>
double **atof**(const char*string)	將字串 string 轉換成浮點數。	<stdlib.h>
char *_**itoa**(int value，char *string，int radix)	將整數 value 以 radix 為基底轉換成字串 string。	<stdlib.h>
char *_**ltoa** (unsigned long value，char *string，int radix)	將長整數 value 以 radix 為基底轉換成字串 string。	<stdlib.h>
char *_**ultoa**(long value，char *string，int radix)	將無正負長整數 value 以 radix 為基底轉換成字串 string。	<stdlib.h>
int __**toascii**(int c)	將字元 c 轉換成 ASCII 碼。	<ctype.h>
int __**tolower**(int c)	將字元 c 轉換成小寫的 ASCII 碼。	<stdlib.h>或<ctype.h>
int __**toupper**(int c)	將字元 c 轉換成大寫的 ASCII 碼。	<stdlib.h>或<ctype.h>
int **printf**(const char *format[，argument，...])	將傳入的參數(argument)輸出至螢幕上。	<stdio.h>

函數原形	函數作用	表頭檔
int **scanf**(const char *format[，argument，...])	從鍵盤將資料格式化的讀取到 argument 中。	\<stdio.h\>
cin >>變數名稱	將由鍵盤輸入的資料存放在變數內。	\<iostream.h\>
cout <<輸出資料	將要輸出資料顯示在螢幕上。	\<iostream.h\>
char ***strcat**(char*strDest，const char*strSrc)	將 strSrc 複製一份連接在 strDest 之後，傳回 strDest。	\<string.h\>
char***strncat**(char*strDest，const char*strSrc，size_t count)	將 strSrc 中最多 count 個字元複製並連接在 strDest 之後，傳回 strDest。	\<string.h\>
char ***strcpy**(char*strDest，const char*strSrc)	複製 strSrc 所有字元到 strDest，並傳回 strDest	\<string.h\>
char***strncpy**(char*strDest，const char*strSrc，size_t count)	複製 strSrc 中最多 count 個字元到 strDest。並傳回 strDest。如果 strSrc 少於 count 字元則以'\0'補之。	\<string.h\>
char*_ **strlwr**(char*string)	將 string 中的所有字元轉換成小寫。	\<string.h\>
char*_ **strupr**(char*string)	將 string 中的所有字元轉換成大寫。	\<string.h\>
size_**strlen**(const char*string)	傳回 string 的長度，不包括結束字元' \0'。	\<string.h\>
int **strcmp**(const char*str1，const char*str2)	比較 str1 和 str2，傳回值為負數則表示 str1 比 str2 小，傳回 0 則表示 str1 等於 str2，傳回正數則表示 str1 比 str2 大。所謂大小，是指比較字串每一字元的 ASCII 碼的大小。	\<string.h\>

函數原形	函數作用	表頭檔
int **strncmp**(const char*str1，const char*str2，size_t count)	比較 str1 和 str2 前面 count 個字元。	\<string.h>
char* **strchr**(const char*string，int c)	找出字元 c 在 string 中的位址，若尋找失敗，傳回 NULL。	\<string.h>
char* **strrchr**(const char*string，int c)	找出字元 c 在 string 中最後出現的位址，若尋找失敗，傳回 NULL。	\<string.h>
char* **strpbrk**(const char*string，const char*strCharSet)	傳回 string 中第一個同時存於 strCharSet 的字元位址，若尋找失敗，傳回 NULL。	\<string.h>
char* **strstr** (const char*string，const char*strCharSet)	傳回 string 中第一個出現 strCharSet 的位址，若尋找失敗，傳回 NULL。	\<string.h>

習題解答

第一章習題解答

1. 演算法是人們希望藉由計算機來解決某些問題的一些方法。故一個演算法是用來完成某一個工作的一些有限集合的指令或步驟,而這些指令常常是用虛擬語言來寫的。其需要滿足以下五大條件:

   (1) 輸入(input):可以是零個或多個輸入資料。

   (2) 輸出(output):最少有一個或多個輸出資料。

   (3) 明確性(definiteness):每一項指令或步驟都必需有很明確的敘述,不能含糊不清。

   (4) 有限性(finiteness):經過一些步驟後需要執行終止,亦即不會造成無窮迴路。

   (5) 有效性(effectiveness):若用筆算也可根據所列步驟得到結果。

3. (1) 循序結構(Sequence structure)。

   (2) 反覆結構(Iteration 或 Repetition structure)。

   (3) 選擇結構(Selection 或 Condition Structure)。

5. 此片斷程式之執行時間為∞,無窮迴路。

```
Procedure  BINSRCH(A,n,s,t)
//A , n , x are inputs , t is output//
  lower←1 ; upper←n
  while lower≦upper  do
   mid←[(lower + upper) / 2]
   case
   : x>A (mid) : lower←mid +1
   : x<A (mid) : upper←mid −1
   : else : t←mid ; return
   end
  end
  t←0
 end
```

二元找尋每執行一次比較則 n 值減半。第一次是 n/2，第二次是 n/22，第三次是 n/23，假設在第 k 次後 n=1，比較即將結束，則 n/2k=1，所以 k=log2 n，故其時間複雜度為 O(log n)。

7. (a)、(c)、(d)

9. $\sum_{m=1}^{n} m(m-1) = \sum_{m=1}^{n} m^2 - \sum_{m=1}^{n} m = \frac{n(n+1)(2n+1)}{6} - \frac{n(n+1)}{2}$

$$= \frac{n^2(n+1)}{3}$$

第二章習題解答

1. (1) 動態資料結構：可不用連續記憶體空間來儲存資料。

   (2) 靜態資料結構：以連續記憶體空間來儲存資料。

   優點：(1) 欲隨機取得資料較快，因可以任意地讀取第 n 個資料。

   　　　(2) 資料結構較簡單且較省空間。

   缺點：(1) 插入或刪除資料的任一元素時，需搬動其餘項,較耗時間。

   　　　(2) 因資料依序要儲存連續記憶體空間,因此需事先保留一塊足夠的可用空間供其使用，故較不具彈性。

3. 此題是一個 sparse matrix 的問題型式，我們可使用 3-tuple 的結構並由題目知每列最多只有三個元素，因此，非零數目最多 300 個，所以我們可以預留一個 A(0:300,1:3)的二維陣列來存放，其中 A(0,1)為列數，其值為 100,A(0,2)為行數，其值亦為 100，而 A(0,3)存放非零項數目。

5. 令 A 為 m* n 的矩陣,亦即 A(1 : m,1 : n)

由於此題所給予條件 A(1,1)及 A(3,3)均為對角線元素,且所求

$$Loc (A(3,3)) = Loc (A(1,1)) + (3 - 1)n + (3 - 1)$$

$$\rightarrow \quad 1244_8 = 1204_8 + 2n + 2$$

$$\rightarrow \quad n = 178$$

所以

$$Loc (A(4,4)) = Loc (A(1,1)) + (4 - 1)n + (4 - 1)$$

$$= 1204_8 + 3*178 + 3$$

$$= 1204_8 + 558 + 38$$

$$= 1264_8$$

第三章習題解答

1. (a) 以 linked node 儲存 list 之元素再利用 link 將下一個 node 之味只
記住利用此方法表示的 list 稱為 linked list。

(b) 以 c 寫此程式架設 linked node 為 Link-node 內有 data 何 link 欄
function count-node 可以 return pt 之 node 數

```
int count_node(pt)
struct link_node *pt;
{
  int ct=0;
  for(wpt=pt;wpt!=null;wpt->linked)ct++;
  return(ct);
}
```

5. 用 linked list 之優點:不用預留 stack 空間利用率高。

用 linked list 優點:insert、dealete 均較麻煩,且單位元素使用較端
空間另外執行 peep 和 change 較花時間。

7. For(;p->next!=null;p=p->next);

第四章習題解答

3.
```
Function sum( n )
  {
    if ( n == 1 )  sum = 0 ;
    else  sum = sum( n – 1 ) + n*( n – 1 ) ;
  }
```

第五章習題解答

1. 堆疊(stack)是一個有序串列(ordered list)，所有的加入(insertion, push)和刪除(deletion, pop)動作均在頂端(top)進行，使其具有後進先出(last-in-first-out)的特性，茲以下圖為例，依序加入 A, B, C, D, E 及 F 等 6 個元素進入堆疊中，將來刪除時，是先刪除(pop)最後進入堆疊的元素 F；因此刪除的次序為 F, E, D, C, B, A。

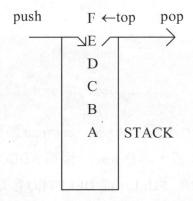

堆疊常用的兩種用途如下：

(1) 副程式呼叫及返回處理(subroutine call and return)。

(2) 遞迴程序的呼叫及返回處理(recursive call and return)。

3. (a) stack

(b) stack

(c) queue

(d) stack

(e) queue

9.

```
Procedure EVAL（E）
top ← 0//initial stack//
  loop
  x ← NEXT_TOKEN（E）
  case
    :x='∞' : return //answer is at top of stack//
    :x is an operand : call ADD（x, STACK, n, top）
    :else : remove the correct number of operands for operator
      x from STACK , perform the operation and store
      the result , if any, onto the stack .
  end
  forever
end EVAL
```

第六章習題解答

1. (1) 在 ADDQ 的演算法中，當 front=rear 時發生 overflow，實際上還有一個空位置，即 Q(rear)，因為 ADDQ 是先將(rear+1)mod n 再檢查 QUEUE_FULL，而 DELETEQ 卻是先檢 QUEUE.EMPTY，再將(front+1)mod n，但 Q(rear)這個空間不能使用，否則當 front=rear 時，我們無法判斷到底是 QUEUE.FULL 呢？還是 QUEUE_EMPTY 呢？

(2) 使用一個 flag 變數，flag=0 時表示 circular queue 是空的，反之，
flag=1 時表示 circular queue 是滿的，初始設定 flag=0，以下爲修
改後的 ADDQ 及 DELETEQ 兩個演算法。

3. stack 只可用在 top 端作 insert、delete。

deque 可在兩端作 insert、delete。

7. (1) 請參考課本。

(2) 實例堆疊可用在副程式之呼叫和 infix 數學式轉換

佇列可用在 graph 枝走訪作業系統的 scheduling。

第七章習題解答

1. 若二元素的節點結構爲：

LCHILD	DATA	RCHILD

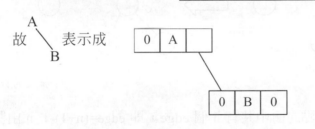

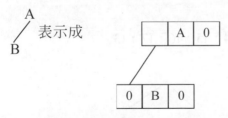

很明顯地此二元素不是 EQUIVALENT BINARY TREE，故答案爲 No。

3. 由二元樹的性質知，若二元樹的高度爲 d，則其最大節點數爲 2^n-1。
因共有 n 個節點，故 $2-1=n$，$2=n+1$ ∴ $d=\lfloor \log_2(n+1) \rfloor$ 此種情況下
的二元樹是 complete binary tree，因此其 lower bound of d=

$\lfloor \log 2(n+1) \rfloor$，但若二元樹為 skew binary tree，則 n 節點的 skew binary tree 的 depth d=n，故 upper bound of d=n。

5. (a) 樹的特點：

(1) 有一個特定的節點，稱為樹根(root)。

(2) 有一些互斥的子樹。

(3) 各節點的 degree≥0。

(b) (1) 若n=1時，則tree僅包含樹根，故無edge存在，即edge=n-1=0。

(2) 若有 n 個節點，並假定 edge=n-1。

(3) 若假定在 n 個節點的 tree 中欲加入一個節點，使此樹共有 n+1 個節點。為了連接此節點，因此多了一個 edge。即

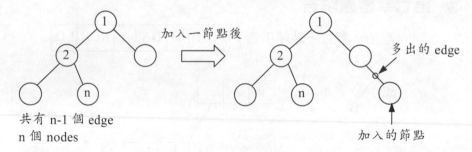

故 n+1 個節點的樹中共有 n 個 edge，即 edge=(n+1)-1=n 由數學歸納知可得證。

7. (a) preorder:t1，t2，t4，t5，t6，t7，t3

(b) binary tree 為：

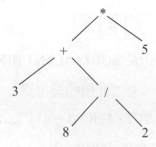

故 expression 為：(3+8/2)*5

第八章習題解答

1. Euler cycle 的條件是每個 node 的 degree 均為偶數

   (a) node　1　的 degree=3

   　　node　2　的 degree=5

   　　node　3　的 degree=3

   　　node　4　的 degree=3

   　　不符合 Euler cycle 的條件

   (b) node　1　的 degree=4

   　　node　2　的 degree=4

   　　node　3　的 degree=2

   　　node　4　的 degree=4

   　　符合 Euler cycle 的條件

   若由 node 1 開始，其中的一個 Euler cycle 是：

   　　a　g　e　d　b　c　f

5. (a) 若一個 network 具有 partial ordering 的關係，亦即其具有非反身性(in-reflexive)及遞移性，我們能將其化為線性的次序(linear ordering)。這種排序有一個特性，即在 network 中，若 i 是 j 的 predecessor,則在線性次序中，i 仍然排在 j 的前面，有這種特性的線性次序稱為 topological order，而能排成 topological order 的動作稱之為 topological sorting。

   (b)
   ```
   Procedure TOPOLOGICAL(n)
   input the AOV-network. Let  n  be the number of vertices;
   for  i ←1 to  n  do //output the vertices//
     if every vertex has a predecessor then
      [the network has a cycle and is infeasibile, STOP]
   pick a vertex  v  which has no predecessors.
   output  v
   ```

delete v and all edges leading out of v from the network
   end
end TOPOLOGICAL

(c) topological sorting 的應用如：學生修習課程的先後順序，工廠產品的生產過程。

7.

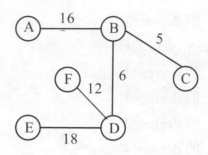

第九章習題解答

3.

R1	R2	R3	R4	R5	R6	R7	R8	R9	R10	m	n
[6	1	8	2	4	3	10	9	7	5]	1	10
[3	1	5	2	4]	6	[10	9	7	8]	1	5
[2	1]	3	[5	4]	6	[10	9	7	8]	1	2
1	2	3	[5	4]	6	[10	9	7	8]	4	5
1	2	3	4	5	6	[10	9	7	8]	7	10
1	2	3	4	5	6	[8	9	7]	10	7	9
1	2	3	4	5	6	[7]	8	[9]	10	7	7
1	2	3	4	5	6	7	8	[9]	10	9	9
1	2	3	4	5	6	7	8	9	10		

5. 關鍵值如下：

$$35 \quad 20 \quad 14' \quad 37 \quad 51 \quad 14 \quad 7 \quad 47$$

按照 merge sort 方法，其步驟如下：

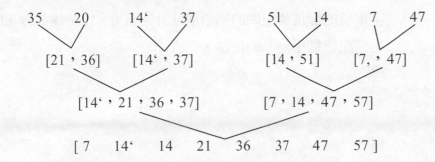

第十章習題解答

5. 15, 22, 20。

第十一章習題解答

3. 邊界標識法，夥伴系統，費氏系統

5. 請見 11-4 章

7. (1) 參考計數法(Reference Count Method)：在所有子串列或一般化串列
上增加一個串列開頭節點，並設立一個"計數器"，每當有一指標
指向此節點則計數器加 1 直到計數器為 0 時，節點才被釋放才。

(2) 收集廢置單元(Garbage Collection)：在程式執行的過程中，對所
有的鏈結串列節點，不管它是否還有用，都不回收，直到整個記
憶體用完。當記憶體用完時，才暫時中斷執行程式，將之前釋放
的記憶體空間回收當作用戶使用的空間，當記憶體用完時，再度
執行此動作。

9. 不管那個時刻,記憶體空間都是一個地址連續的記憶體,例如,某
個字串處理系統中有 A、B、C、D 四個字串,其字串值長度分別為
12、6、10 和 8。假設區塊指標 pointer 的初值為零,則分配給這四個
字串值的記憶體空間的初始地址分別為 0、12、18、28 和 36。這就
是 "記憶體壓縮" 的任務。